劉文斌 ——著

認知戰新警覺

Cognitive Warfare
Key Concepts and Tactics

自序

　　2023年11月，筆者將所編著的《習近平時期對臺認知戰作為與反制》一書版權，無償捐給服務達四十餘年的法務部調查局，幸蒙時任局長、現任臺灣臺北地方法院檢察署檢察長王俊力先生大力支持，方得付梓。出版該書的目的只有一個，就是希望更多的權責機關能更加深認識橫掃全世界的認知戰，並進行相關反制，以維護國家社會安全。該書出版後不僅提供了各權責機關參考，也因媒體報導引發各界與民眾關心，從而激發各界從混沌中逐漸摸索出認知戰大致輪廓，降低了對認知戰的惶恐，更提供各界做為進一步探討認知戰防治的基礎。

　　該書出版後，也引發外交部的關注，因此，筆者受該部之邀於2024年4月及9月，隨團出訪美國、加拿大、西歐及北歐等國，與當地學者、專家、政府官員等進行交流，將臺灣蒙受中共認知戰攻擊與至今仍屹立不搖的經驗，提供予國際社會參考，不僅替臺灣爭取更高的世界能見度，也為國際社會抵抗中共、俄羅斯等邪惡帝國以舉國之力進行對全世界欺騙的認知戰戰役提供相關支援；筆者也因出版該書，獲得諸多機會接觸來臺的認知戰學者專家，從中又累積了許許多多觀點與知識，極盼能再次分享予相關權責機關與一般民眾參考，而決意撰研出版本書。

　　2024年7月，筆者自法務部調查局屆齡退休，但自退休前，除公務外，就忙於撰述本書部分章節、至大學授課、受邀演講、各類媒體訪問、參與諸多的論文發表會……等等，迄今未曾歇息。退休對筆者來說，只有上班地點不同，及減少每日通勤與行政業務繁

雜而已，忙碌幾乎沒有改變。有前同事向筆者稱：「忙碌是一種福報」，此言猶如醍醐灌頂，亦使筆者樂於持續忙碌。

　　本書撰寫過程中，經歷小犬承啟、兒媳鈺婷成家立業邁向人生另一階段，小女承歡自大學畢業並順利通過律師資格考試，開始步入社會，妻惠鈴身體無恙，家庭和樂，各安其所，深感上天垂憐。新書得以完成，有太多的親友、師長協助無法一一指名答謝。謹將此書獻給我的家人、親友，以及所有重視認知戰的讀者，寄望更多有識之士，共同為抵抗新型態戰爭而努力。

劉文斌
於新北市林口區

目次

自序 3

第一章　緒論 11
　　第一節　國際社會的迷惘 13
　　第二節　定義釐清 23
　　第三節　臺灣當前處境 25
　　第四節　訊息傳播概念撐要 31
　　第五節　文獻探討與研究方法 39
　　第六節　期許與展望 43

第二章　認知戰與統戰關係 47
　　第一節　統戰的歷史演變 48
　　第二節　統戰在中國的演變 59
　　第三節　認知戰與統戰異同 67
　　第四節　結語 74

第三章　認知戰與情報、反情報工作 77
　　第一節　情報、反情報與民心 77
　　第二節　情報工作的人員依賴 79
　　第三節　人員招募的認知戰理論詮釋 87

第四節　人員招募的實際作為................................96
　　第五節　結語..102

第四章　認知突變：CNN 效應................................107
　　第一節　認知突變基礎..108
　　第二節　單一民調不足恃....................................116
　　第三節　CNN 效應與認知突變............................122
　　第四節　結語..136

第五章　認知戰分眾攻擊與對抗................................139
　　第一節　社會分歧..141
　　第二節　分眾攻擊..146
　　第三節　回聲室（同溫層）效應........................152
　　第四節　抗衡..159
　　第五節　結語..167

第六章　認知戰與孤狼恐攻..171
　　第一節　孤狼特性..172
　　第二節　孤狼的成因..187
　　第三節　社會氛圍型塑與孤狼............................194
　　第四節　遏止..199
　　第五節　結語..205

第七章　認知戰負面效果與因應──傳播阻礙與訊息詮釋 .209

- 第一節　訊息詮釋中的傳播網絡 210
- 第二節　訊息傳播阻礙 213
- 第三節　各方詮釋攻防 223
- 第四節　因應 232
- 第五節　結語 236

第八章　認知戰攻擊下的韌性 239

- 第一節　人員韌性 241
- 第二節　認知戰攻擊示警 251
- 第三節　韌性檢查 258
- 第四節　結語 270

第九章　結論 273

- 第一節　新型態的戰爭 273
- 第二節　臺灣的努力與期待 278
- 第三節　特定環境與新概念的提出 284
- 第四節　結語 291

參考書目 297

表目次

表 1-1　風險概況 11
表 1-2　未來 2 及 10 年內的十大風險 12
表 2-1　統戰、銳實力、認知戰比較 49
表 4-1　認知突變效果分配圖 129
表 5-1　虛假訊息回聲室（同溫層）效應的防制 166
表 6-1　社會運動發展歷程表 197
表 8-1　大數據與傳統調查之比較 257
表 8-2　事先揭穿部署檢查表 265
表 8-3　威脅評估 267
表 8-4　脆弱性評估 267
表 8-5　防禦機制評估 268
表 8-6　協調與合作評估 268
表 8-7　法律與政策框架評估 269
表 8-8　影響與效力評估 269
表 9-1　臺灣媒體被信任度一覽表 285
表 9-2　媒體識讀教育內涵彙整表 294

圖目次

圖 1-1	2023-2024 年爭議訊息數量統計比較	30
圖 1-2	2023-2024 年爭議訊息傳散平臺統計	30
圖 1-3	社會網絡節點與聯繫	32
圖 1-4	信息－動機－行為技能模型	34
圖 2-1	認知戰與統戰的交集關係	73
圖 3-1	北京市社區維穩信息員招募告示	84
圖 3-2	社會認知理論模型	94
圖 3-3	認知戰效果光譜分析	97
圖 4-1	改變人類行為原因歸類	109
圖 4-3	大陸福建滲透臺灣網絡圖	121
圖 5 1	美國民主共和兩黨極化擴大趨勢	143
圖 5-2	分眾攻擊訊息與被攻擊群眾互為因果關係圖	151
圖 5-3	分層行銷效果	152
圖 5-4	回聲室（同溫層）效應	157
圖 5-5	回聲室（同溫層）林立圖	158
圖 5-6	廣告的流程	161
圖 6-1	孤狼恐怖主義的五大特徵	181
圖 6-2	孤狼式恐怖主義者犯罪生涯歷程型模的成因	182
圖 6-3	犯罪與非犯罪定義圖	184
圖 6-4	影響個人行為的可能來源	188
圖 6-5	影響團體行為的可能來源	189
圖 6-6	孤狼恐怖攻擊的激進化模式	203
圖 7-1	疏密不同的社會網絡分布	212
圖 7-2	訊息發送與接收者的解讀與反應	219
圖 7-3	訊息發送與既存及潛在反擊者關係圖	230
圖 8-1	韌性建構方式	243
圖 8-2	韌性社會研究中心「韌性指標」	244
圖 8-3	防治發動時機落點圖	271
圖 9-1	個人與社會互為影響圖	278

第一章　緒論

　　本書論述從標題到字裡行間，並不標明以中共（依文意需求，在本書中有時亦稱中國、中國大陸或大陸）為對臺發動認知戰唯一對象，全因認知戰的發動，以「境外敵對勢力」為認定的重要標的，臺灣所面臨的認知戰攻擊，當然就不能以中共為唯一對象，而必須警覺所有可能對臺發動認知戰攻擊者，但現今局勢，對臺明顯是「境外敵對勢力」者卻僅有中共，因此，所有論述雖不一定標明為中共特有，但卻主要是針對中共，同時也不可忽略其他對臺灣懷有敵意的「境外敵對勢力」，依據論述模式對臺進行認知戰攻擊，合先敘明。

　　國際著名的世界經濟論壇（World Economic Forum, WEF），於2024年1月10日發布《2024年全球風險報告》（*Global Risk Report 2024*），表明2023年9-10月蒐集近1,500名全球各領域專家見解的全球風險認知調查（Global Risks Perception Survey），結果顯示如下：

表 1-1　風險概況

風險狀況	極端天氣	AI製造的錯誤資訊與假訊息	社會與（或）政治性的極端化	生活成本危機	網路攻擊
	66%	53%	46%	42%	39%
風險類別	環境	科技	社會	社會	科技

※其它風險類別：經濟、地緣政治

資料來源："Global Risks Report 2024", *World Economic Forum*, 2024/1/10, < https://www.weforum.org/publications/global-risks-report-2024/digest/ > 。

表 1-2　未來 2 及 10 年內的十大風險

2 年內			10 年內		
排序	風險狀況	風險類別	排序	風險狀況	風險類別
1	錯誤資訊與假訊息	科技	1	極端天氣事件	環境
2	極端天氣事件	環境	2	地球系統發生重大變化	環境
3	社會的極端化	社會	3	生物多樣性喪失和生態系統崩潰	環境
4	不安全的網路世界	科技	4	自然資源短缺	環境
5	跨國武裝衝突	地緣政治	5	錯誤資訊與假訊息	科技
6	缺乏經濟機會	社會	6	AI 技術的不良後果	科技
7	通貨膨脹	經濟	7	非自願性遷移	社會
8	非自願性遷移	社會	8	不安全的網路世界	科技
9	經濟衰退	經濟	9	社會的極端化	社會
10	環境汙染	環境	10	環境汙染	環境

資料來源："Global Risks Report 2024", *World Economic Forum*, 2024/1/10, < https://www.weforum.org/publications/global-risks-report-2024/digest/ >.

　　由世界經濟論壇所發布的趨勢預判，未來十年，虛假訊息（Disinformation）將橫掃全球，成為人類經濟發展的重大威脅，其重要性比近期國際政治經常提及的地緣政治風險排名更前，而社會極化和經濟衰退更被視為全球風險網絡中最相互關聯、因而也是最具影響力的風險（Societal polarization and Economic downturn are seen as the most interconnected – and therefore influential – risks in the global risks network）。預計未來兩年最嚴重的全球風險是國內外的行為者將利用錯誤訊息和虛假資訊進一步擴大社會和政治分歧。[1]

　　虛假訊息的攻擊，當然不僅損及經濟發展而已，虛假訊息的攻擊，已是當前人類持續發展所面臨的嚴峻挑戰。

---

[1] "Global Risks Report 2024", *World Economic Forum*, 2024/1/10, < https://www.weforum.org/publications/global-risks-report-2024/digest/ >.

第一節　國際社會的迷惘

　　虛假訊息雖來勢洶洶，其中更夾雜著由境外敵對勢力發動的認知戰（Cognitive Warfare）作為，但國際社會對於認知戰的定義，卻眾說紛紜，各國學者所下的定義都不完整；環顧全球對於認知戰的理解，約略可有數個代表性的說法：

　　一、美、加地區迄今沒有提出令各界普遍接受的認知戰定義，而美加地區以美國馬首是瞻，從美國歷年廣泛的相關文件中，彙整成對認知戰的看法是：「以物質或非物質的方式，改變對手對事物的認知，並因此改變其行為，使對我有利」；[2]

　　二、北約（NATO）認為：「透過影響、保護，或破壞個人和團體的認知來影響對方的態度和行為，從而獲得優勢」；[3]

　　三、東北亞的日本認為：「擴大影響力的活動，從並無總稱的概念，外界也籠統稱其為『認知戰』」。[4]

　　其他地區則鮮少對認知戰有具體的看法，而美、加、歐洲、東北亞的上述說法模糊不清，更難以成形為「定義」；如美國的說法，與國際間盛行的自我宣傳，甚或軟實力（Soft Power）宣揚無法區別；北約的說法無法區別對敵國或盟友的態度，依北約的說法，因沒有標明認知戰進攻方向，使認知戰也可包含對盟友的攻擊並從

---

[2] 劉文斌，《習近平時期對臺認知戰作為與反制》（新北市：法務部調查局，2023），頁 42-44。

[3] "Cognitive Warfare: Strengthening and Defending the Mind," *NATO*, 2023/4/5, <https://www.act.nato.int/articles/cognitive-warfare-strengthening-and-defending-mind>.

[4] 山口信治、八塚正晃、門間禮良，《中國安全戰略報告 2023——中國力求掌控認知領域和灰色地帶事態》（東京：防衛研究所，2022），頁 25。

中獲取利益,那麼要問,為甚麼要攻擊盟友？無端的攻擊,可能讓盟友轉換成敵國,反而對自己不利,顯然對認知戰無法解釋清楚；日本的說法籠統,甚至無法確立是否有認知戰的存在。縱使將這些對於認知戰的解釋或描述,寬鬆的視為是對認知戰的「準定義」,其指涉亦顯不完整,無法說清楚何謂認知戰,此種缺陷在美國川普政府於 2025 年,刪減美國國際開發署（United States Agency for International Development, USAID）的對外補助所引發的連串事件中曝露無遺：

美國川普政府上臺後不久的 2025 年 2 月 6 日,土耳其的「安納杜魯新聞社」（Anadolu Ajansi）一則新聞報導稱：

無國界記者組織（RSF）透露,2023 年,美國國際開發署為三十多個國家的 6,200 名記者、707 個非國家媒體和 279 個以媒體為重點的非政府組織提供資助。該組織引述一份現已刪除的事實說明書聲稱,2025 年美國對外援助預算撥款 2.684 億美元用於支持「獨立媒體和資訊自由流動」。

美國國際開發署一直在利用這些資金提供培訓和支持,以加強獨立媒體,包括大型媒體組織以及在「壓制下（Repressive Conditions）」運營的小型或個人媒體來源。

無國界記者組織也強調,美國國際開發署是烏克蘭獨立媒體的主要捐助者,該國九成獨立媒體依賴國際補貼。在烏克蘭,無國界記者組織強調需要在三年內投入 9,600 萬美元來重建因該國戰爭而被削弱的獨立媒體格局。川普決定凍結數十億美元的全球援助,其中包括媒體資助,這給受影響的組織帶來了混亂和不確定性。無國界記者組織譴責援助凍結,並指此舉使非政府組織、媒體和記者陷入了「混亂的不確定性」,並警告稱,此舉可能為資金來

源打開大門,損害編輯獨立性。[5]

另報導稱:維基解密(Wikileak)於 2025 年 2 月 8 日彙整分析,美國國際開發署透過非政府組織(NGO)「Internews Network」(以下稱 IN),在全球推動媒體影響計畫,總資金高達 4.72 億美元(約新臺幣 155 億元)。維基解密存取的資料顯示,該組織曾與 4,291 家媒體合作,2023 年內製作 4,799 小時的節目,媒體覆蓋範圍達 7.78 億人,並「培訓」超過 9,000 名記者,另也有參與社群媒體審查計畫。IN 在全球 30 多個國家設有辦公室,總部位於美國、倫敦、巴黎,並在基輔、曼谷和奈洛比設有區域總部。[6]

該則新聞馬上被聯想及美國是否利用財政補貼,影響包括大型媒體組織以及在「壓制下」運營的小型或個人媒體來源,因此,美國可以控制全球的新聞傳播,尤其是用以抹黑中國,[7]換言之,美國也對國際社會進行大外宣,[8]甚至是認知戰,故不可以獨怪中共、俄羅斯等國家對國際社會進行認知戰攻擊;而在臺灣內部國家認同分歧嚴重、政黨鬥爭激烈的政治環境中,這種不能課責中

---

[5] Yasin Gungor, "USAID funded 6,200 journalists, supported 707 media outlets globally: Report Reporters Without Borders warns of risks to independent media after US aid freeze," *AA*, 2025/2/6, < https://www.aa.com.tr/en/americas/usaid-funded-6-200-journalists-supported-707-media-outlets-globally-report/3474290#>.

[6] 張威翔,〈維基解密參戰!美民主黨涉媒體操控?路邊平房經手 155 億〉,《中時新聞網》,2025 年 2 月 8 日,< https://www.chinatimes.com/realtimenews/20250208003483-260408?chdtv>。

[7] 〈名嘴:美國際開發署資助記者抹黑中國 幕後黑幕浮現〉,《中華網》,2025 年 2 月 11 日,< https://military.china.com/news/13004177/20250211/47958578.html>。

[8] 主筆室,〈風評:USAID 黑幕現形,霸權偽善敗露〉,《yahoo 新聞》(轉載自《風傳媒》),2025 年 2 月 14 日,< https://reurl.cc/p9Nega>。

共、俄國在國際社會進行認知戰的主張，更大有為中共、俄羅斯開脫之勢。

但前述新聞更詳細的報導卻呈現如下：

美國總統川普於 2025 年 2 月 6 日發帖稱，「美國國際開發署和其他政府機構盜取了數十億美元，其中大部分給了假新聞媒體，作為創造有利於民主黨好故事的回報」。而被川普任命為臨時編組「政府效率部」（Department of Government Efficiency; DOGE）部長的馬斯克（Elon Reeve Musk）更點名收受官方資助的媒體不僅僅是左派媒體《Politico》，還包含著名主流媒體《美聯社》、《路透社》、《紐約時報》等等。雖被點名者提出各種理由，否認因拿了美國政府資金而無法中立報導新聞。但各方仍懷疑各媒體因拿了資金而無力有效監督政府，喪失媒體應有的責任。

另一方面，美國國際開發署自認為近年來抗衡中國的影響力是其成就之一。國際開發署稱其透過和美國其他部門、私營企業、澳大利亞、印度、日本、韓國等「志同道合」政府的合作，反制了「來自中國的惡意影響力」，開發署稱為此投入了 3 億美元。這些項目的領域包括政府治理、網路安全、商業交往、以及穩定亞洲、西半球、非洲、東歐、中東等地區，以「培育更具抵抗力的合作夥伴，使其能夠抵禦來自中國其他惡意行為者的壓力」。[9]

據美國國際開發署官網自稱其資助對象不僅是美國境內、外的媒體，其任務與展望更包含：「與合作夥伴共同致力於消除極端貧困、建立有韌性的民主社會，同時促進我們的安全與繁榮。貧窮

---

[9] 美股艾大叔，〈拜登外宣經費大曝光？川普稱史上最大醜聞！紐約時報、美聯社統統被"收買"？〉，《鉅亨》，2025 年 2 月 7 日，< https:// hao.cnyes.com/post/134047>。

是多方面的,需要採取措施解決飢餓和糧食不安全、文盲和數學盲、健康不良、喪失權力、邊緣化和脆弱性。美國國際開發署的『滋養未來』、『全球健康』、『全球氣候變遷』和『電力非洲』計畫針對貧窮症狀和擺脫貧窮的途徑。美國國際開發署的教育工作已惠及數百萬極度貧困的人們。同樣,該組織在促進民主、權利和善治,增強婦女和女孩權能,促進繁榮,建立韌性的(Resilient)社會以及減緩氣候變遷方面的跨領域努力對於消除貧困都至關重要」,[10] 洋洋灑灑,依據外界統計認為,在經費凍結之前,美國政府一直是全世界最大的國際人道與援助捐助國。根據美國聯邦政府的 2023 財政年數據,雖然援外經費僅占聯邦政府總預算的 1.17%,其年度支出仍高達 719 億美元(約新臺幣 2.4 兆元),其中約六成的援助任務都由美國國際開發署負責執行。因此,川普的凍結決策不僅對烏克蘭等正遭戰爭蹂躪的盟邦社會帶來極大壓力,國際開發署主導的糧食援助、愛滋病治療與重大傳染病防治計畫驟然中斷,也讓指望美國援助計畫的數千萬名全球弱勢族群,面臨不可逆的公共衛生危機,甚至立即性的生命威脅。[11] 顯然美國國際開發署的經費支出,遠遠超出資助記者媒體的範疇,而涉及確保衝突地區婦女健康、供應潔淨水源、治療愛滋病、強化能源安全和反貪腐查緝,金額共占聯合國 2024 年追蹤之全球援助計畫總額的 42%,[12] 不僅是

---

[10] "Mission and Vision," *U.S. AGENCY FOR INTERNATIONAL DEVELOPMENT (USAID)*,〈 https://www.grants.gov/learn-grants/grant-making-agencies/u-s-agency-for-international-development-usaid〉.

[11] 〈川普與馬斯克為何主張「USAID 必須死」?獨裁國家聯盟將漁翁得利?〉,《報導者》,〈 https://www.twreporter.org/a/hello-world-2025-02-11〉.

[12] 廖子杰,〈川普裁撤 USAID 衝擊美外交軟實力〉,《青年日報》,2025 年 2 月 7 日,〈 https://www.ydn.com.tw/news/newsInsidePage?chapterID=1742436〉.

安定國際秩序的重要經費，更是美國軟實力輸出的重要支柱。

綜合各方訊息，得出美國國際開發署不僅資助其他國家的獨立媒體或個人，也資助美國本身的大型主流媒體，更資助了媒體以外的各種作為以反制中共，或建立韌性社會，造福弱勢，也維護現有國際秩序。此情勢若依前述美國對認知戰的「寬鬆定義」，只要是「以物質或非物質的方式，改變對手對事物的認知，並因此改變其行為，使對我有利」就是認知戰，尤其是美國國際開發署經費補助「獨立媒體和資訊自由流動」及「『壓制下』運營的小型或個人媒體」，使報導支持美國讓美國獲利，那麼認知戰認定便極明確，但弔詭的是，該署也對美國本身所擁有的著名主流媒體《美聯社》、《路透社》、《紐約時報》進行補助，並涉及其他諸多國際援助事項，因此，難謂國際開發署的初衷就是進行認知戰，另對美國境外的媒體資助問題，若不分青紅皂白、不論所傳播的新聞內容所帶引的風向，是支持各該國政權或反對各該國政權，就聯想美國進行國際認知戰顯然也不合理：對與美國敵對的國家而言，美國的這種資助，當然有可能傳播令該等國家或政治勢力所不喜聞樂見的新聞，因此應視為是美國的認知戰攻擊，但與美國友善的國家，則對此可能視為美國協助其傳播更多元的聲音，或協助相關媒體做其他事業，而不是在控制其新聞內容，就難謂是美國對這些盟邦進行認知戰，被點名接受資助的《美聯社》所持反駁觀點就是如此，[13]更何況，國際開發署對美國境內主流媒體的資助，亦被共和黨的川普稱為「作為創造有利於民主黨好故事的回報」讓民主黨得利，共和黨認

---

[13] Goldin, "Claims about USAID funding are spreading online. Many are not based on facts".

為國際開發署是改變選民對共和、民主兩黨的認知，讓民主黨獲利；依據前述美國對認知戰的定義，這就是認知戰；而在邏輯上，美國境內的政府資助不是美國境內外的對抗，難謂認知戰，充其量只能是被川普政府認定，前任拜登政府所資助的都是與川普意見相左的主流媒體或「左派」媒體，目的在散播虛假訊息（Disinformation）對民主黨有利，發展最終就是與川普意見不同的都被指為假消息、假新聞（Fake News 或 Disinformation），甚至是認知戰。而川普實際的言行也是如此，與其意見不合者，就可毫無根據的稱其為假訊息案例比比皆是，因為，舉凡對川普不利的新聞，只要以「假新聞」一詞回擊，無論事實與否，便能使報導蒙上難以擺脫的不信任感，[14]而川普指責美國國際發展署，此事本身可能都充滿惡意的假訊息宣揚，目的僅是在喚起美國民眾的支持，以執行川普的政策，[15]即支持川普的極右政策（自己的國家利益置於首位，主張更嚴格的邊境管制、減少移民和加強貿易保護主義，主張在安全議題上採取更具侵略性的立場），[16]也不關心弱勢團體如同性戀、有色人種、人權、環保、移民……等等的扶助，因此，若依美、加對認知戰的觀點判定認知戰與否，因無法明確區分是否具政治目的的惡意訊息操弄，亦無法區分國境內、訊息傳散目的，其結果是一片混亂可想而知；若以北約的「寬鬆定義」，認為只要能影響對方的態度和

---

[14] 〈【社論】那些為人所詬病的　究竟是「假新聞」還是「假消息」？〉，《大學報》，2020年10月29日，< https://reurl.cc/5DxDpv >。

[15] Melissa Goldin, "Claims about USAID funding are spreading online. Many are not based on facts," *AP*, 2025/2/8, < https://apnews.com/article/usaid-funding-trump-musk-misinformation-c544a5fa1fe788da10ec714f462883d1 >。

[16] 〈美國川普與歐洲極右派的崛起和掌權，對台灣來說是福還是禍？〉，《關鍵評論》，2024年3月27日，< https://www.thenewslens.com/article/200695 >。

行為從而獲得優勢就是認知戰的角度，美國國際開發署資助記者的行為絕對涉嫌認知戰，但此種觀點卻與前述類似，無法釐清記者行為的內涵，如美國政府有無控制記者報導？是否僅為美化美國形象，猶如軟實力的輸出，或在打擊威權體制保護民主？保護環保、弱勢、有色人種……等等，若是軟實力的輸出，或維護民主體制，對民主國家怎能稱為認知戰？

若僅從美國資助記者媒體的角度就斷定其執行對全球（包含對臺灣）的認知戰，依此邏輯，改變盟友或敵國的認知並從中獲利就是認知戰，那麼臺灣捐助大陸、日本大地震，不排除爭取當地民心改變其認知，各該國家是否也要將臺灣視為不友好的認知戰行為進行反制，或拒絕接受捐助？再進一步言，國際慈善組織的行為亦是認知戰，必須加以反制？或說英國《BBC》、《美國之音》、日本《NHK》向國際社會傳送訊息，各自代表英國、美國、日本的國家立場影響收聽或收看國家群眾認知，要不要依據當地國家法令予以反制？另一方面，《新華社》、《人民日報》向國際傳送訊息要不要法辦？該如何區隔？

前述的幾種認知戰「定義」，僅面對美國國際開發署的作為，就凸顯其無法妥善解釋而左支右絀的混亂，遑論其他。

隨著時空環境的改變，因提出時間較早且較為完整，又具有使用英語語言優勢的歐盟（EU），所提認知戰定義 FIMI 有逐漸被國際社會（包含臺灣）接受之趨勢，但歐盟的定義仍然無法明確劃分認知戰與非認知戰的區別，致生出諸多紛擾，甚至因定義不明而治絲益棼，讓全球在面臨認知戰攻擊時，更顯捉襟見肘：

2015 年，歐盟對外事務部（European External Action Service, EEAS）首次提出認知戰的定義，稱認知戰是 Foreign Information Manipulation and Interference，簡稱 FIMI，其內涵是：「外國資訊操弄與介入──也經常被稱為『虛假訊息』(often labelled as "disinformation")……。而 FIMI 定義視威脅或有可能對價值、程序和政治過程產生負面影響的行為模式」，[17]EEAS 在官網上聲稱 FIMI 的外國訊息操弄與介入，也經常被稱為虛假訊息，但訊息的操弄何以一定是虛假訊息？在認知戰中被武器化的訊息，不一定只能使用虛假訊息或假新聞，如一份尷尬的政府文件、從公職人員的電子郵件帳戶駭入、匿名洩漏到社群媒體分享網站，或是在社群網路中選擇性地散播給反對團體等，都足以造成不和，[18]達成認知戰的目的。又如於 2025 年積極推動罷免國民黨立委、支持臺獨的聯華電子創辦人曹某，突於 2025 年 2 月中旬被爆出，2015 年在中國大陸擁有婚外情「小三」及多張不雅照，曹某又被媒體指暗示照片為真，[19]其背後就不能排除境外敵對勢力以真實訊息打擊曹某，讓受眾懷疑曹某與大陸關係及曹某私德，有讓罷免案或支持臺獨受阻的可能；[20]以真實訊息的不斷宣傳也是操弄的方法之一，如以真實訊息不斷地向受眾傳

---

[17] "Tackling Disinformation, Foreign Information Manipulation & Interference," *European Union*, 2024/11/14, ＜ https://www.eeas.europa.eu/eeas/ tackling-disinformation-foreign-information-manipulation-interference_ en＞．

[18] Johns Hopkins University & Imperial College London, " Countering cognitive warfare: awareness and resilience," *NATO REVIEW*, 2021/5/20，＜ https://www.nato.int/docu/review/articles/2021/05/20/countering-cognitive-warfare-awareness-and-resilience/index.html＞．

[19] 〈變相承認？曹興誠嗆謝寒冰變造私人照片　稱：是真的又怎樣？〉,《EBC 東森新聞》，2025 年 2 月 20 日,＜ https://today.line.me/tw/v2/article/eLYn1KK＞。

[20] 網編組,〈曹興誠遭爆出軌「差 40 歲小三」　露骨私密照全曝光〉,《CTWANT》，2025 年 2 月 17 日,＜ https://www.ctwant.com/article/396936?utm_source=share&utm_medium=mobile＞。王柏文,〈曹興誠遭爆擁「大陸嫩小三」露骨照曝光！本尊回應〉,《中時新聞網》，2025 年 2 月 17 日,＜ https://www.chinatimes.com/realtimenews/20250217003082-260407?chdtv＞。

達，亦可改變過去被蒙蔽的受眾認知，並因此改變其言行，而達成認知戰的目的，此為 FIMI 定義僅指涉以虛假訊息從事認知戰的缺失之一；FIMI，亦明顯的無法排除各國間各種訊息的善意流通，如正常跨國公司（境外）商業活動在歐盟宣傳商品（訊息操弄），並進而分割歐盟市場（介入干擾）現象，以臺灣前往販賣烏龍茶為例，必然大做廣告稱喝烏龍茶有益健康、神清氣爽……云云，若依據 FIMI 定義，宣傳就是外國訊息的操弄（Manipulation），當販賣烏龍茶成功，必然分割占有歐洲的茶市場，依據 FIMI 的意涵則是徹徹底底地介入（Interference），臺灣前往販售烏龍茶，就是對歐盟發動認知戰；依此類推，義大利人在歐盟販售披薩、美國人販售好萊塢電影、日本人販售生魚片……都是認知戰，都是歐盟必須對抗的事件；進一步言，臺灣宣傳臺灣有熱情的民眾、友好的環境、壯麗的景緻歡迎歐盟民眾前來旅遊，不僅是旅遊市場的競奪甚至夾雜本國軟實力的輸出，也將在 FIMI 定義下被視為認知戰；再依此類推，日本人稱其富士山壯麗、祕魯人稱馬丘比丘值得鑑賞……，將毫無區隔的都被視為認知戰，這些與實際狀況相違的現實，正凸顯 FIMI 的不周延，致使全球因欠缺適當的認知戰定義，而無法集中精力對付真正認知戰的挑戰。

因全球對於認知戰定義的不周延，衍生至極致甚至變成「與自己意見不相同者都是虛假訊息、認知戰」，其混亂可以想見，也使全球學界、政界無法對認知戰集中精力研究或防治，而使認知戰更加橫行，所造成的傷害更加巨大。

第二節　定義釐清

在筆者於 2023 年出版《習近平時期對臺認知戰作為與反制》一書中，對於龐雜的認知戰各方看法，只能彙整釐清，雖對於認知戰的訊息傳播提出理論架構，並因此衍生出防治方法，但卻始終不敢對認知戰下明確定義。該書出版後，因引發各界關注而有機會受邀出國提報相關研究成果，或與紛沓來訪的國內外專家學者交流研討，乃進一步嘗試釐出認知戰定義，並寫入南華大學《南華社會科學論叢》期刊第 16 期刊出之拙文〈認知戰負面效果與因應研究——傳播阻礙與詮釋〉內。筆者認為認知戰的定義應是：

「境外敵對勢力，基於政治目的，將特定的訊息傳送予特定的目標群眾或個人，改變其認知，進而改變其言、行，使對境外敵對勢力有利」，[21] 直譯成英文就是：Adversaries abroad, for political purposes, spread information to attack special audiences and individuals to change their cognitive then change their words and behaviors that let the adversaries get the benefits. 簡稱 AAAB。第一個 A 為境外（Abroad），第二個 A 為敵對勢力（Adversaries），第三個 A 為攻擊（Attack），B 則為利益（Benefits），而利益當然是指政治利益。

這個定義具有如下關鍵因素必須強調：

一、**境外（Abroad）**：只有境外的訊息攻擊，才是認知戰範疇，境內攻擊不算。若無法確認必須來自境外攻擊，則境內大至政黨間依據民主原則的相互攻訐，小至人與人間的意見相左，或不同

---

[21] 劉文斌，〈認知戰負面效果與因應研究——傳播阻礙與詮釋〉，《南華社會科學論叢》（嘉義）第 16 期，2024 年 7 月，頁 70。

商品的宣傳競奪市場，都將成為認知戰研究與防治對象，根本脫離現實。

二、敵對勢力（Adversaries）：只有敵對勢力才會對本國發動認知戰，非敵對勢力因不具敵意，因此對本國的訊息傳播，可能涉及軟實力的宣傳或正常的經貿訊息、學術交流訊息傳達等，並非認知戰。只有敵對勢力才會不懷好意的傳送特定訊息攻擊本國特定受眾或個人，意圖改變他們的認知，並因此改變他們的言行，讓境外敵對勢力獲利。而所謂「特定訊息」包含虛假訊息與真實訊息在內，但一般以虛假訊息居多，縱使係真實訊息的運用，亦包含有誇大的特點，本書論點以虛假訊息做為認知戰特定訊息傳送的主軸，但並不排除真實訊息被攻擊者誇大運用的可能。

如何定義境外敵對勢力？依據我國反滲透法第二條第一項之規定：「境外敵對勢力：指與我國交戰或武力對峙之國家、政治實體或團體。主張採取非和平手段危害我國主權之國家、政治實體或團體，亦同。」[22]清楚界定何為境外敵對勢力，而總統賴清德於2025年3月13日的講話更明指「中國，已是我國反滲透法所定義的『境外敵對勢力』」。[23]縱使相關國家無此類似明文規定境外敵對勢力，但若主流民意因自行或因主政者操弄而認定某特定國度為境外敵對勢力，就足以主導或影響本國政治情勢，那麼境外敵對勢力就被確立，若此境外敵對勢力意圖改變本國特定目標群眾或個人認知，進而改變其言行，就是典型的認知戰，反之，亦然。因此，「境外

---

[22] 〈反滲透法〉，《全國法規資料庫》，2020年1月15日，< https://law.moj.gov.tw/LawClass/LawAll.aspx?pcode=A0030317 >。

[23] 〈賴總統敞廳談話全文：中國是境外敵對勢力　恢復軍事審判因應滲透〉，《中央通訊社》，2025年3月13日，< https://www.cna.com.tw/news/aipl/202503135005.aspx >。

敵對勢力」，可隨時空環境不同而變動。

　　三、**對特定群眾或個人的訊息攻擊（Attack）**：訊息不一定是採取大水漫灌式（Aimless）的無差別攻擊，訊息可以鎖定特定群眾或特定重要人物（如特定政治領袖或企業菁英）進行攻擊。在學理上可以借用分眾行銷（Segment Marketing）的概念，創造出分眾攻擊的認知戰信息攻擊特定群眾或特定個人態樣，讓特定的訊息對特定的群眾或個人產生認知改變，進而改變言、行，使對境外敵對勢力有利的結果。如烏克蘭總統澤倫斯基指責美國總統川普活在虛假訊息空間中（unfortunately lives in this disinformation space），才會在俄烏衝突中，做出對烏克蘭的指控，[24]使侵略者俄羅斯獲利，就是認知戰虛假訊息可鎖定特定個人進行攻擊的可能與寫照。

　　四、**利益（Benefits）**：所指當然是政治利益，所有訊息的攻擊都為獲取政治利益為出發點。

　　如此定義才能釐清歐盟 FIMI 所無法釐清的區域，才能避免陷入與自我認知不同的訊息都是認知戰、都是虛假訊息的混亂，也才能明確標定何謂認知戰，進而聚焦認知戰的研究與防治。

第三節　臺灣當前處境

　　萬事萬物都有偵知真實訊息以求生存與發展的需求，如野兔必須有靈敏的、不受欺騙的聽覺、嗅覺、視覺，才能偵知天敵之所在以避免危險，植物必須偵知生存條件的真實狀況，才能確保其族

---

[24] Stephen Collinson, "Trump's slam of Zelensky is a remarkable moment in US foreign policy," *CNN*, 2025/2/19, 〈 https://edition.cnn.com/2025/02/18/politics/donald-trump-putin-ukraine-analysis/index.html〉.

群的繁衍，人類亦不例外，與生俱來就具有吸收訊息，從中辨識、形成認知，以利存活的需求與技能，[25]因此，吸收真實訊息成為人類生存的重要依據，若無法探詢真實的訊息，則可能影響人類的基本生存，更遑論發展。而以舉國之力創造虛假訊息以蒙蔽敵人，固然是敵對政治勢力可能而合理的作為，但為求生存與發展，自有努力理解與破解這些發送虛假訊息伎倆的必要。

在當前網路發展迅猛的年代，利用具廉價與容易執行特性的假訊息進行改變對手認知，並從中獲取政治利益的伎倆，已經成為各國相互鬥爭的必須，美國如此、俄國亦如此，不論其被稱作是虛假訊息（Dis-information）或稱作影響力訊息行動（influence of information operation），[26]均是指涉以訊息攻擊目標並從中獲利，中共更是不遑多讓。早在2022年，《美聯社》調查認為許多有大批粉絲的博主帳號已被中國大陸《環球電視網(CGTN)》控制，而這些博主卻以「生活博主」、「美食愛好者」形象，向粉絲們介紹中國大陸。還僱用公司招募有影響力的人物在YouTube頻道和Twitter上發布親中言論。透過網紅，北京可以輕鬆地向全球毫無戒心的Instagram、Facebook、TikTok和YouTube用戶進行宣傳。根據追蹤外國虛假資訊行動的Miburo公司研究，至少有200名與中國大陸政府或官方媒體有聯繫的網紅使用38種不同的語言進行傳播。《美聯社》發現了數十個此類帳戶，這些帳戶總共擁有超過1,000萬粉絲和訂閱者。這些資料顯示許多屬於中國大陸國家媒體記者，他們改變自己的Facebook、Instagram、Twitter和YouTube帳戶

---

[25] Justin P. McBrayer, *Beyond Fake News* (New York: Routledge, 2020), pp. 66-67.

[26] Cindy L. Otis, *True or False* (New York: Square Fish, 2020), p. 104.

（這些平臺在中國大陸基本上被屏蔽），並開始自稱是「博主」、「網紅」或不知名的「記者」，他們幾乎都在投放針對中國大陸境外用戶的 Facebook 廣告，鼓勵人們追蹤他們的頁面。雖然 Facebook 和 Twitter 等科技公司承諾透過標記國家支持的媒體帳號，來更好地提醒美國用戶警惕外國宣傳，但並不完整與落實。

被中國大陸風景圖片帳戶吸引的粉絲可能沒有意識到，他們也會遇到特定國家的宣傳。如網紅傑西卡・臧（Jessica Zang）在 Instagram 上發布的照片風景如畫，但在旅遊照片中間卻夾雜著一些明顯的宣傳內容，如訪問在中國大陸的外國人，他們都對中國共產黨讚不絕口，並堅稱自己並沒有像外人所想的那樣受到政府的監視。

2021 年 12 月，有消息稱中國大陸駐美國紐約領事館向新澤西州的 Vippi Media 公司支付了 30 萬美元，招募網紅在北京奧運會期間向 Instagram 和 TikTok 的粉絲發布信息，其中包括突出中國大陸在氣候變遷方面工作的內容。

2021 年 4 月，中共為了擴大其網紅網絡，CGTN 邀請英語使用者參加一場為期數月的競賽，獲勝者將有機會在倫敦、內羅畢、肯亞或華盛頓獲得社群媒體網紅的工作。根據 CGTN 報導，有數千人申請參加，並將此次活動描述為「世界各地年輕人了解中國的窗口」。而美國 YouTuber 馬修泰（Matthew Tye）和南非 YouTuber 溫斯頓斯特澤爾（Winston Sterzel）則被徵詢以 200 美元為酬勞，發布一段宣傳影片，聲稱新冠病毒並非源自發現第一例病例的中國大陸，而是源自北美白尾鹿。[27] 這些被中共招募替中共宣傳的外

---

[27] Amanda Seitz, Eric Tucker and Mike Catalini, "How China's TikTok, Facebook

國網紅，被一些網友稱為「洋五毛」。[28]這些行為的目的是以訊息影響對手認知並影響其決斷，以便發動者從中獲取政治利益，類似作為當然也用於臺灣。

我國面對虛假訊息的攻擊，長年居於全球之首已非新聞，其中來自中共的虛假訊息攻擊更是最大的威脅，依據我國國家安全局於2025年1月3日公布2024年全年中共對臺散播認知戰虛假訊息的分析資料顯示：

近年中共持續利用複合手法，對我散播爭訊（爭議訊息，Disinformation的簡稱[29]），企圖削弱國人對政府信心，升高社會對立氛圍。為讓國人瞭解中共炒作爭訊手法與態樣，提高國人警覺意識，國安局完成〈2024年中共爭訊傳散態樣分析〉：

在趨勢發展部分，2024年蒐報爭訊數計215.9萬則，超過2023年總量132.9萬則。傳散平臺以臉書為主，較2023年增加40%。在影音、論壇及X等平臺傳散之爭訊數大幅成長（151%、664%、244%），顯示年輕網民係爭訊投放主要目標。另查2024年計有28,216組異常帳號，較2023年增加11,661組；臉書計有21,967組異常帳號，為主要活動平臺，TikTok、X、抖音之異常帳號亦大幅增加，反映國人社群平臺使用習慣的改變，帶動異常帳號活動發展。

---

influencers push propaganda," *AP*, 2022/3/20, ＜ https://apnews.com/article/china-tiktok-facebook-influencers-propaganda-81388bca676c560e02a1b493ea9d6760＞．

[28] 王山，〈中國政府招募英文網紅在美國開展大外宣〉，《rfi》，2022年7月5日，＜ https://reurl.cc/qnbkyD＞。

[29] 國安局所稱「爭訊」英文翻譯就是disinformation，見 Fang Wei-li, Lery Hiciano, "Disinformation doubled last year: NSB," *Taipei Time*, 2025/1/4, ＜ https://www.taipeitimes.com/News/front/archives/2025/01/04/2003829623＞．

在手法態樣部分，中共運用大量異常帳號，在國人常用社群平臺洗版留言、推播加工影音及迷因梗圖，並盜取國人社群平臺帳號傳播爭訊。此外，中共亦利用 AI 技術產製爭訊，如藉由深偽變造技術，偽冒我國政界人士影音談話，企圖誤導國人視聽與認知。尤其中共積極於微博、TikTok 及 Instagram 等平臺，創設融媒體品牌或代理帳號，協力傳散官媒影音、對臺官宣內容，如中國大陸外交部、《環球時報》設立「朝陽少俠」、「補壹刀」等分身帳號，大量散播打擊臺美關係爭訊。另外，「臺灣蝦米貢」、「灣灣發電姬」等 TikTok 帳號，與中共官媒《海峽導報》關係密切，擴大轉發大陸官方涉臺言論。中共亦委託公關公司「深圳海賣雲享」，創建假捷克媒體《波希米亞日報》(*Bohemia Daily*)、假西班牙媒體《奎爾先鋒報》(*Guell Herald*) 等，推播中共海外官媒報導，炒作「一中原則」。[30]

---

[30] 〈2024 年中共爭訊傳散態樣分析〉，《中華民國國家安全局》，2025 年 1 月 3 日，< https://reurl.cc/Kd9mLj >。

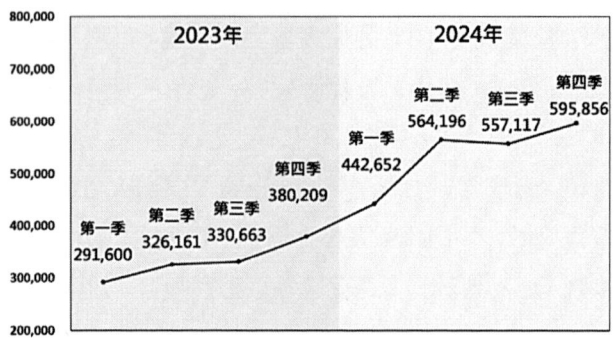

圖 1-1　2023-2024 年爭議訊息數量統計比較

資料來源：〈2024 年中共爭訊傳散態樣分析〉,《中華民國國家安全局》, 2025 年 1 月 3 日, < https://reurl.cc/869KVo >。

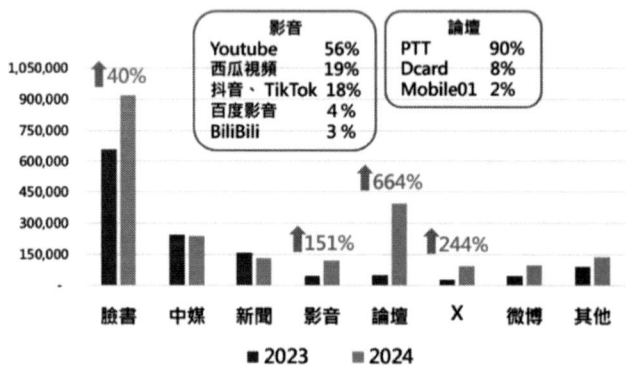

圖 1-2　2023-2024 年爭議訊息傳散平臺統計

資料來源：〈2024 年中共爭訊傳散態樣分析〉,《中華民國國家安全局》, 2025 年 1 月 3 日, < https://reurl.cc/869KVo >。

　　當前人類社會幾乎已進入社群媒體連結一切的時代，而社群媒體已不僅藉由其光速連結訊息傳播與溝通交流，更讓虛假訊息快速的傳遍國際社會，這種虛假訊息的攻擊，已成為「錯誤訊息疫

情」（Infodemic），[31]此說起於世界衛生組織在 COVID-19 疫情期間，對於有關疫情的虛假訊息所產生的諸多問題，被稱作是「錯誤訊息疫情」：

疾病爆發期間，在數位和實體環境中出現太多資訊，包括虛假或誤導資訊。它會造成混亂和冒險行為，傷害健康。它還會導致對衛生當局的不信任，並破壞公共衛生應對措施。當人們不確定該如何保護自己和周遭人的健康時，資訊疫情可能會加劇或延長疾病爆發的時間。[32]

面對來勢洶洶的認知戰攻擊，提出警告與防治方法本就是認知戰研究所必須負起的責任，在多變且混雜的認知戰現象中，必須將認知戰訊息的傳播模式與人類遭受特定訊息攻擊後的認知與言行變化了然於胸，才有能力負起前述責任。

第四節　訊息傳播概念擇要

所有認知戰的基礎，除前述有關認知戰的定義外，更必須把筆者《習近平時期對臺認知戰作為與反制》一書中的訊息傳遞基礎，再重申如下：

---

[31] Zoetanya Sujon, *The Social Media Age* (London: SAGE, 2021), p. 4. An infodemic is too much information including false or misleading information in digital and physical environments during a disease outbreak. It causes confusion and risk-taking behaviours that can harm health. It also leads to mistrust in health authorities and undermines the public health response. An infodemic can intensify or lengthen outbreaks when people are unsure about what they need to do to protect their health and the health of people around them.

[32] "Infodemic," *World Health Organization*, < https://www.who.int/health-topics/infodemic#tab=tab_1 >.

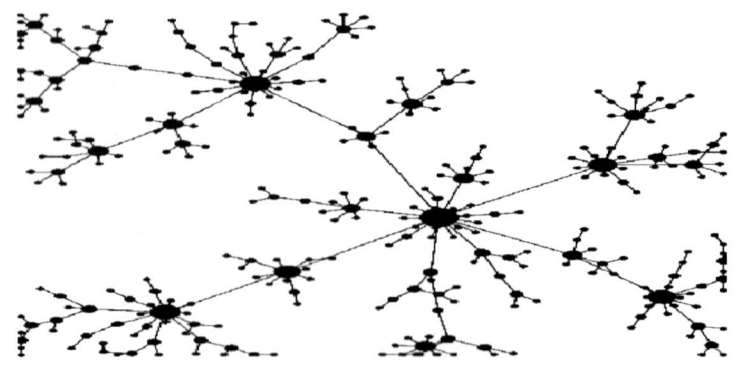

圖 1-3　社會網絡節點與聯繫

資料來源：Martin Buoncristiani, Patricia Buoncristiani, "A Network Model of Knowledge Acquisition," ResearchGate, 〈 file:///C:/Users/m22205/Downloads/A_Network_Model_of_Knowledge_Acquisition%20（3）.pdf〉.

　　所有訊息的傳播都無法逃避此社會關係網絡，這種網絡猶如電腦網絡的硬體設備與網路架設，而訊息則在此網絡中來回運行，最終造成以訊息影響對象認知並改變其言行的認知戰攻擊的各種模式。

　　在訊息攻擊造成特定群體或個人認知改變，並因此改變其言行的各種學問中，以心理學的討論最為深入，但其中所涉及的心理學及社群媒體生態各種細微角度的不同多如牛毛，[33]而詳列這些論

---

[33] 如：Primack, Brian A., 2021.*You are what you click*. California: Chronicle Prism. Greifeneder, Rainer, Mariela E. Jaffé, Eryn J. Newman, Norbert Schwarz ed(s)., 2021. *The Psychology of Fake News—Accepting, Sharing and Correcting Misinformation*. New York: Routledge. Kumar, Navin, 2021. *Media Psychology—Exploration and Application*. New York: Routledge. Hobbs, Renee, 2021. *Media Literacy in Action*. London: Rowman & Littlefield, 2021. Seib, Philip,

述絕非本書之重點，本書亦無此能力，但在總合各方對人類接收訊息後，改變言行的簡要架構性提醒，已如筆者於《習近平時期對臺認知戰作為與反制》一書中提及，為顧及本書閱讀的完整性，仍節錄其中筆者認為最具代表性、最簡明、最能提綱契領之「信息－動機－行為技能模型」，該模型是1992年提出，主張影響行為改變的三個關鍵因素是：

一、有關行為的信息：包括關於行為的自行想法以及有意識學習的信息。

二、執行該行為的動機：動機既包括個人動機（即改變自己行為的願望），也包括社會動機（即改變行為以適應社會環境的願望）。

三、執行行為的行為技能：信息和動機影響行為技能，包括客觀技能和自我效能感。

信息、動機和行為技能的結合會影響行為改變。

2021. *Information at War—Journalism, Disinformation, and Modern Warfare.* Cambridge: Polity Press 等等，多不勝數。

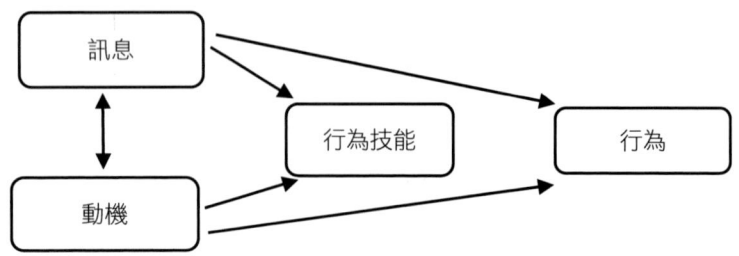

圖 1-4　信息－動機－行為技能模型

資料來源：Nicole Celestine, "What Is Behavior Change in Psychology? 5 Models and Theories," *PositivePsycology*, 2023/3/11, ＜ https://positivepsychology.com/behavior-change/＞.

　　筆者再度簡略提出「社會網絡節點與聯繫」，目的在提醒讀者，所有訊息的傳遞絕非漫無章法，而是有序為之；而擇要提出「信息－動機－行為技能模型」以大略顯示訊息與言行改變關係之目的，是在提醒讀者，人類接受訊息後改變言論與行為，有其主客觀因素的相互牽制與影響，絕非率性而為。上述兩個重要的節錄，是往下閱讀之基礎。

　　隨著對認知戰研究的日漸深入，與時空環境的改變，當前認知戰除前述所提的各種情況必須應對外，更有如下情況必須加入考慮：

　　一、訊息的傳遞顯然必須透過特定的媒體方能達成目的，但何謂媒體（Media）？有論者認為，媒體就是傳遞訊息的介面，既然是介面，那麼就包含書本、報紙、雜誌、電動玩具、收音機、唱片、播客（Podcast）、廣告、社群媒體、及所有在網路上傳送訊息的程式，但因數位化時代，使得媒體中的大眾媒體（Mass Media）與個

人溝通（Interpersonal Communication）界線模糊，[34]因此，認知戰的訊息傳送介面，無法界定於特定的媒體，而變成無所不包無所不在，只要是足以影響受眾的訊息傳送平臺都成為必須關注的對象。

二、在認知戰中訊息的傳播顯然是要影響對象，此概念與傳統對於權力（Power）的解釋認為「權力主要是指個人影響他人的能力」有許多重疊之處，但與權力相生相成的心理現象，又被稱為權力感（Power Sense），反映個人對權力的主觀感受，權力感是指一個人對自己影響他人的能力的認知。[35]而有學者認為權力的型態又可分類為經濟型、政治型、壓制型（Coercive）、文化或表徵型（Cultural or Symbolic），經濟型重在創造傳遞某一種意識形態必須依賴媒體，在當前就是依賴社交媒體，政治型更離不開以各種威權、規定、操弄與鼓勵規定，鎮壓型與政治型常是一體的兩面，也脫離不了對對手的心理因素的影響，而文化或表徵型，則直接與媒體、社會媒體及日常生活緊密結合以為推動方式，但此種分類方式，亦被其他學者認為太過細分，認為只要訊息的操弄就足以貫穿四種權力的行使。[36]統合而言，只要是足以影響一定數量的訊息，都應該成為被關注的對象。

在認知戰領域中，發動認知戰者，必有強烈的改變他人意圖，即前述的「權力感」，若以中共無時無刻對包含臺灣在內的國際社

---

[34] Thomas Poell, David Nieborg, Brooke Erin Duffy, *Platforms and Cultural Production* (UK: Polity Press, 2022), p. 34.

[35] Zhining Wang and Fengya Chen, Shaohan Cai, Yuhang Chen, "How sense of power influence exploitative leadership? A moderated mediation framework, *Leadership & Organization Development Journal,* (England), Vol. 45 No. 8, 2024, pp. 1418-1419.

[36] Sujon, The Social Media Age, pp. 63-64.

會發動認知戰,意圖併吞臺灣改變世界立場,顯然中共具有強烈的將訊息當成武器,以訊息影響他人意圖,並自認為具有強大的效能,致使對於外界的認知戰訊息攻擊無停止之可能。

認知戰訊息藉由社群媒體的功能,將特定訊息幾乎無限制的傳播到全球每一個有社群媒體的角落,因此,全球都有受訊息影響而屈服於訊息發送者意圖之危險。

三、全球各國,包含臺灣在內,所面臨的認知戰訊息攻擊問題,不僅攸關各國的生存,甚至已拉高層次到人類獲取真實訊息基本權利的維護,如何應對境外敵對勢力為成就其邪惡目的所進行的認知戰,就成為各個國家甚至全人類所面臨的重大挑戰。尤其在科技不斷提升,更具有製造各類訊息以迷惑他人能力的環境下,這種挑戰更為巨大。然而,目前各方對認知戰訊息散播的研究,大部分只限於以全面散播、攻擊全民、長時間散播薰陶為研究重點,但實際上卻有許多必須分別深入對待的研究領域有待各方努力,本書就是以認知戰訊息傳播方式的架構為基礎,再細分各種衍生出且必須面對的問題與概念,分類進行研究,以彌補各方的不足。

四、2025年1月7日,Meta執行長祖克柏(Mark Zuckerberg),宣布該公司將結束事實查核計劃,並用類似於X社群筆記的社群驅動系統取而代之。這些變化將影響Facebook和Instagram這兩個世界上最大的社群媒體平臺,這兩個平臺都有數十億用戶,及為數眾多的Thread使用者。[37]Meta開始投入事實查核計劃,事實上

---

[37] Bruna Horvath, Jason Abbruzzese, Ben Goggin, "Meta is ending its fact-checking program in favor of a 'community notes' system similar to X's," *NBC News*, 2025/1/7, <https://www.nbcnews.com/tech/social-media/meta-ends-fact-checking-program-community-notes-x-rcna186468>.

正是源於 2016 年川普首次於美國總統大選中勝出。當時 Facebook 因為大量假訊息流竄而飽受批評，被外界認為外國政府藉此挑撥美國社會。在公眾壓力下，Meta 在接下來 8 年除了與國際事實查核組織合作，也投入數十億美元與數千名員工，以應對平臺上爭議內容的傳播，包括選舉假訊息、暴力與仇恨言論等。不過據稱，祖克柏對於在事實查核上投入大量資源，卻只能得到有限回報，逐漸感到沮喪，2022 年起，Meta 開始以削減成本為由，逐漸縮編內容審查團隊。[38]祖克柏在宣布結束事實查核政策時，同時批評歐盟：「歐洲不斷透過將審查制度制度化的法律，使得在這裡幾乎不可能建立任何創新」，此說被歐盟嚴厲駁斥，歐盟委員會官員雷尼耶（Thomas Regnier）強調，歐盟的「數位服務法」（Digital Services Act，DSA）並未強制平臺刪除合法內容。雷尼耶也表明：「只有現實生活中非法的內容才必須在網路上刪除」。DSA 要求平臺應對「系統性風險」，例如虛假資訊或選舉干擾。然而，DSA 允許公司選擇自己的合規方法，只要它們有效。[39]雷尼耶更在 2025 年 1 月 9 日的例行記者會中，聲明歐盟不評論在美國發生的事，至於在歐盟「數位服務法」下，大型平臺與第三方合作進行事實查核，可被認定為因應系統性風險的一種有效方式。歐盟執委會懷疑 Meta 用來標記非法內容的機制（即前述採用類似 X 平臺的「社群筆記」

---

[38] 李彥穎，〈Meta 宣布終止事實查核計劃 新政策與川普有關？可能造成哪些影響？〉，《公視新聞網》，2025 年 1 月 8 日，< https://news.pts.org.tw/article/732695 >。

[39] "EU rejects Zuckerberg's claims of censorship as Meta shifts fact-checking policy," *Beganewsagency*, 2025/1/8, < https://www.belganewsagency.eu/eu-rejects-zuckerbergs-claims-of-censorship-as-meta-shifts-fact-checking-policy >.

功能,也就是容許使用者在特定貼文上添加附註,而非由平臺邀請第三方查核內容真實性),以及透過使用者補救和內部投訴的機制,並不足以符合歐盟「數位服務法」要求的有效性。[40]換言之,依據歐盟的實際執行經驗,以第三方事實查核的方式過濾虛假訊息有一定的保護群眾功能,如今 Meta 公司取消這種機制,顯然就是取消一層對普羅大眾的保護,「這是內容查核的重大倒退,尤其是在惡意假消息和有害內容比以往任何時候發展得更快之際」,[41]而國際社會諸多事實查核的非政府組織,有一大部分經費仰賴 Meta 等大型媒體公司提供運作經費,在 Meta 停止事實查核業務後,這些非政府組織運作勢必遭受巨大影響,將使無事實查核的訊息更加流竄,顯然將對人類社會形成巨大的衝擊。

無獨有偶,美國新任川普政府對打擊虛假訊息也興趣缺缺,川普不僅長久以來不斷以假訊息為名,攻擊對其不利的媒體,這甚至成為其政治策略,[42]在 2025 年重返執政後更直接關停打擊虛假訊息的機關,如美國國土安全部發言人 2025 年 2 月 12 日對外證實,網路安全與基礎建設安全局(Cybersecurity and Infrastructure Security Agency)內專責反對假消息、錯誤訊息及相關影響行動的少數員工,最近被安排放行政假。而根據人事管理辦公室(Office

---

[40] 〈媒體識讀 1／歐盟回應 Meta 風波:第 3 方事實查核能有效因應系統風險〉,《中央通訊社》,2025 年 1 月 9 日,< https://www.cna.com.tw/news/aopl/202501090002.aspx> 。

[41] 〈Meta 取消事實查核 研究員警告:為惡意假消息開大門〉,《聯合新聞網》,2025 年 1 月 9 日< https://udn.com/news/story/6811/8477840> 。

[42] Steve Coll, "Donald Trump's "Fake News" Tactics--In attacking the media, the President has in many ways strengthened it," *The New Yorker*, 2017/12/3, < https://www.newyorker.com/magazine/2017/12/11/donald-trumps-fake-news-tactics> 。

of Personnel Management）的說法，行政假是指「經行政授權的缺勤，但不扣工資，也不記入假期」，讓本已經費不足以對抗虛假訊息的網路安全與基礎建設安全局對抗虛假訊息的工作瀕臨停擺。[43] 如此情勢發展，對於人類抵抗虛假訊息為核心的認知戰局勢，絕非正面。

臺灣面臨巨大認知戰之虛假訊息攻擊，又遭逢川普政府或 Meta 大型公司放棄假訊息查緝，唯有自立自強方可求得國家安全與社會安穩。

第五節　文獻探討與研究方法

本書所提有關統戰、情報、反情報、認知突變、分眾攻擊、孤狼恐怖攻擊、傳播阻礙與詮釋（撿到槍效應）及韌性等與認知戰的關係，在現有文獻中均未有相關研究，但在個別領域的研究卻早已存在：

一、在與統戰關係部分，對統戰的研究近期並不興盛，且所能查獲對統戰的研究都不討論認知戰；統戰議題雖被各方關注，但對其研究卻又難引發各方關注。在認知戰興起後，各方開始關注統戰與認知戰的關係。

近期統戰主要著作有：

---

[43] David DiMolfetta, "CISA sidelines anti-disinformation staffers--The move reflects a GOP effort to steer the Cybersecurity and Infrastructure Security Agency away from fighting disinformation and foreign influence," *Nextgov/FCW*, 2025/2/12, < https:// www.defenseone.com/policy/2025/02/cisa-staff-focused-disinformation-and-influen ce-operations-put-leave/402964/?oref=d1-featured-river-secondary>.

1955. *Communist front movement in the U.S.* United States: Federal Bureau of Investigation.

熊樹忠，1980。《中共統戰策略之理論與實際》。臺北市：黎明文化事業股份有限公司。

蘇一凡主編，2010。《統戰工作規律與探微》。廣州：暨南大學。

中共中央統戰部等編著，2013。《中國統一戰線教程》。北京：中國人民大學出版社。

王韻，〈統戰、銳實力、還是認知作戰？一個分析中共對臺宗教工作混合式影響力的架構〉，2023年4月。《遠景基金會季刊》，第24卷第2期，頁5-53。

二、在情報與反情報工作部分，情報學研究領域向以情報工作為主要，反情報工作為輔助，其實兩者工作方法相同，僅是攻擊方向不同。情報重在從敵人處蒐集情報，反情報重在防止敵人蒐集我方情報，不論情報或反情報工作，其核心仍在蒐集對工作有用的情報──「蒐集敵方的情報」或「防止敵方蒐集我方情報的情報」。情報學論述多不勝數，但重要的著作，仍以具實戰經驗者為佳，雖各國都有其實戰的環境與經驗，但相對公開又具可參考價值者，主要是依據美國聯邦調查局（FBI）及中央情報局（CIA）相關資料所做研究，如：

蕭銘慶，2014。《情報學之間諜研究》。臺北市：五南。

Johnson, Loch K., 2017. *National Security Intelligence.* Cambridge: Polity Press.

Pei, Minxin, 2023. *The Sentinel State─Surveillance and the Survival of Dictatorship in China.* London: Harvard University Press.

三、在認知突變部分,主要在探討人類認知突然改變的過程與可能,雖然心理治療領域仍在努力探詢,但這在行銷領域卻討論眾多,如:

Schmidt, Lony D, Benjamin J Pfeifer, Daniel R. Strunk, May 2019. "Putting the 'cognitive' back in cognitive therapy: Sustained cognitive change as a mediator of in-session insights and depressive symptom improvement," *Journal of Consulting and Clinical Psychology*, Vol. 87, No. 5, pp. 446-456.

Sun, Rui, Jiajia Zuo, Xue Chen, Qiuhua Zhu, Jun 2024."Falling into the trap: A study of the cognitive neural mechanisms of immediate rewards impact on consumer attitudes toward forwarding perk advertisements," *PLoS One*, San Francisco, Vol. 19, No. 6, pp. 1-18.

四、在孤狼恐怖攻擊方面,有關書籍可謂汗牛充棟,如:

張福昌,2014。〈恐怖主義在中國的發展〉,周繼祥主編,《中國大陸與非傳統安全》。臺北市:翰蘆圖書出版公司。頁 73-93。

許華孚、吳吉裕,2015 年 10 月。〈國際恐怖主義發展現況分析及其防制策略之芻議〉。< https://www.cprc.moj.gov.tw/ media/8509/722116574469.pdf?mediaDL=true> 。

汪毓瑋,2016。《恐怖主義威脅及反恐政策與作為》(上、下)。臺北市:元照出版公司。

Hartleb, Florian, 2020. *Lone Wolves*. Switzerland: Springer.

五、傳播阻礙與詮釋（撿到槍效應）部分，主要是將訊息詮釋與 CNN 效應兩種領域相互結合所構成的新概念，對於個別訊息詮釋與相關著作有：

Ackland, Robert, Karl Gwynn, 2021. "Truth and the Dynamics of News Diffusion on Twitter". in Rainer Greifeneder, Mariela E. Jaffé, Eryn J. Newman, Norbert Schwarz ed（s）.. *The Psychology of Fake News—Accepting, Sharing and Correcting Misinformation.* New York: Routledge, pp. 27-46.

Stallard, Katie, 2022. *Dancing on Bones.* New York: Oxford University Press.

Benabid, Kaouthar. "What is the CNN Effect and why is it relevant today?". *Al Jazeera Media Institute.* ＜ https://institute.aljazeera.net/en/ajr/article/1365＞.

Kyle. "Explain The 8 Process of Communication With Definition, And Diagram". *Omegle,* ＜ https://learntechit.com/the-process-of-communication/＞.

六、在認知戰攻擊下的韌性，討論相對較多，但亦幾無專文討論認知戰下對維持韌性人員的攻擊與保護，相對較為重要著作如：

Houck, Shannon C. 2024/11/14."Building psychological resilience to defend sovereignty: theoretical insights for Mongolia," *frontiers,* ＜ https://www.frontiersin.org/journals/social-psychology/articles/10.3389/frsps.2024.1409730/full＞.

Palmertz, Björn, Mikael Weissmann, Niklas Nilsson, Johan Engvall, 2024. *Building Resilience and Psychological Defence--An analytical framework for countering hybrid threats and foreign influence and interference.* Lund: Lund University.

Sendai Framework. "Principles for Resilient Infrastructure." *UNND*, ＜ https://www.undrr.org/media/78694/download?StartDownload=20241016＞.

本書使用的研究方法全部是文獻探討，其中最寶貴的部分，是融入筆者個人的工作經驗，並以工作經驗作為探索方向的重要基礎，尋找相關論述支持筆者觀點，最終成書。

第六節　期許與展望

筆者前作《習近平時期對臺認知戰作為與反制》一書，將困擾全球、雜亂無章、學政界無所適從，卻又無法自外於其危害的「認知戰」做出具體的描述，不僅引發國內外的注目，筆者更從中發現許多亟待研究與跨科際整合的領域，必須加緊釐清，方有助於維護社會與國家安全，以免於邪惡帝國的無情攻擊。2023年底筆者出版該書，雖初步自各方紛沓的認知戰討論中，摸索出認知戰的基本模型，卻也因此驚訝發現兩個重要的現象：

一、境外敵對勢力，尤其是中共，對臺的認知戰作為早就多方面展開，只因吾輩對於認知戰的整體模式無法掌握，對境外敵對勢力以認知戰的手法對我發動之攻擊模式茫然無知，因此無法警覺其攻擊，更遑論防治，面對此嚴峻的態勢，不僅處於認知戰風暴中

心的臺灣必須有所警覺與強化防範，全球各國亦同。本書取名為《認知戰新警覺》顯然是以中共對臺認知戰作為討論的軸心，但何以是「新警覺」？其實，在認知戰研究領域中，從未有人觸及本書所提出的議題，但綜合筆者的工作經驗與各方意見反映，本書所提的相關作為，中共早就悄悄進行，故必須提醒相關人員、政府而成「新警覺」。

二、跨學科對認知戰的研究無法避免，但許多學科卻並不清楚自身在認知戰中的定位，如，歷史學與認知戰的關係，一般看法兩者相距不可以道里計，但從認知戰的研究中，卻明白地顯示，史觀是認知戰的重要一環，如：中共將對日抗戰從過去的八年變成十四年，目的就是「如果是『八年抗戰』就變成是國軍抗戰，中共只有把東北抗戰的這段歷史算進去，才能成為抗戰的主力」、「其政治考量大於學術目的」。[44]而學者史塔拉德（Katie Stallard）所著 Dancing on Bones 講述俄羅斯、北韓及中共領導人如何竄改歷史，一方面鞏固自身的統治合法性，一方面對外宣傳主張自身的「權利」，[45]史學在認知戰上的地位因此凸顯。不僅史學如此，行銷學中的分眾行銷、恐怖主義中的激進訊息刺激、情報學中的社會氛圍與從眾效應、心理學中認知的改變、統戰與認知戰的異同等等，均與認知戰有密切關係。為強化各界對認知戰的理解，理應提醒各方面的學者專家注意，共同投入認知戰的研究，才能使此新興卻幾乎攸關人類未來發展的重要學門，得以更加昌盛與周延。

---

[44] 〈中共改寫歷史歌頌功績　8年抗戰變14年〉，《rfa》，2017年8月31日，< https://www.rfa.org/cantonese/news/history-08312017075545.html >。

[45] 請參閱 Katie Stallard, Dancing on Bones(New York: Oxford University Press, 2022)一書。

筆者在研究中發掘此種趨勢,爰提出各界對早已悄悄進行的各種認知戰作為必須有「新警覺」,更希望所有擔負認知戰防治的權責單位與每一位成員,甚至是一般普羅大眾,都能警覺其危害性,並積極調整作為與心態,有效因應,以確保我國家社會安全。

第二章　認知戰與統戰關係

　　統戰與認知戰有何不同？是認知戰研究中最常被問及的問題之一，也是必須解決的關鍵問題之一。

　　眾所周知，1939 年 10 月，毛澤東在〈《共產黨人》發刊詞〉中說：「十八年的經驗，已使我們懂得：統一戰線，武裝鬥爭，黨的建設，是中國共產黨在中國革命中戰勝敵人的三個法寶，三個主要的法寶」，此說被中共黨徒渲染稱為「三大法寶」，是馬克思主義普遍真理與中國革命的具體實際相結合，與中華優秀傳統文化相融合產生出來的。[1] 這種對於統戰的陳腔濫調，雖難以再吸引學界的目光，但近年在統戰的實際運作層面，卻因中共在國際社會從不間斷的侵略性甚至更激烈的戰狼外交作為，也不致於完全被各界忽略，也因此，臺灣與國際社會經常以「統戰」指責中共對臺與對外作為，[2] 使得統戰議題，於近期更加由學術研究轉向實務應處層

---

[1] 曹應旺，〈「三大法寶」的中華文化淵源〉，《中國共產黨新聞網》，2019 年 1 月 14 日＜ http://dangshi.people.com.cn/BIG5/n1/2019/0114/c85037-30525423.html＞。

[2] 〈旺報社評〉什麼是統戰？統戰可怕嗎？〉,《新聞網》，2016 年 8 月 2 日，＜https://www.chinatimes.com/opinion/20160802005990-262102?chdtv＞。在統一的問題上，所有臺灣人都是大陸統戰的對象，大陸對臺政策也帶有濃厚的統戰意涵，其目標當然就是為了實現國家統一，這一切都是大陸的「陽謀」，大陸從來也不曾掩飾和否認，甚至不斷在正式場合明確宣示。論者大可不必像發現了什麼重大陰謀一樣看待大陸的統戰作為。從廣義上說，大陸對臺的任何政策、舉辦的任何活動，都是為了統戰臺灣的各行各業。如此說來，臺北市一百多位里長訪問大陸當然是參加大陸統戰活動，同樣的道理，大陸如果同意綠營縣市首長登陸，或者接待民進黨籍政治人物，也同樣都是統戰活動。"China's Coercive Tactics Abroad," *U.S. Department of State*, ＜ https://2017-2021.state.gov/chinas-coercive-tactics-abroad/＞. The CCP's United Front

次,更有趣的轉折是,當認知戰議題橫掃國際,繼陸、海、空、太空與網際網路空間等五個戰爭場域之後,被逐漸認定為第六個戰爭場域時,[3]刺激了國際社會對認知戰研究的興趣,卻也因此帶動各界提出:「統戰與認知戰有何不同?」的問題,使得統戰與認知戰的關係,有加以釐清的必要。

然而,在企圖釐清兩個領域關係的過程中,卻發現認知戰相對完整的定義雖於最近才被提出,但統戰的定義卻在長達近兩百年的運行中,始終模糊,因此,必先釐清統戰定義並與認知戰定義相互比較,才能釐清兩者關係,此亦成為本章論述的脈絡。

第一節　統戰的歷史演變

近期曾有學者比較統戰與認知戰關係,並將具有假訊息散播夾雜的銳實力,製表比較如下:

---

permeates every aspect of its extensive engagements with the international community. It targets the highest levels of Western democracies, creates a permanent class of China lobbyists whose primary job is to sell access to high level Chinese leaders to corporate America. The United Front has also penetrated deeply into state, local and municipal governments through a myriad of front organizations such as the CCP's sister-cities programs, trade commissions, and friendship associations.

[3] Lea Kristina Bjørgul , "Cognitive warfare and the use of force," *STRATAGEM*, 2021/9/3, < https://www.stratagem.no/cognitive-warfare-and-the-use-of-force/>. NATO currently recognizes five warfighting domains: land, sea, air, space, and cyberspace. Dean S. Hartley and Kenneth O. Hobson, *Cognitive Superiority* (Switzerland: Springer, 2021), pp. 12, 15.

表 2-1　統戰、銳實力、認知戰比較

	定義	操作指標	分析上的優點	相關研究的盲點
統戰	吸收社會菁英組成統戰隊伍，使其配合黨中央政策的需要去分化、孤立與打擊「敵人」。	12 大類社會菁英：人大：運作港澳臺和海外華僑的「和統會」、「工商聯」等統戰外圍組織。	偏重偽公民社會組織這種由下而上的影響力工作，透過理解行為者彼此的關係，中共與統戰對象的對價關係比較容易辨識。	以國內目標為主，對於中國境外對象解釋力沒有銳實力來得清楚；對於新媒介與新階層的統戰工作也才剛剛起步。
銳實力	軟實力機構被用來配合硬實力在外交目標之上，用來分散注意力及操縱輿論。	威權工具箱：政府控制的非政府組織、殭屍選舉監察員、國際媒體集團、新科技的標準設定、跨國企業的商業和金融關係。	偏重文化輸出這種由下而上的影響力工程。對於宗教、文化、學術等意識形態陣地議題解釋能力較強。因執行者定義最具體，對於中共影響力分析最具有操作性。	以海外目標為主，對於中國境內的對象解釋能力弱；中共與其銳實力對象的對價關係不容易解釋，同時對於影響力大小的判斷不清楚。
認知作戰	利用爭議訊息，破壞社會既有網絡，並加深原本之對立。	假訊息、假旗，以及配合軍事行動的資訊戰、心理戰與法律戰。	偏重國家級駭客、網路媒體與社群媒介操縱等由上而下的影響力工程。關注對民調與選舉結果的影響，因此對於中共影響力效能分析最具體。	需要數據獲得的能力研究門檻高。僅重視具有高度政治性的議題，對於宗教、文化、學術等其他重要意識形態陣地議題關注不足。

資料來源：王韻，〈統戰、銳實力、還是認知作戰？一個分析中共對臺宗教工作混合式影響力的架構〉，《遠景基金會季刊》，第 24 卷第 2 期，2023 年 4 月，頁 29。

　　筆者對表 2-1 中有關認知（作）戰與統戰的定義持不同意見。依據表 2-1，其中對於認知（作）戰的定義，認為「利用爭議訊息，破壞社會既有網絡，並加深原本之對立」，明顯忽略認知戰定義中，

有關真實訊息的利用，及著重在境外敵對勢力的操作兩個重要元素，而認知戰的目的更未必僅限形成對立，更著重在促使目標直接投降，達成不戰而屈人之兵才是最終目的，其間也不只是使用爭議訊息（Dis-information）才可達成目的，有效的利用誇大的真實訊息（Mal-information）亦可，如美國總統川普公開指責烏克蘭總統澤倫斯基（Volodymyr Zelensky）引發俄烏衝突、是未經選舉的獨裁者、玩弄前總統拜登於股掌之間（he was good at playing former President Joe Biden "like a fiddle."），一夜之間俄羅斯由侵略者變成受害者，[4]每一句都是川普親口說的真實消息，卻可被俄羅斯大做文章，影響烏克蘭的民心士氣，而達成認知戰的效果。甚至利用誤傳（Misinformation）亦可達成認知戰的目的，如將生產動物飼料環境不佳的A工廠，誤傳成生產嬰兒奶粉的B工廠，並經由有目的地廣傳，[5]就可能引發敵對勢力社會的不安甚或是敵對國家的動盪，因此，表2-1的定義並不完整。而該文對統戰的定義，呈現的正是各方對統戰理解的縮影，該文認為「吸收社會菁英組成統戰隊伍，使其配合黨中央政策的需要去分化、孤立與打擊『敵人』」，依其陳述，顯然是指統戰的執行方式，而不是定義。且現行中共統戰條例第二條明示：

---

[4] Stephen Collinson, "Trump's slam of Zelensky is a remarkable moment in US foreign policy," *CNN*, 2025/2/19, < https://edition.cnn.com/2025/02/18/politics/donald-trump-putin-ukraine-analysis/index.html >．

[5] Journalism, " 'Fake News' and Disinformation: A Handbook for Journalism Education and Training,"《UNESCO》，2023/6/1, < https://en.unesco.org/fightfakenews >．劉文斌，《習近平時期對臺認知戰作為與反制》（新北市：法務部調查局，2023），頁58。

> 本條例所稱統一戰線，是指中國共產黨領導的、以工農聯盟為基礎的，包括全體社會主義勞動者、社會主義事業的建設者、擁護社會主義的愛國者、擁護祖國統一和致力於中華民族偉大復興的愛國者的聯盟。
>
> 統一戰線是中國共產黨凝聚人心、匯聚力量的政治優勢和戰略方針，是奪取革命、建設、改革事業勝利的重要法寶，是增強黨的階級基礎、擴大黨的群眾基礎、鞏固黨的執政地位的重要法寶，是全面建設社會主義現代化國家、實現中華民族偉大復興的重要法寶。[6]

明確指明，包括全體社會主義勞動者、建設者、愛國者、愛國者聯盟等等，是走人民群眾路線，並非僅是「吸收社會菁英組成統戰隊伍，使其配合黨中央政策的需要去分化、孤立和打擊敵人」，卻排斥普羅大眾為共黨所用，故其對統戰的定義顯然亦不周延。不僅該文如此，古今中外各方對於統戰的「定義」說法都不周延，甚至各方所提所謂的統戰「定義」，僅是各方對統戰的描述或理解或進行方式，而不是對統戰的定義，如1955年美國聯邦調查局對統戰的研究，蒐集如托洛斯基對統戰的說法，及1919-1947年對統戰的詮釋，全部都是如此，[7]更現代的研究也是，如：

一、熊樹忠，1980年出版之《中共統戰策略之理論與實際》

---

[6] 〈中國共產黨統一戰線工作條例〉，《人民網》，2021年1月6日，< http://politics.people.com.cn/BIG5/n1/2021/0106/c1001-31990197.html> 。

[7] *Communist front movement in the U.S* (United States: Federal Bureau of Investigation,1955), pp. 2, 4-14.

稱，統戰之「意義與特點」是：「共產集團，為了適應『革命退潮』時期所運用的一種偽裝與妥協的策略。申言之，也就是匪黨集團，把一切可能反對敵人力量，和敵人陣營內一切不堅定力量，把它統一起來受其所運用，亦即是共產黨在其奪取政權的過程中，以分化敵人而壯大自己的一種策略」。[8]

二、蘇一凡，2010 年主編之《統戰工作規律與探微》稱，「統一戰線，就廣義而言，是指不同的社會政治力量（包括階級、階層、政黨、集團乃至民族、國家等）在一定歷史條件下，為了實現一定的共同目標，在某些共同利益的基礎上組成政治聯盟。我們現在講的統一戰線，專指在馬克斯主義的理論指導下，由無產階級及其政黨組織和領導的統一戰線。無產階級及其政黨領導的統一戰線，是無產階級為了實現自己的歷史使命，實現各個時期特定的戰略目標和任務，團結本階級各個階層和政治派別，併同其他階級、階層、政黨及一切可能團結的力量，在一定的共同目標下結成的政治聯盟」。[9]

三、中共中央統戰部等，2013 年編著之《中國統一戰線教程》稱「統一戰線的含義、性質與範圍」是：「從廣義上講，統一戰線是不同階級、政黨、集團等社會力量，為了實現一定的共同目標，在具有共同利益的基礎上

---

[8] 熊樹忠，《中共統戰策略之理論與實際》（臺北市：黎明文化事業股份有限公司，1980），頁 1。
[9] 蘇一凡主編，《統戰工作規律與探微》（廣州：暨南大學 2010），頁 3-4。

結成的聯盟,簡要的說就是一定社會力量的聯合」。[10]

這些論述都偏重在統戰執行態樣的描述,也從不稱自己的論述是統戰的「定義」。

而專對特定人物的統戰作為研究,亦顯不涉及統戰「定義」,如:
一、中共中央統戰工作部、中共中央文獻研究室,於1991年編《鄧小平論統一戰線》,係鄧小平1941年至1990年有關統戰工作指示,未涉及統戰的定義。[11]
二、戴茂林,1993年出版的《民眾大聯合——毛澤東的統戰觀》,僅是闡述數個時期毛澤東對於統戰工作的指示與作為,未提及定義。[12]
三、莫岳雲等,2005年出版之《李維漢統戰理論與實踐》,只研究李維漢對於統戰的實踐,並未提及統戰定義。[13]

中國大陸幾所大學對於統戰意涵,轉載自中共中央統一口徑的說法,呈現如下:

一、西南交通大學統一戰線部,於馬克思誕辰200周年的2018年,貼出有關統戰的說法:

統一戰線是馬克思主義的一個基本戰略和策略問題。馬克思、恩格斯在科學總結無產階級革命鬥爭經驗的基礎上,解決了無

---

[10] 中共中央統戰部等編著,《中國統一戰線教程》(北京:中國人民大學出版社,2013),頁10。
[11] 中共中央統戰工作部、中共中央文獻研究室,《鄧小平論統一戰線》(北京:中央文獻出版社,1991)。
[12] 戴茂林,《民眾大聯合——毛澤東的統戰觀》(北京:政府大學,1993)。
[13] 莫岳雲等,《李維漢統戰理論與實踐》(北京:人民出版社,2005)。

產階級自身團結和爭取同盟軍的問題,開創了無產階級統一戰線思想。

　　無產階級要完成歷史賦予的歷史使命,首先要把本階級的力量聯合起來。……。1864 年,馬克思和恩格斯創立的國際工人協會(後來稱為「第一國際」),就是各國工人的聯合組織,是工人統一戰線的組織。參加第一國際的,有共產主義者、蒲魯東主義者、工聯主義者、合作社派、巴枯寧主義者等等。馬克思在為國際工人協會起草的共同章程中,一方面在內容上堅持了科學社會主義的原理,另一方面在措詞上靈活溫和,使之成為各國各派工人都能接受的體現工人階級內部統一戰線的共同綱領。……恩格斯認為:「既然各國工人的狀況是相同的,既然他們的利益是相同的,他們又有同樣的敵人,那麼他們就應當共同戰鬥,就應當以各民族的工人兄弟聯盟來對抗各民族的資產階級兄弟聯盟。」

　　無產階級的團結統一包括兩個方面:一方面是一個國家內無產階級自身的團結統一,另一方面是世界各國無產階級間的國際聯合。各國資產階級基於共同利益,在反對無產階級方面是彼此一致和相互支持的,如果一個國家發生了無產階級革命,他們就會採取聯合行動進行鎮壓。因此,各國無產階級也必須聯合起來。馬克思、恩格斯為此在《共產黨宣言》中提出了「全世界無產者,聯合起來!」的口號,並且一生致力於促進國際無產階級團結的實踐活動。

　　1871 年 9 月在第一國際倫敦代表會議上,馬克思和恩格斯還依據巴黎公社的經驗指:巴黎公社就是「工人階級中一切組織和派別的反對資產階級的聯盟」。它表明,工人階級在它反對資產階級聯合權力的鬥爭中,只有組織成為與資產階級建立的一切舊政黨

對立的獨立政黨，才能作為階級來行動。

　　無產階級為了實現自己所擔負的歷史使命，消滅階級和階級差別，最終實現共產主義，無產階級不僅要實現自身的團結統一，還要團結廣大的同盟者。如：無產階級必須聯合農民、必須聯合城市小資產階級、必須聯合資產階級。

　　《共產黨宣言》認為：「共產黨人到處都努力爭取全世界的民主政黨之間的團結和協議。」馬克思、恩格斯根據這個原則以及當時歐洲的情況，還具體闡明在不同國家、不同條件下，共產黨人對各民主政黨應採取的方針。例如，當時在法國，共產黨人應聯合小資產階級的社會主義民主黨反對資產階級；在瑞士，共產黨人要支持激進的資產階級政黨反對僧侶、貴族，進行民主改革；在波蘭，共產黨人應支持發動過1846年克拉科夫起義的革命民主主義的政黨，支持它爭取民族獨立和實行土地革命的鬥爭。當然，無產階級政黨在聯合其他階級和政黨時，必須保持自己的獨立性。而馬克思、恩格斯關於無產階級政黨保持獨立性的思想，同時包含著統一戰線的領導權問題。無產階級政黨要使統一戰線沿著自己確定的方向發展，就必須保持自己的獨立性，即保持獨立的思想、理論，獨立的政策、綱領，獨立的組織、行動，並且保持對同盟者批評的權利。如果失去了這種獨立性，就等於喪失了統一戰線的領導權。[14]

---

[14] 〈【紀念馬克思誕辰 200 周年】重溫馬克思恩格斯統一戰線思想〉，《西南交通大學統一戰線》，2018 年 5 月 15 日，< https://dwtzb.swjtu.edu.cn/info/1074/3466.htm> 。

二、廣東五邑大學黨委統戰部、僑務辦公室等單位彙整的資料顯示，馬克思、恩格斯的統一戰線思想與前述西南交通大學的論述相似，僅文句較為精簡，而對列寧關於統一戰線的基本觀點，則彙整呈現如下特色：

（一）要利用一切機會，哪怕是極小的機會來獲得大量的同盟者，儘管這些同盟者可能是暫時的、動搖的、不穩定的、靠不住的、有條件的。這對於無產階級奪取政權以前和以後的時期，都是一樣適用的。有兩種同盟軍，一種是直接的，即儘可能地團結一切可以團結的力量；另一種是間接的，即充分利用敵人營壘中的一切矛盾。在這裡，根據具體的環境和條件採取必要的妥協，是無產階級及其政黨爭取同盟軍的一條重要策略原則。

（二）無產階級的領導權是民主革命澈底勝利以及統一戰線取得成功的決定性條件和根本保證。而無產階級要實現對民主革命的領導權，就必須建立工農聯盟。

（三）全世界無產者和被壓迫民族聯合起來，才能戰勝帝國主義，才能使無產階級和被壓迫民族得到解放。

（四）建立工人階級統一戰線，實現工人階級行動的統一。

（五）建立黨與非黨的聯盟。無產階級專政是無產階級同人數眾多的非無產階級的勞動階層（小資產階級、小業主、農民、知識分子等等）或同他們中的大多數結成的特種形式的階級聯盟，共產黨員和非黨員結盟是絕對要的，黨同非黨知識分子的聯合是十分重要的。

（六）實行多黨合作。蘇維埃政權不只是無產階級一個階級的政權，必須吸收代表其他勞動階級或階層利益的政

黨參加。社會主義事業是千百萬人民群眾的事業，要最大限度地團結和調動群眾，就必須對那些有一定群眾基礎和社會影響並願意合作的政黨採取團結的態度。

（七）對資本主義和資產階級實行和平贖買政策。[15]

三、洛陽師範大學黨委統戰部統戰轉載《統一戰線新聞網》的詮釋，則呈現如下內涵：

（一）恩格斯最早提出和使用了「統一戰線」概念。1840年10月17日，在德國北部商港布萊梅經商的恩格斯以弗‧奧的署名，在《知識界晨報》第249號表〈唯物論和虔誠主義〉一文，寫到：「在同宗教的黑暗勢力進行鬥爭的任何情況下，我們都應該結成統一戰線。」是恩格斯第一次提出了「統一戰線」概念，運用統一戰線政治策略開展反對宗教封建勢力的現實鬥爭。

1892年3月8日，恩格斯在致德國社會民主黨領導人的信中，又一次使用了「統一戰線」概念，指：無產階級政黨在領導工人運動中，要善於運用革命策略，「如果射擊開始得過早，就是說，在那些老黨還沒有真正相互鬧得不可開交以前就開始，那就會使他們彼此和解，並結成統一戰線來反對我們。」這裡，恩格斯使用「統一戰線」概念，指導無產階級政黨以統一戰線策略戰勝反動勢力結成的政治聯盟。

---

[15] 〈馬克思、恩格斯、列寧關於統一戰線的基本觀點〉，《五邑大學》，< https://www.wyu.edu.cn/tzb/info/1004/1087.htm > 。

恩格斯作為統一戰線思想的創立者之一，明確提出和使用「統一戰線」概念，從正反兩方面闡明統一戰線的內涵及方針等，是對馬克思主義統一戰線理論的一大貢獻。

（二）從時間上看，史達林比列寧早 2 年使用「統一戰線」概念。1917 年 7 月，史達林認為：孟什維克和社會革命黨人右翼，「已經出賣了革命統一戰線，和反革命結成了聯盟」。

而無產階級革命取得勝利特別是建立了社會主義國家政權後，如何認識和對待統一戰線問題，馬克思、恩格斯沒有具體論述過，列寧則在十月革命勝利之後，強調鞏固無產階級政權必須重視統一戰線的戰略和策略，必須鞏固工農聯盟，必須利用各國資產階級之間以及各個國家內資產階級各集團或各派別之間的一切利益對立，「極仔細、極留心、極謹慎、極巧妙地一方面利用敵人之間的一切『裂痕』，哪怕是最小的『裂痕』，要利用一切機會，哪怕是極小的機會來獲得大量的同盟者，儘管這些同盟者是暫時的、動搖的、不穩定的、靠不住的、有條件的。」列寧第一個提出並使用了工人階級統一戰線的概念，發明「全世界無產者和被壓迫民族聯合起來」的口號，建立共產國際。[16]

---

[16] 〈統一戰線概念的由來〉，《洛陽師範大學黨委統戰部》，2018 年 8 月 22 日，< https://sites.lynu.edu.cn/tzb/info/1008/1223.htm >。

在中國以外，有關統一戰線概念提出到執行，各時代的領導菁英因時空不同，而有不同內涵與工作方向訴求。

第二節　統戰在中國的演變

中國共產黨人最早使用「聯合戰線」概念的是陳獨秀。1922年5月23日，陳獨秀在《廣東群報》發表〈共產黨在目前勞動運動中應取的態度〉一文，第一次使用聯合戰線概念，指出：中國共產黨「在勞動運動的工作上，應該互相提攜，結成一個聯合戰線（United Front），才免得互相衝突，才能夠指導勞動界作有力的戰鬥。」同一時期，中國共產黨其他領導人毛澤東、蔡和森、惲代英等也都相繼在不同場合使用過聯合戰線或民主聯合陣線的概念或含義。中共二大正式將建立「民主的聯合戰線」寫進黨的文件。瞿秋白，於1925年8月18日，在〈「五卅」後反帝國主義聯合戰線的前途〉一文中提出：「反帝國主義的民族統一戰線已經成為事實。……。」民族統一戰線也成為黨的領導人對這一時期統一戰線的主要表述用語。

所謂「工農民主的民族統一戰線」，主要指土地革命時期的工農聯盟，當時將其稱為「下層統一戰線」，中共黨史和史學界稱其為工農民主統一戰線。1931年9月，《中央關於日本帝國主義強佔滿洲事變的決議》中曾指出，「經過這些組織正確實行反帝運動中的下層統一戰線，和吸收廣大的小資產階級的階層參加鬥爭。」1945年4月，周恩來在黨的七大上做〈論統一戰線〉發言中，把土地革命時期的統一戰線，稱之為「反封建壓迫、反國民黨統治的工農民主的民族統一戰線。」

「抗日民族統一戰線」雖被視為是第二次國共合作的基礎。1935 年 12 月 1 日，毛澤東卻在給張聞天的信中提出，儘快建立「反蔣抗日統一戰線」。12 月 27 日，在瓦窯堡會議上，毛澤東向黨內做了〈論反對日本帝國主義的策略〉報告，第一次提出了「抗日民族統一戰線」概念。

　　另「人民民主統一戰線」是以工農聯盟為基礎的各革命階級聯合，是全民族的、最廣泛的統一戰線。是在人民革命鬥爭中形成的，提法有其演變過程。1945 年 8 月 9 日，蘇聯對日宣戰，毛澤東發表〈對日寇的最後一戰〉聲明，提出：中國民族解放戰爭的新階段已經到來了，要堅持「各界人民的統一戰線」；1947 年 2 月中共駐南京等地的代表陸續撤回延安，第二次國共合作澈底破裂後，毛澤東為中共中央起草對黨內指示〈迎接中國革命的新高潮〉，提出要建立沒有蔣介石反動派參加的，「包括工人、農民、城市小資產階級、民族資產階級、開明紳士、其他愛國分子、少數民族和海外華僑在內極其廣泛的『全民族的統一戰線』」。1949 年 7 月 6 日，周恩來在中華全國文學藝術工作者代表大會上的政治報告中，第一次提出了「人民民主統一戰線」概念，指：「人民解放戰爭的勝利，依靠人民解放軍，依靠農民、工人、革命知識分子和一切愛國民主人士所形成的人民民主統一戰線。」

　　中共建政後，在第一屆政協會議通過的《共同綱領》中標明：「中國人民民主專政是中國工人階級、農民階級、城市小資產階級、民族資產階級及其他愛國民主分子的人民民主統一戰線的政權，而以工農聯盟為基礎，以工人階級為領導。」人民民主統一戰線提法一直延續到文化大革命前為止。

　　「革命統一戰線」則是特殊時期的統一戰線提法。文革開始

後,統一戰線遭到了嚴重破壞甚至不能開展正常的活動和工作,期間對統一戰線的提法叫革命統一戰線。文革結束,提法仍然是革命統一戰線。1978 年通過的《中華人民共和國憲法》則標明,「我們要鞏固和發展工人階級領導的,以工農聯盟為基礎的,團結廣大知識分子和其他勞動群眾,團結愛國民主黨派、愛國人士、臺灣同胞、港澳同胞和國外僑胞的革命統一戰線。」

中共十一屆三中全會後,「愛國統一戰線」變成新時期以來統一戰線的統一稱謂。1979 年 9 月 1 日,鄧小平指:「新時期統一戰線,可以稱為社會主義勞動者和愛國者的聯盟。……現階段的統一戰線可以提革命的愛國的統一戰線」,1981 年 6 月,中共十一屆六中全會通過的《中國共產黨中央委員會關於建國以來黨的若干歷史問題的決議》,指「一定要毫不動搖地團結一切可以團結的力量,鞏固和擴大愛國統一戰線」,正式明確提出「愛國統一戰線」概念。2004 年,《中華人民共和國憲法修正案》,則指:「愛國者的廣泛的愛國統一戰線,這個統一戰線將繼續鞏固和發展。」[17]

綜觀前述長串的中共統戰概念演變,發現其中並無統戰定義,只有統戰在不同時期的執行方式,甚至各時期的名稱都不同,而不同的名稱正代表著當時統戰對象的不同,與目的的不同,縱使有研究者於 2014 年將統戰提升為「統一戰線學」,但其對統戰的定義仍杳如黃鶴,如周述傑,朱小寶兩人合著《統一戰線學學科建設研究綜述》一文,將統戰的定義歸類,就認為:

在統戰學的定義方面,學界的觀點大同小異,主要有「科學」和「理論體系」觀。如丁三青、方國澄等認為,「統戰學是反映統

---

[17] 〈統一戰線概念的由來〉。

一戰線發生、發展和變化規律的知識體系，是研究階級力量和社會力量配置的科學」，是「一門研究協商關係的科學，研究統一戰線戰略策略的科學，研究各種社會力量最佳配置的科學」，「是研究無產階級自身團結和同盟軍問題的科學」。王世豪、李小寧認為，統戰學是「揭示統一戰線產生、發展變化客觀規律的思想理論體系」，是「關於統一戰線存在和發展的本質及其規律的理論體系」。王世豪、蔡世藩等認為，統戰學的研究對象是無產階級自身團結與統一和同盟軍問題。曹志認為「包括正確處理二者之間的關係問題」。其他學者則否認了上述觀點，認為統戰學的研究對象是「統一戰線產生、發展、消亡、自身建設的規律」，如林志寬認為，統戰學研究對象是「統一戰線的產生、發展和消亡的客觀規律」，顧歧山認為「統戰學是關於統一戰線產生、發展及自身建設規律的科學」，丁三青等認為，統戰學的研究對象應是統戰領域的特殊矛盾，包括統一戰線在無產階級實現其總任務的不同歷史階段的特殊運動規律等。羅振建、龔繼民、李小寧、劉新庚等也秉持了相似觀點。[18]縱使官方對於統戰的說法有「統一戰線就其廣義而言，是指不同社會政治力量在一定條件下，為了一定的共同目標而建立的政治聯盟或聯合；就其狹義而言，是指無產階級及其政黨的戰略策略，主要是無產階級自身團結和同盟軍問題。在中國革命、建設和改革的各個歷史時期，統一戰線都是中國共產黨的一大重要法寶」。[19]這些論述，充其量只是對統戰特性的描述，或統戰執行的方法，但絕非統戰的定義。統戰所聯合的目標，絕不侷限於「政治

---

[18] 周述傑，朱小寶，〈統一戰線學學科建設研究綜述〉，《湖南省社會主義學院學報》，第 6 期，2014 年，頁 50-51.
[19] 〈統一戰線概念的由來〉。

力量」，而是包含所有力量，目的在讓這些力量為特定的政治目標效力，因此，這些官方說法，也難成為統戰的定義。

而 2014 年，擁有中央統戰部評定為「黨外知識分子建言獻策資訊工作先進單位」、「2011 北京市教育工委統一戰線創新工作先進單位」稱號的中央財經大學，其黨委統戰部部長李躍新，為文稱：「統戰工作是連絡人、爭取人，是做人的工作，實質上就是『交朋友』。所以，聯誼交友即成為統戰工作的根本方法和有效手段」、「校黨委把聯誼交友作為新形勢下做好統一戰線工作的重要抓手，深交並廣交在複雜形勢考驗時靠得住、關鍵時刻起作用的摯友和諍友」。[20]統戰只是無目的的交朋友？結交在關鍵時刻環境靠得住的朋友？如此單純的描述顯然大有問題。

至 2021 年 1 月 5 日新修訂發布的《中國共產黨統一戰線工作條例》第二條規定：「本條例所稱統一戰線，是指中國共產黨領導的、以工農聯盟為基礎的，包括全體社會主義勞動者、社會主義事業的建設者、擁護社會主義的愛國者、擁護祖國統一和致力於中華民族偉大復興的愛國者的聯盟。統一戰線是中國共產黨凝聚人心、彙聚力量的政治優勢和戰略方針，是奪取革命、建設、改革事業勝利的重要法寶，是增強黨的階級基礎、擴大黨的群眾基礎、鞏固黨的執政地位的重要法寶，是全面建設社會主義現代化國家、實現中華民族偉大復興的重要法寶」。第五條則規定「統一戰線工作範圍是：（一）民主黨派成員；（二）無黨派人士；（三）黨外知識分子；（四）少數民族人士；（五）宗教界人士；（六）非公有制經濟人士；

---

[20] 〈李躍新：統戰工作就是交朋友〉，《成都信息工程大學黨委統戰部》，2014 年 12 月 23 日，< https://dwtzb.cuit.edu.cn/info/1006/1117.htm >。

（七）新的社會階層人士；（八）出國和歸國留學人員；（九）香港同胞、澳門同胞；（十）臺灣同胞及其在大陸的親屬；（十一）華僑、歸僑及僑眷；（十二）其他需要聯繫和團結的人員。[21]

再至 2022 年 7 月 29 日，習近平於中央統戰工作會議上講話時稱：「在我國革命、建設、改革不同歷史時期，我們黨始終堅持以馬克思主義關於統一戰線的理論為指導，先後建立了國民革命聯合戰線、工農民主統一戰線、抗日民族統一戰線、人民民主統一戰線、新時期愛國統一戰線，為奪取新民主主義革命勝利、推進社會主義革命和建設、開創改革開放和社會主義現代化建設新局面發揮了重要作用」、「黨的十八大以來，……加強黨對統戰工作的全面領導，制定《中國共產黨統一戰線工作條例》、《中國共產黨政治協商工作條例》，統戰工作科學化、規範化、制度化水準進一步提升；……」而新時代統戰工作……概括起來有 12 個方面：第一，必須充分發揮統一戰線的重要法寶作用。第二，必須解決好人心和力量問題。第三，必須正確處理一致性和多樣性關係。第四，必須堅持好發展好完善好中國新型政黨制度。第五，必須以鑄牢中華民族共同體意識為黨的民族工作主線。第六，必須堅持我國宗教中國化方向。第七，必須做好黨外知識分子和新的社會階層人士統戰工作。第八，必須促進非公有制經濟健康發展和非公有制經濟人士健康成長。第九，必須發揮港澳臺和海外統戰工作爭取人心的作用。第十，必須加強黨外代表人士隊伍建設。第十一，必須把握做好統

---

[21] 〈中共中央印發《中國共產黨統一戰線工作條例》〉，《中華人民共和國中央人民政府》，2021 年 1 月 5 日，< https://www.gov.cn/zhengce/2021-01/05/content_5577289.htm > 。

戰工作的規律。第十二，必須加強黨對統戰工作的全面領導。[22]再一次凸顯時空環境不同，統戰內涵與要求不同的事實。尤其包含2021年修訂的《中共產黨統一戰線工作條例》在內，出現早期中共統戰無法想像的「非公有制經濟」、「港澳臺」為對象，更是最佳註腳。

由這些對統戰的論述，顯現自恩格斯提出概念，經馬克思、列寧、斯大林、瞿秋白、李大釗、毛澤東、周恩來、鄧小平，甚至在中共制定憲法前的《共同綱領》，與幾次的憲法修訂中，及落實於2021年修訂頒布的《中國共產黨統一戰線工作條例》，所呈現的名詞與要求執行統戰的內涵都不相同。習近平前述的講話，證明了這些不同，而習近平時期所提的統戰內容也與其多位前任領導人不同。

這些古今中外的政治菁英，或共產革命的領導人，對統戰的描述與各時期統戰內涵的呈現都不同，顯然與時空背景有密切關係。

根據方法論入門的說法，對於事物的定義，概略可分成：一、理論定義（又稱構成定義 Constitutive Definition 或概念定義 Conceptual Definition）：是指，經過調查賦予或建構一個概念的意義（A theoretical definition gives meaning to the concept or construct under investigation），二、操作定義（Operational Definition），是根據其存在或數量的具體過程、測試和測量來定義物件、事件、變

---

[22] 〈習近平：完整、準確、全面貫徹落實關於做好新時代黨的統一戰線工作的重要思想〉，《中華人民共和國中央人民政府》，2024年1月15日，< https://www.gov.cn/yaowen/liebiao/202401/content_6926006.htm >。

數、概念或構造。操作定義將理論定義轉化為可觀察的事件。[23]更簡單說，概念性定義，是以文字界定文字，用一個概念界定另一概念，並非根據可觀察或可操弄的特徵來界定概念，如「寂寞」界定為「孤獨的感覺」，將「焦慮」界定為「憂慮或緊張的情感狀態」。而操作性定義，是一種可以測量、量化、具體、可重複試驗的基本說明與解釋，亦即將抽象的概念具體化，如以考試數學成績定義學生數學能力。[24]

若將概念定義（理論定義或構成定義）用於檢視統戰，赫然發現，古今中外對於統戰的概念定義付之闕如。縱使將不同時空背景下的統戰作為視同「操作定義」，卻也輕易發現其在不同時間、不同空間具有不同的內容，甚至不同的名稱，換言之，若以操作定義統戰，但因時空環境的不同而使「操作方式」變動不居，致使連被各方認可的「操作定義」都難以存在，因此，可以明確地說，自恩格斯提出統戰概念以來，經各方翻譯運用，迄今各界、各時代、全球各地，對於統戰的描述各異，造成對統戰描述有不同名稱與不同內涵情形，這些不同名稱與內涵，充其量是統戰的「政策執行指示」，或僅是特定時空背景下的統戰狀況描述，根本就不是定義，更嚴格的說，1840 年恩格斯初創統戰概念迄今近兩百年，竟然連定義都沒有。那麼統戰的定義到底是甚麼？

---

[23] "Constructive and Operational Definitions," *Measurement & Measurement Scales*, < http://media.acc.qcc.cuny.edu/faculty/volchok/Measurement_Volchok/Measurement_ Volchok4.html> .

[24] 〈何謂：操作型定義？〉,《教育網》,< http://www.loxa.edu.tw/classweb/webView/index2.php?m_Id=72712&m_Type=1&m_Sort=2&webId=1698&teacher=cy-ysces033&stepId=57788&page=1> 。

第三節　認知戰與統戰異同

　　對於甚麼是統戰，或說統戰的定義是甚麼的問題，相關文獻都無明確記載，然足以影響臺灣一般民眾對統戰認知的臺灣媒體，卻稱：「統一戰線（統戰）」是隨著中共建黨立國，逐步發展而成的重要成功法寶，核心概念是：為了對抗共同的敵人，團結一切可以團結的力量，特別是有影響力的人。而又可細分為拉攏與宣傳 2 個部分，宣傳是讓人們理解各個問題上黨路線的底細，拉攏則是儘可能讓更多人加入己方，或者支持政策，再者是透過分化使其保持中立，以擊敗敵人。[25]或稱，「統戰」真正的含意是：A 拉攏原本不在同一陣線的次要敵人 B，一起對付主要敵人 C，當 C 被解決之後，A 再對付 B，[26]均不脫「拉攏次要敵人打擊主要敵人」的刻板印象，這種論述甚至無法擺脫將統戰妖魔化成：與共產黨交朋友、接受共產黨的拉攏，日後難脫共產黨打擊對象的意涵；且也仍不脫統戰的操作方式，不是定義，因此，各界對於何謂統戰，仍然不清楚，可以想見。

　　甚至 2023 年，臺灣學界對於統戰的代表性定義，只不周延的提出稱是：「吸收社會菁英組成統戰隊伍，使其配合黨中央政策的需要去分化、孤立與打擊『敵人』」，已如前述。如此定義顯然排除非菁英分子為統戰對象，與實際執行面並不相符；如重慶社會主義學院，於 2024 年出刊的《統一戰線學研究》期刊，就直指改革開

---

[25] 黎胖，〈統戰：一個正在臺灣進行的狀態，還是被汙名化的名詞？〉，《Medium》，2019 年 9 月 16 日，< https://reurl.cc/zDy4b7 >。

[26] 〈啥是統戰？康仁俊：非軍事的統一行為〉，《三立新聞網》，2020 年 11 月 13 日，< https://reurl.cc/WN4Mqk >。

放後，統一戰線的範圍和規模不斷擴大，凡是贊成祖國統一的人，不管屬於哪個階級、政黨和集團，無論其政治主張、思想信仰如何，都是愛國統一戰線團結、爭取的對象，[27]顯然統戰不僅僅是「吸收社會菁英」而已，中共統戰部「『一方有難、八方支援、患難相恤、守望相助』的優良傳統」宣傳，[28]亦是明顯的群眾路線策略，非侷限於拉攏各界菁英，顯然這些論述誤把統戰執行方式當成定義，或意圖定義卻又不週延。

再細查各階段古今中外對統戰的描述或指示可發現，雖然隨時空背景不同，對於「統一戰線」的內涵或指示工作方向不同，以下幾個特點卻都始終一以貫之：

一、明確政治目標。

二、見縫插針。

三、黨內團結並廣交黨外朋友。

四、容忍差異。

五、以我（無產階級政黨、共產黨）為主。

因這些貫穿自恩格斯於 1840 年正式提出「統一戰線」概念迄今不變的特徵，使筆者認為統戰的概念定義應以：「共黨為政治目標，廣交黨外人士為朋友，並驅使這些朋友協助完成黨的政治目標」（譯成英文應為：In order to achieve its political purposes, the Communist Party makes friends with people outside the Party, and drives these friends to assist in accomplishing the Party's political

---

[27] 陳明明，楊東光，〈從階級聯盟到愛國者聯盟：馬克思主義統一戰線理論的中國化與時代化〉，統一戰線學研究，第 4 期，2024 年，頁 10-11。

[28] 〈統戰部：統一戰線成員積極投身抗旱救災工作〉，《中華人民共和國中央人民政府》，2024 年 7 月 30 日，< http://big5.www.gov.cn/gate/big5/www.gov.cn/govweb/jrzg/2010-03/30/content_1569184.htm >。

objectives），最足以涵蓋古今中外的統戰活動特質，是最為完整與恰當的定義，而在概念定義確定後，其他統戰作為就順理成章地成為適應不同時空背景的變動而已。這種定義與依據不同時空背景而變動不居的統戰方法，當然也適用於中共的統戰作為。

認知戰的定義全球眾說紛紜，但一般說，大致可以分為美加地區以扭曲訊息（Dis-information）等同於認知戰，日本則以影響力行動（Influential operation）指涉認知戰，明顯的是這兩種說法都不足以描繪用訊息為武器以達成不戰而屈人之兵的情狀，其中，北美地區流行的以扭曲訊息（Dis-information）等同於認知戰說法，著重在以扭曲訊息的不真實誤導民眾認知，甚至聯合國都著重此種觀點，[29]使認知戰，僅侷限於扭曲訊息一項為認知戰的元素而已，但扭曲訊息僅是假訊息的一種，而根據聯合國教科文組織（United Nations, Educational, Scientific and Culture Organization）觀點，卻認為假訊息可細分為三種：

（一）扭曲訊息（Dis-information）：是假的信息，故意製造出，以傷害個人、社會團體、組織或國家。

（二）誤傳（Mis-information）：假的資訊，但不是以造成傷害為目的。

（三）誇大訊息（Mal-information）：是真的資訊，用於對個人、社會團體、組織或國家造成傷害。[30]

---

[29] "Countering Disinformation," *United Nations*, < https://www.un.org/en/countering-disinformation> . Disinformation can be spread by state or non-state actors. It can affect a broad range of human rights, undermining responses to public policies or amplifying tensions in times of emergency or armed conflict.

[30] "Journalism, 'Fake News' and Disinformation: A Handbook for Journalism Education and Training,"《UNESCO》,< https://en.unesco.org/fightfakenews> .

因此，以誤傳或誇大訊息，同樣可以製造假象，達成改變對手認知進而改變其言、行的目的，僅將扭曲訊息等同於認知戰顯然不足。真實訊息更可達成認知戰的目的，亦自不在話下。

本書前章節已提及，日本較流行的觀點是「影響力行動」，如日本防衛研究所觀點認為，影響力行動又可分為公開與秘密，以各類宣傳，傳播大陸正面形象，並抨擊對大陸批評的言論，其中亦無法忽視假訊息的運用。[31]也同樣忽視真實訊息或誤傳的運用事實，並不周延。

本書前章節更提及，全球至目前對認知戰所下定義，僅有歐盟的 FIMI（Foreign Information Manipulation and Interference）相對完整，[32]相對完整的 FIMI 說法，也有逐漸被國際社會接受的趨勢，然 FIMI 並不周延，其中所提「外國訊息操弄」，與「介入」，都無法自正常跨國公司（境外）商業活動中分離。FIMI 對於簡單的跨國商業行為都無法釐清是否為認知戰，更遑論被國家情報、安全單位接受做為應對認知戰的標準。若強以 FIMI 做為認知戰的認定標準，各種正常的跨國家訊息交流都將被視為認知戰，但在實際執行面卻明顯呈現其不當，那該如何應對橫掃國際的認知戰攻擊？在定義不明確又要解決燃眉之急下，最終必依賴各主事者的偏好判斷，也必然使各單位陷入混亂，而無法集中精力對付真正的認知戰。這種混亂，不僅使歐盟，更使全球應對認知戰陷入混亂，使全球對認知戰的應對備多力分。

---

[31] 山口信治、八塚正晃、門間禮良，中國安全戰略報告 2023──中國力求掌控認知領域和灰色地帶事態（東京：防衛研究所，2022），頁 26。
[32] "Tackling Disinformation, Foreign Information Manipulation & Interference," *European Union*,＜ https://www.eeas.europa.eu/eeas/tackling-disinformation-foreign-information-manipulation-interference_en＞.

前已提及筆者對認知戰的定義是：「境外敵對勢力，為政治目的對特定的人群或個人，散播特定的訊息，讓特定的群眾或個人改變其認知，進而改變其言、行，使對境外敵對勢力有利」。而統戰與認知戰兩者都著重在訊息的傳播，認知戰重點在於以訊息改變特定群眾或特定個人的認知，進而改變其言行，使對境外認知戰發動者的敵對勢力有利，目的不在交朋友，交朋友或不交朋友，並不在認知戰發動者考慮之列；但統戰卻以交朋友，並促使朋友協助達成政治目的為核心，因此，統戰的基礎必須交朋友，無法交成朋友就難達成統戰目的。而實際的經驗顯示，在交朋友的過程中，必須向陌生者盡力宣傳自身的優點，讓對方認為交此朋友，可以獲得好處而非招來麻煩或壞處，才有交成朋友的可能，因此，統戰發動者，不可能向目標傳達與其交往或建立關係必然帶來麻煩的訊息，反之，必然是讓對方認為與其交朋友必有好處的訊息傳達。也因此，統戰作為在推動中，顯然必須進行一定訊息的散發，以改變統戰對象的認知，促使其認定與發動者成為朋友或與其保持良好關係有極大的好處，並接受發動者為朋友或願意與統戰發動者維持良好關係，言、行也因此認知而可能改變。

　　行筆至此，筆者對於 2024 年 11 月 27 日，馬英九基金會邀請中國大陸 7 所大學共 40 名師生來臺訪問，因組成成員多有共產黨黨員，而先被臺灣泛綠陣營質疑為統戰團體，[33]而後參訪團成員，在參訪過程中脫口說出「中國臺北」引發議論與各地抗爭，[34]主辦

---

[33] 張全慶，〈中國運動選手馬龍、楊倩訪台　沈伯洋質疑統戰　陸委會六個字解釋〉，《yahoo 新聞》，2024 年 11 月 27 日，< https://reurl.cc/WAKKEx > 。

[34] 蘇志宗，〈陸生團說中國台北　跨校學生串聯抗議拒假交流真統戰〉，《中央通訊社》，2024 年 12 月 4 日，< https://www.cna.com.tw/news/aipl/202412040178.aspx > 。

方則以「中國臺北」是無心之過相互攻防，不可開交，而深感各方對於統戰認識之不足：

(一) 中共准許派學生來臺當然是為廣交朋友建立良好關係而來，本身當然是為統戰，既然是為統戰而來，就絕無需要以「中國臺北」激怒可能成為朋友的對象搞壞關係，或激怒臺灣綠營以阻止其交朋友或破壞其與臺灣各方關係，因此，抗議者以「中國臺北」的發言為焦點，指責交流團具統戰任務已然失焦。

(二) 反之，辯護的主辦方，宣稱學生來臺不具統戰意圖，「中國臺北」是無心之過，那就完全忽視中共准許學生團體來臺訪問的企圖。

進一步言，若參訪團成員沒有此「無心之過」的發言，則攻防雙方都可以不認為是統戰？

兩相疊加，就凸顯事件的本質是：中國大陸師生來臺參訪當然是為交朋友與各方建立關係的統戰而來，只是因一句「無心之過」的發言爆發雙方衝突，但衝突焦點卻完全失焦。但不可否認的交朋友以建立良好關係是為相互的行動，臺灣方面亦因此結交了大陸的朋友也與大陸建起相互關係，亦可在必要時促使大陸的朋友或良好的關係協助完成臺灣的政治目標，發揮統戰的功能，因此，主辦方才有：「兩岸需要開放交流才能降低衝突與戰爭可能性」的訴求，[35]就是希望因交流而成為朋友的大陸友人，或其所代表力量的關係，能協助達成化解兩岸衝突的政治目標。

---

[35] 呂佳蓉，〈陸生團訪故宮　蕭旭岑：呼籲兩岸交流更開放〉，《中央通訊社》，2024年11月30日，< https://www.cna.com.tw/news/acn/202411300069.aspx >。

因此，更進一步說，統戰猶如各種賽局的規則，是為中性的規定，敵我雙方在此規則中相互博弈而已。

　　統戰交朋友或單位間建立關係傳達自身優點的訴求，雖與認知戰作為同樣都在傳播特定訊息，但卻因認知戰不在乎是否交成朋友或建立關係，統戰卻極依賴以朋友或良好關係作為其達成政治目的的協力者。兩者顯有部分交集卻不等同。

　　認知戰與統戰都無法擺脫訊息的傳播，目的都在讓對象在接受訊息後改變認知，並做出對認知戰發動者或統戰發動者有利的言、行，而統戰所發送的訊息，在爭取對方好感，最終成為協助統戰發動者的朋友，並協助統戰發動者完成政治目標，至於能否成為朋友，及是否協助完成政治目標，有極大一部分決定權在對方，而認知戰，則不在乎是否成為朋友，目的僅在暗示或引導被攻擊者做出特定的反應，使對認知戰發動者有利（順利完成政治目的），因此差別，使認知戰與統戰發動者所持立場明顯不同，其不同也成為分別這兩者之重要依據。兩者關係以圖形表示如圖 2-1。

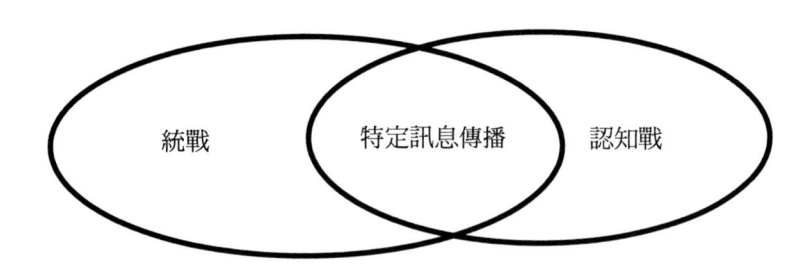

圖 2-1　認知戰與統戰的交集關係

資料來源：作者自行繪製

綜合而言，統戰與認知戰有關係卻不等同，交集的部分顯然都是在以某種特定訊息的傳遞企圖影響對象的認知，並因此改變對象的言、行，使對發動者有利，而「不等同」的部分，則是統戰必須以交朋友或建立關係為影響目標行為的基礎，認知戰卻不以交朋友或建立關係做為影響對方言、行的基礎，只要目標的言、行改變並對認知戰發動者有利，就已足夠。

兩者關係釐清後，對往後的研究將有極大的助益。

第四節　結語

早在 1990 年初期，專研社會運動的法國知名社會學家阿蘭・杜蘭（Alain Touraine），就提出「後工業社會就是訊息的社會」概念，認為若訊息可以被控制，那麼世界就可以被控制，深陷其中的人們也因此可以被控制，控制訊息幾乎就可控制消費、環保、身體甚至心理的方方面面。至 2000 年初，社會學家 Gabe D. Kelleher 等多人，繼承近代最重要的哲學家哈伯瑪斯（Jürgen Habermas）有關新社會運動（new social movement）的主張，亦認為人們的日常生活，已經被專家、科學知識等理性工具所主宰，而不是經過相互溝通、理解，以道德為基礎的辯論所決定，因此呼籲拒絕專家、政府對人們的指導或生活殖民（colonization of the lifeworld），要求必須充分尊重人性以追求真正自由的批判性理論，[36]這些論述與辯論標示著，人們受制於各類訊息，而對於事物產生特定的認知，最終的

---

[36] Gemma Edwards, *Social Movements and Protest* (New York: Cambridge university press, 2014), pp. 124-126, 131.

結果都會以行為的態樣呈現。

認知戰以訊息作為極度侷限或引導被攻擊目標的反應，不需要朋友交情為媒介；統戰同樣以訊息為武器，但卻以朋友關係為媒介，有幾分「朋友保有最終決定權」氛圍，但仍鎖定在被攻擊目標的認知與反應範疇，而兩個領域的交集點是訊息的貫穿。

統戰的交朋友與建立關係特質可以強化認知戰的效果。終究在人的認知中，值得信賴者才足以成為朋友或有良好關係，而朋友或有良好關係單位的訊息當然值得信賴，因此，可以改變認知而改變言行；另一方面，認知戰的成功卻可鋪墊接受訊息發送者成為朋友或建構關係的基礎，使統戰效果更為顯著。

統戰與認知戰可相輔相成，互為因果，有交集但卻又不等同。而中共的統戰與認知戰作為絕不僅限使用於臺灣，更擴及全世界，因此，對於全球而言，同時防範中共的統戰與認知戰，是絕對必須同時兼顧的議題。

統戰與認知戰之間異同的釐清，可同時釐清認知戰與統戰關係，也彰顯對於統戰與認知戰的防治必須有一定程度的區隔對待，方能有更顯著的效果，如何進一步部署安排對統戰與認知戰的防治，顯然又是另一個值得深入探究的領域，亟待學界探索。

第三章　認知戰與情報、反情報工作[*]

　　情報與反情報工作攸關國家安全與社會穩定，是古今中外維護國家安全無法迴避的議題。

　　認知戰與情報、反情報工作之間到底存在著何種關係？甚至與統戰有何關係？值得探討。而統戰工作與認知戰的關係，已如前一章所述，略以：統戰與認知戰可以互為因果相輔相成，產生相互拉抬效果，反之，若任何一戰失敗，也可能造成惡性循環，終至全盤失敗的結果。統戰是為政治目標廣交朋友，而情報、反情報工作是有目的的結交特定、可提供情報的朋友，認知戰則在改變敵體內人員認知，使其樂意提供情報。因此，認知戰與統戰成敗，都影響情報、反情報工作的推動。

　　本章將探討認知戰與情報、反情報工作關係。

第一節　情報、反情報與民心

　　各界雖早已發現「民心向背」等群眾心態的轉變，足以影響情報、反情報工作的成敗，但以甚麼方式影響民心，及民心轉變如何轉化成情報、反情報工作能量，卻未能有系統的釐清，因此無法提出完整的策進作為，而學界也因無法深入掌握民心與情報、反情報的關係脈絡，而無法提出研究成果供各界參酌。

---

[*] 本文原於中央警察大學公共安全系，2024 年 10 月 8 日主辦之《2024 年安全研究與情報學術研討會》發表，現經改寫而成。

何謂情報與反情報工作？

依據我國《國家情報工作法》第三條第一項第二款的規定：「情報工作：指情報機關基於職權，對足以影響國家安全或利益之資訊，所進行之蒐集、研析、處理及運用。應用保防、偵防、安全管制等措施，反制外國或敵對勢力對我國進行情報工作之行為，亦同。」[1]情報工作的最重要任務在蒐集可信賴、即時的訊息，並從中分析、評估與明確其意義供決策參考；情報工作除了蒐集對方的情報外，另有兩個任務特點分別是秘密行動與反情報（Counterintelligence）工作。反情報工作是保護國家的秘密與機構，避免境外敵對勢力（foreign hostile government or faction; foreign adversaries）的入侵與欺騙，如散播爭議訊息（Disinformation）等。[2]事實上，情報與反情報工作的軸心都是對於情況及時的分析、掌握與運用，只是運用的方向不同。用於增長我方的情報蒐集能力，以供決策參考，是為情報工作；若用於反制敵方情報蒐集供對手決策者參考，則是反情報工作。[3]依據我國《國家情報工作法》與國際社會的認知，情報與反情報工作是一體的兩面，當無疑義。

不論情報工作或反情報工作，都無法脫離人員吸收、訓練與工作執行，因此如何招募充足的人力，就成為情報、反情報工作的重點。

---

[1] 〈國家情報工作法〉，《全國法規資料庫》，< https://law.moj.gov.tw/LawClass/LawAll.aspx?pcode=A0020041 >。

[2] Loch K. Johnson, *National Security Intelligence* (Cambridge: Polity Press, 2017), pp. 9-10.

[3] Carl J. Jensen, David H. McElreath, Melissa Graves, *Introduction to Intelligence Studies* (NY: Routeldge, 2018), p. 184.

認知戰重在境外敵對勢力以訊息為武器，對我方特定群眾或個人攻擊，以期特定群眾或個人改變認知並改變言、行，使境外敵對勢力獲得政治利益。若然，認知戰在改變特定目標群眾或個人認知後，是否足以促成特定群眾與個人支持境外敵對勢力的情報、反情報作為，使境外敵對勢力獲得政治利益，或反之，讓支持我方的、在境外敵對勢力內部的特定群眾或個人協助我方進行情報、反情報作為，讓我方獲得政治利益，是為值得探討的議題。

對情報、反情報與認知戰三者之間關係的研究，因過去對認知戰研究的欠缺，致使幾無相關文獻可供參考，但近年在認知戰研究逐漸取得成效後，發現三者的關係是如此密切，對於現代國家安全亦是如此重要，因此，雖無相關文獻或前人研究成果可供參考，但卻可以情報、反情報、認知戰三個領域的研究為基礎，釐清其因果關係，尤其是了解情報工作中的情報協助者的吸收影響，將可為學術及國家安全領域做出貢獻。

第二節　情報工作的人員依賴

負責統合其他 17 個美國情報機關工作的「美國情報總監」（The Director of National Intelligence），[4]認為有六種基本情報來源或情報蒐集學科：

一、**信號情報（Signals Intelligence，SIGINT）**：信號情報源自信號攔截，包括所有通訊情報（COMINT）、電子情報

---

[4] 自稱除 17 個情報單位，加上總監本身為 18 個情報單位，常令外界混淆到底是 17 個或 18 個情報單位。"Members of the IC," *The Director of Ntional Intelligence*, 〈 https://www.dni.gov/index.php/what-we-do/members-of-the-ic 〉.

（ELINT）和外國儀器信號情報（FISINT）的攔截。

二、**影像情報（Imagery Intelligence，IMINT）**：包括以電子方式或光學方式在膠卷、電子顯示裝置或其他媒體上讓目標物件再現。影像可以源自視覺攝影、雷達感測器和電光學。

三、**測量和特徵情報（Measurement and Signature Intelligence，MASINT）**：是透過對目標和事件的物理屬性進行定量和定性分析而產生的信息，用於表徵、定位和識別它們。MASINT 利用各種感測器和平臺的各種現象，來支援開發執行技術分析，進而檢測、表徵、定位和識別目標和事件。MASINT 源自於物體或事件固有的物理現象的專業化、技術性測量，包括使用定量特徵來解釋目標資訊。

四、**人員情報（Human intelligence，HUMINT）**：是以人為來源的情報蒐集。對大眾來說，人員情報仍然是間諜活動和秘密活動的代名詞。它是最古老的資訊蒐集方法，直到20世紀中後期的技術革命，都是情報的主要來源（until the technical revolution of the mid- to late 20th century, it was the primary source of intelligence）。

五、**公開情報（Open-Source Intelligence，OSINT）**：是以印刷或電子形式出現的公開訊息，包括廣播、電視、報紙、期刊、網路、商業資料庫，以及影片、圖形和繪圖。

六、**地理空間情報（Geospatial Intelligence，GEOINT）**：是對地球上與安全有關活動的分析和視覺化表示。[5]

---

[5] "What is Intelligence?" *Office of the Director of the National Intelligence,*

其中，與其他情報蒐集專業不同的是，公開情報不由任何一個機構負責，而是整個美國情報界都可利用。[6]且公開情報的重要性日益重要，[7]在冷戰結束後，因網路訊息快速且大量流通，使目前公開情報占情報蒐集的比重高達 90%（有些觀點更認為高達 95%），[8]而在 AI 運用於蒐集分析的助長下更是如此。然即使科技進步改變了情報蒐集方式，減少人力的依賴，但依據美國中央情報局（CIA）所標定，對於情報工作周而復始的迴旋圈（Intelligent Cycle）的數個步驟：計畫與方向（Planning and Direction）、蒐集（Collection）、處理（Processing）、分析與產出（Analysis and Production）及分送運用（Dissemination），[9]都必須依靠人力做最終的執行或決行，因此，前述 6 項情報蒐集方式中，不僅對於人員情報強調「直到 20 世紀中後期的技術革命，它都是情報的主要來源」，而 20 世紀中後期雖然有其他科技可以取代部分人力，但依賴人力分析的重要性仍無法被忽視。縱使監控嚴密如中國大陸，亦顯示出雖擁有強大的各種控制工具，如電腦網路實名監控、遍布的監視錄影、人臉辨識、生物跡證追蹤等，但仍要依靠人員判斷，尤其是具有政治經驗者。有研究顯示，以人員接觸目標所獲取的情資，也遠遠超過各種科技設備的蒐集功能，尤其是目標在學會規避科技設備偵查時，更是如此；因此有學者更認為，中共對境內的監控程度大於其

< https://www.dni.gov/index.php/what-we-do/what-is-intelligence>.
[6] "Intelligence Studies: Types of Intelligence Collection," *The United States Naval War College*, < https://usnwc.libguides.com/c.php?g=494120&p=3381426>.
[7] 董慧明，〈以公開來源情報分析中共軍事活動的適用性與限制〉，《安全與情報研究》，第六卷第一期，2023 年 1 月，頁 71。
[8] Johnson, *National Security Intelligence*, p. 46.
[9] "The intelligence cycle," *SpyKids*, < https://www.cia.gov/spy-kids/static/59d238b4b5f69e0497325e49f0769acf/Briefing-intelligence-cycle.pdf>.

他威權國家，就是因為有效結合人力與科技設備的結果。[10]

在西方，美國聯邦調查局（FBI），也自稱其情報工作力量（Intelligence Workforce）包括：

- 探員（Special Agents）
- 情報分析員（Intelligence Analysts）
- 語言分析員（Language Analysts）
- 任務調度專家（Staff Operations Specialists）
- 資料分析員（Data Scientists and Analysts）
- 專業工作人員（Professional Staff）[11]

顯然，FBI 的情報、反情報工作，也無從避免於對人力的依賴。由這些現象更可嗅出情報蒐集工作對於相關人員布置的強烈需求。

各方情報工作對於人員的依賴毋庸置疑，但究竟是對哪一類人員的依賴，就成為必須細究的問題。

有關情報工作人員，大略可以區分為兩類，一類屬於政府情報單位編制內人員，另一類屬於非編制內招募的情報協助人員。兩類人必須相輔相成方可促成情報工作的順利推動。對於人員的依賴，除涉及本身專任情報人員招募訓練外，更需要大量的訊息提供者；訊息的提供，使情報工作有初始的情報資料方可從中分析運用，其重要性並不亞於編制內情報工作人員。

因此，各國情報工作對於訊息提供人員的招募從未懈怠，而中

---

[10] Minxin Pei, The Sentinel State—Surveillance and the Survival of Dictatorship in China (London: Harvard University Press, 2023), p. 215.

[11] "Intelligence Workforce," *FBI*, 〈 https://www.fbi.gov/about/leadership-and-structure/intelligence〉.

共為求對社會的監控，招募提供所需訊息的訊息員（Informant），公然在網路上進行，如中共公開在網路上招募「維穩」訊息員，以達成對全社會情報蒐集全覆蓋的效果，[12]因此出現如下現象：

一、在習近平時代，中國媒體和網路的管制日益緊縮，在中國的大學廣泛僱用學生擔任「信息員」監視校園裡的言論，掃除異議人士，並將大學打造成「黨的重要據點」，已經是校園普遍現象。而這些信息員有著學生和間諜的雙重身分，在校園內、在課堂中隨時觀察記錄教授們的意識形態。他們的工作是協助根除對黨「不忠」的教師，有些學校的目標是每間教室配置一人。作為信息員的交換條件是，可以得到獎學金、更高分的成績、以及在黨內的拔擢晉升。[13]

二、縱使上海在試點社區安裝智慧系統，對進入社區的人員進行資訊採集，未登錄資訊的人員如果連續多日出現在社區，系統仍會提醒民警上門核查，如果一定數量的陌生人連續進入同一棟樓，系統會提示民警樓內可能有違規群租房；如作為智慧社區建設試點的上海楊浦區在 2.15 平方公里內裝了八千多個感測器，透過人臉識別、指紋識別等裝置對出入社區的人進行記錄，運作方式就是離不開人員的最終檢視；情況類似的北京多個社區的居委會仍貼出告示稱，根據北京市委、市政府的要求，招聘有政治敏感性年齡在 70 歲以下，「堅決擁護黨的領導，具有較強的政治敏感性和工作責任心」，並且熟悉所居住社區人員情況的常住北京居民，為「維

---

[12] Pei, The Sentinel State—Surveillance and the Survival of Dictatorship in China, p. 200.
[13] 〈【中國職業學生（上）】校園『信息員』招募中　學生鬥老師的時代回來了〉，《鏡週刊》，2019 年 11 月 11 日，< https://reurl.cc/GpdMnA >。

穩訊息員」。使得近年「朝陽群眾」和「西城大媽」等治安力量逐漸興起，有如文革時期「小腳偵緝隊」式的基層組織，在相對沉寂了幾十年後再次活躍。[14]

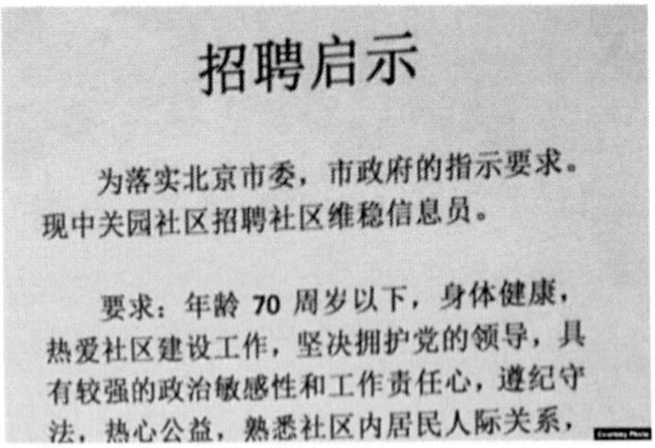

圖 3-1　北京市社區維穩信息員招募告示

資料來源：〈北京多個社區招聘「維穩資訊員」〉，《VOA》，2018 年 6 月 7 日，＜ https://www.voachinese.com/a/multiple-neighborhoods-in-beijing-seeking-informants-for-stability-maintence-20180606/4427688.html＞。

三、2024 年 4 月 10 日至 11 日，《新華網》、《人民網》等中共政府的主要官媒連篇累牘地報導了中共中央辦公廳和國務院辦公廳最近發布《關於加強社區工作者隊伍建設的意見》的訊息。而實際狀況是中共對於基層人民的資訊蒐集和監管，已經從「維穩訊息員」[15]到「網格員」和「微網格員」，再到許多城市都在招聘的社區工作者，監控不斷升級。而經濟不景氣，年輕人也願意加入社區工作者大軍；社區工作者除了維穩，也管其他諸多雜事，如依據國務

---

[14] 〈北京多個社區招聘"維穩資訊員"〉，《VOA》，2018 年 6 月 7 日，＜ https://www.voachinese.com/a/multiple-neighborhoods-in-beijing-seeking-informants-for-stability-maintence-20180606/4427688.html＞。
[15] 所謂「維穩資訊員」，就是「維穩訊息員」，本文以「維穩訊息員」為統一名稱。

院於2024年3月下發的《推動大規模設備更新和消費品以舊換新行動方案》通知，排查居民家中冰箱、彩電、洗衣機、微波爐、空調、熱水器，甚至電風扇的使用年限；挨家挨戶上門要求安裝反詐APP，並教育居民不要接聽境外來電；檢查是否有人違規將電瓶車停放在樓道等等。而中共政府在基層招聘大量的人員進行資訊蒐集和維穩並非新鮮事。早在2018年，就出現過「維穩訊息員」概念，「網格員」則從2020年新冠疫情開始為人熟知，到了2023年，外賣騎手被招募成為「微網格員」。成都市溫江區的官網稱：「我們鼓勵外賣小哥成為社區的『眼睛』和『耳朵』，一邊工作一邊『找茬』，把在街頭巷尾發現的安全隱患、鄰里矛盾、公共設施隱患、環境衛生等問題，通過『流動微網格』微信群、電話反映等方式，及時傳遞給街道、社區加以解決。」而社區工作者是網格員的進階版。美國華裔學者裴敏欣於2024年4月依據其新書《哨兵國家》（The Sentinel State）內容，提出觀點，認為即使中共有天網這樣利用了大數據、人工智慧等高科技建成的先進視頻監控系統，但能夠實行監控的能力其實來自於複雜的監控組織和大量參與其中的監控人員，是調用大量人力的勞動密集型策略和技術相結合，而近期對於社區工作者職位的大量招募無疑會增加中共在維穩方面的能力。[16]

雖然公告周知似的公開招募訊息員，猶如龐德電影中的龐德身分如此公開（Bond, James Bond），絕對會是最爛的情報人員，[17]

---

[16] 劉文，〈中共監視系統的利器：從「維穩資訊員」到「社區工作者」〉，《VOA》，2024年4月24日，< https://www.voachinese.com/a/china-professionalizes-community-grid-network/7581839.html > 。

[17] Jensen, McElreath, Graves, *Introduction to Intelligence Studies*, p. 3.

但這些現象，顯示中共對內嚴密監控過程中，對人員情報的依賴仍然既廣且深，也凸顯中共在情報工作中，對於群眾運動式的人力運用極度依賴的事實，對外情報工作亦同。

前述稱之「訊息員」，或是「網格員」、「微網格員」、「社區工作者」之於大陸，其實都與我國《國家情報工作法》規定的情報協助者相似，依我國《國家情報工作法》第三條第一項第四款規定，「情報協助人員」之具體定義是：指具情報工作條件，知悉工作特性，由情報機關遴選並接受指導、運用協助從事情報工作，經核准有案之人員。[18]即在臺灣所稱布建人員或外國所稱的線民（Informant），其功能就是提供大量的訊息供專業情報人員轉報更上級情報人員（Handler）進行分析整理，而後再層層上報的基層訊息提供者。[19]而專任情報人員布建吸收的首要條件就是「思想忠貞」，不僅思想要忠貞，更要有具備接近對象的能力。[20]依常理而論，能接近對象，必與對象（不論是人或事物）有極深切的關係，但卻義無反顧的願意「背叛」對象，其甘於協助情蒐行為的認知力量必然極為強大，方可在道德壓力下支持其從事如此的「背叛」行為，如大陸招募的「社區維穩訊息員」可以輕易地舉報街坊鄰居就是一例，故有研究認為意識形態（Ideology）是重要吸收情報協助者「背叛」祖國的重要因素之一，在冷戰時期尤為盛行。[21]

---

[18] 《國家情報工作法》。
[19] Office of the Inspector General Special Report, "The Federal Bureau of Investigation's Compliance with the Attorney General's Investigative Guidelines (Redacted)," *Department of Justice Office of the Inspector General*，2005/9，< https://oig.justice.gov/sites/default/files/archive/special/0509/chapter3.htm >。
[20] 李修安、王思安，《情報學》（臺北市：一品文化出版社，2014），頁254-255。
[21] 蕭銘慶，《情報學之間諜研究》（臺北市：五南，2014），頁109。

那麼甚麼是意識形態？依據劍橋字典的解釋是「一套理論或信念，尤其是政治制度、政黨或組織所依據的理論或信念（a theory or set of beliefs, esp. one on which a political system, party, or organization is based）」。[22]而意識形態所涉及的正是情報協助人員甘於冒各方風險，協助進行情報、反情報工作的認知。

第三節　人員招募的認知戰理論詮釋

整體情報工作，因編制內情報人員具有必須做好工作與享有政府給予薪資保障的對價關係，渠等戮力從公本是份內之事，但在整個情報工作流程中，不論在國境內外進行情報或反情報工作，情報工作的良窳，其實有極大一部分寄於信息提供者或情報協助者所提供的原始情報資料質量。

對於訊息提供者或情報協助者的來源又大致分為兩類：一類是專業情報人員鎖定具有工作路線者進行招募，另一類則是自動提供情報工作條件請求招募。若情報工作招募對象國家的人員為訊息員，顯然是要求訊息員為對抗自己國家而進行情報工作，這種行徑猶如「叛國」，不論其動機是為錢、情、報復或其他，若無極強大的誘因實難以想像，[23]在國內吸收本國人協助進行情報或反情報工作，則有可能讓被吸收者不論在實質上或名譽上涉險，[24]若對

---

[22] "Ideology," *Cambridge Dictionary*，< https://dictionary.cambridge.org/dictionary/english/ideology >.
[23] Jensen, McElreath, Graves, *Introduction to Intelligence Studies*, pp. 106-107.
[24] Office of the Inspector General Special Report, "The Federal Bureau of Investigation's Compliance with the Attorney General's Investigative Guidelines (Redacted)".

報效國家無極強大的特定信念，縱使有相當的報償亦難成功；為釐清何以特定人員被對手國吸收成為「叛國者」問題，美國反情報界研究後提出了被吸收的理由包括：一、錢（Money），二、意識形態（Ideology），三、妥協（Compromise），四、自我感覺（Ego），簡稱為 MICE，而中央情報局（CIA）與聯邦調查局（FBI）對其所吸收人員所做的調查顯示，這些被吸收替美國工作者，均認為其行為無被害者，所抱持心態是：

一、自認為自己是特別的，與他人不同。

二、對於現狀（Situation）不滿意。

三、除了從事間諜工作外，沒有其他更好（Easier）的選擇。

四、覺得自己所做的事，也是別人經常做的事。

五、自覺不是壞人。

六、當前在政府部門的工作與間諜工作不相關，間諜工作不會影響其在政府部門的工作表現。

七、安全檢查工作（Security Procedures）不會（或實質不會）涵蓋到他。

八、不在乎安全規定（Security Program），除非這些安全規定與他個人的認同符合。[25]

而這些心態的總合就是以「理直氣壯」為基礎，以安全漏洞為活動空隙。

甚麼原因讓這些被吸收的訊息提供者或情報協助者，能夠不計得失且理直氣壯？若以前述的 MICE 中所涉及的意識形態與自我感覺為分析基礎，應與被吸收者的認知有密切的關係。對於這種

---

[25] Jensen, McElreath, Graves, *Introduction to Intelligence Studies*, pp. 188-189.

認知的塑造或改變，有諸多理論可以解釋，若將這些理論，依其所著重的不同，概略可分述如下：

一、國家層面的說服：軟實力（soft power）觀點

學者奈伊（Joseph S. Nye）的「軟實力」論點，重在以潛移默化的方式，改變特定對象的認知，最終讓對象「對散發訊息者」心嚮往之，並因此模仿訊息散發者的一切，其過程與認知戰散發訊息，使被訊息攻擊者改變認知，最終改變言行，以順從訊息散發者的企圖完全相通，此對認知戰的理論建構，具有極大的說服力。縱使奈伊當時並不清楚其「軟實力」論述與認知戰有關，但卻無法否定其「軟實力」論述，與後來興起的認知戰研究有莫大的關聯性。細論奈伊的「軟實力」論述，約略呈現如下特點：

奈伊所稱所謂的軟實力，是利用吸引力而不是利用壓力或付費的方式取得目的的能力。它產生於一個國家的文化、政治理想和政策的吸引力。當我們的政策在別人眼中是合法的，我們的軟實力就會增強。（What is soft power? it is the ability to get what you want through attraction rather than coercion or payments. It arises from the attractiveness of a country's culture, political ideals, and policies. When our policies are seen as legitimate in the eyes of others, our soft power is enhanced.）」[26] 並將「軟實力」內容整理為「議題設定、吸引、組織結構、價值、文化、政策」等細項，目的在使對象與「軟實力」發動者相互結合，相對於「硬實力」的內涵為「壓迫、引誘、武力

---

[26] Joseph Nye, *Soft Power: The Means to Success in World Politics* (New York: PublicAffairs, 2004), p. X.

制裁、付費、收買」等細項，目的在命令對方屈服，[27]兩者顯然南轅北轍，互不相容。

奈伊認定「軟實力」為：「就是讓你之所欲成為他人之所欲（getting others to want what you want）」、「如同父母建構青少年的信念與偏好，其影響力絕對高於控制他們的行為」。[28]致使行為體可以利用認知領域做為「軟實力」投射的機動空間。如《美聯社》和《英國廣播公司》因良好的聲譽，造就成全球影響力，進而分別是美國和英國的重要「軟實力」資產。[29]

雖然奈伊認為「軟實力」的來源包括「吸引他者的文化」、「通行於國境內外政治價值」及「合法而具道德訴求的對外政策」三者，其力量的發揮更著重在文化的薰陶吸引，[30]但外界卻常誤解奈伊主張不是硬實力就是軟實力，其實，奈伊所強調的「軟實力」，並不是被模仿的事物，而是依據這些事物對別人進行說服的能力，就是「依據特定事物為基礎，卻憑三寸不爛之舌說服別人信服的能力」，因此，奈伊稱「軟實力」是指說服的力量，尤指整個氛圍（Context, Circumstance），而不是被模仿態樣的本身，[31]奈伊的描述，在中文語境中最接近的說法，或許是「家有敝帚享之千金」，「軟實力」是讓人相信該敝帚價值千金的說服力，而不是敝帚本身到底是否有千金價值，但若不是「敝帚」而是「金帚」其說服力將

---

[27] Nye, *Soft Power: The Means to Success in World Politics*, p. 8.
[28] Joseph Nye, *Bound to Lead: The Changing Nature of American Power: The Changing Nature of American Power* (New York: Basic Books, 1991), pp. 31-32.
[29] Paul Ottewell, "Defining the Cognitive Domain," *OTH*, 2020/12/7, < https://othjournal.com/2020/12/07/defining-the-cognitive-domain/> .
[30] Nye, *Soft Power: The Means to Success in World Politics* (New York: Public Affairs, 2004), pp. 11-15.
[31] Nye, *Soft Power: The Means to Success in World Politics*, pp.12, 15-16.

更為強大。

奈伊更認為,近代政治學之父馬基維利(Niccolo Machiaveli)曾向義大利的君主建言稱,被別人害怕比被別人喜愛重要(more important to be feared than to be loved),但當今的世界,最好兩者都有,贏得人心確實很重要,而在全球訊息化的時代(global information age)贏得人心更顯重要。[32]若境外敵對勢力以各種訊息攻擊目標國家,讓其整個國家沉浸於對境外敵對勢力的推崇與喜好,則整個目標國家,陷於支持境外敵對勢力從事情報與反情報工作氛圍中,那麼「讓你之所欲成為他人之所欲」,甚至是「他國」之所欲,而使境外敵對勢力獲得政治利益,顯在情理之中。

二、社會層面的說服:文化霸權(Cultural Hegemony)觀點

眾所周知,在諸多依據老馬克思主義的無產階級與資產階級對抗思維革命失敗後,激發出因應新時空背景的新馬克斯主義論述,如阿多諾(Theodor W. Adorno)、霍克海默(Max Horkheimer)、哈伯瑪斯(Jürgen Habermas)等人,就跳脫資產、無產階對抗的模式,認為更應著重在工人意識形態與文化鬥爭,並認為,資本家透過心智的控制讓工人階級臣服,而喪失與資產階級鬥爭的認知,進而喪失鬥爭的能力,因此,若欲與資本家對抗,也應轉為意識形態的攻防,[33]而這種意識形態高地的搶奪,涉及每個人日常生活,如婦女問題、環境保護、宗教、政治、媒體……等等,致論述者多如牛毛,而其中以義大利共產主義思想家葛蘭西(Antonio Gramsci)

---

[32] Nye, *Soft Power: The Means to Success in World Politics*, p. 1.
[33] Gemma Edwards, *Social Movements and Protest* (New York: Cambridge University, 2014), p. 115.

的文化霸權論述最具影響力。

葛蘭西認為，社會的主流意識形態反映了統治階級的信仰和利益。統治階級透過社會制度，如教育、媒體、家庭、宗教、政治等，占據統治地位的意識形態傳播，使人們信服於這些被資產階級獨占的意識形態，認為是合理的思維，從中創造出的社會秩序亦為合法，致使資產階級可以持續統治社會。[34]簡單說，就是統治階層以各種方式傳播特定的訊息予普羅大眾，使普羅大眾安心於服從由資產階級掌握的意識形態與社會制度，進而放棄革命，也讓資產階級持續統治社會。依此思維模式，當境外敵對勢力對外散播訊息指協助境外敵對勢力蒐集情報是正義之舉，對內散播協助主政者反對境外敵對勢力蒐集情報的反情報作為也是正義之舉，而群眾或特定個人信服這種正義之舉的說法，自然容易成為情報、反情報作為中的訊息提供者，是不辯自明的道理。

三、個人層面的說服：從眾效應（Bandwagon Effect）觀點

除前述的文化霸權與軟實力論述外，最與現實貼近個人行為改變的則是從眾效應觀點。心理學家所稱的從眾效應，是個人追隨一種趨勢（無論是因為錯失恐懼症 Fear of Missing Out, FOMO[35]、同儕壓力或其他原因），其實質內涵就是，人們不計好壞，傾向於採取某些行為、風格或態度，只因為其他人都在這樣做。越多的人採用某種特定趨勢，其他人就越有可能跟上這種潮流。從眾效應是

---

[34] Nicki Lisa Cole,〈文化霸權的界定〉,《Eferrit》,< https://zhtw.eferrit.com/%E6%96%87%E5%8C%96%E9%9C%B8%E6%AC%8A%E7%9A%84%E7%95%8C%E5%AE%9A/> 。

[35] 錯失恐懼症（Fear of missing out，簡稱：FOMO），也稱社群恐慌症。是指由自己的不在場所產生的不安與持續性焦慮。

影響人們判斷和決策認知偏誤（Cognitive Bias）或思考錯誤的一大原因。而可能影響從眾效應的一些因素，包括：「渴望正確」（A Desire to Be Right）：人們希望自己是對的，希望成為獲勝方的一部分，如果其他人似乎都在做某件事，那麼會促使人們認為這是正確的做法。「歸屬的需求」（A Need to Be Included）：人們對被排斥抱持恐懼，因此冀望與團隊其他成員一起做事，以確保被包容與被社會接受。[36]

　　文化霸權或軟實力的宣傳，都在影響目標國家的整體氛圍，使對境外敵對勢力心嚮往之，故鎖定群眾並加以說服是這些論述的重心。文化霸權或軟實力的宣揚，其過程並不在於所傳遞的訊息是否為真，而在於被訊息攻擊的群眾是否相信，因此，縱使訊息背離事實，但只要群眾相信，則其產生的影響力量將難以估量，如打不死的內容農場，所產生的混亂，甚至成為「宣傳特定政治意識的宣傳機器」，而促成「改變認知」戰爭，就是明顯例證。[37]若文化霸權與軟實力宣揚成功，則沉浸於其中的個人從眾效應自然浮現。文化霸權、軟實力、從眾，都是招募情報與反情報人員的重要依據，若再細化以心理學、社會學的角度，分析認知戰以訊息改變特定目標的認知並改變其行為的理論，更是多如牛毛，[38]對於以國家層面、社會層面至個人層面，由高而低的連串說服現象，以圖 3-2 的社會

---

[36] Kendra Cherry, "Bandwagon Effect as a Cognitive Bias--Examples of How and Why We Follow Trends," *verywell mind*, 2023/9/21, 〈https://www.verywellmind.com/what-is-the-bandwagon-effect-2795895〉.

[37] 孔德廉、柯皓翔、劉致昕、許家瑜，〈打不死的內容農場──揭開「密訊」背後操盤手和中國因素〉，《報導者》，2019 年 12 月 26 日，〈https://www.twreporter.org/a/information-warfare-business-content-farm-mission〉。

[38] 劉文斌，《習近平時期對臺認知戰的作為與反制》（新北市：法務部調查局，2023），頁 23-32。

學認知模型，可為論述代表。

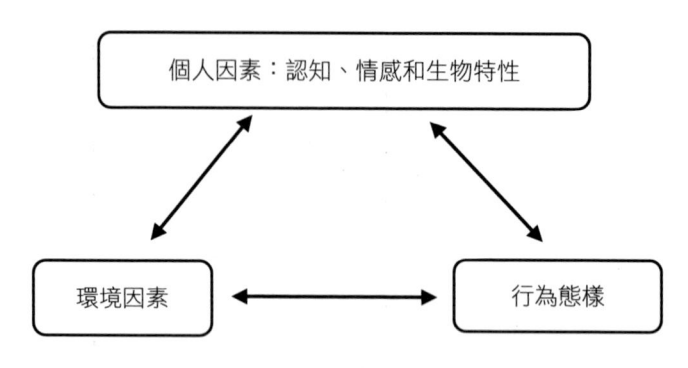

```
        個人因素：認知、情感和生物特性
              ↑              ↑
              ↓              ↓
        環境因素  ←——————→  行為態樣
```

圖 3-2　社會認知理論模型

資料來源：Nicole Celestine, "What Is Behavior Change in Psychology? 5 Models and Theories," *PositivePsycology*, 2023/3/11, ＜ https://positivepsychology.com/behavior-change/＞.

　　1986 年提出的社會認知理論認為，人們的諸多行為，是透過對社會環境觀察、模仿並學習他人行為的結果，其結果可能因此獲得獎勵，而進一步強化行為，或受到懲罰而降低其相似行為的出現。當然，行為的產生更基於個人的因素：認知、情感和生物特性的影響。其中包括個人的資源和能力、自我感覺的自我效能（執行行為的能力）、改變行為的成本和收益的期望等等。人們所處的社會環境可以透過提供機會或施加限制來促進或抑制人們的行為，反過來又影響人們對下一次的自我效能感和結果的預期。[39]

---

[39] Nicole Celestine, "What Is Behavior Change in Psychology? 5 Models and Theories," *PositivePsycology*, 2023/3/11, , ＜ https://positivepsychology.com/behavior-change/＞.

依據圖 3-2 的態樣,「個人因素」、「環境因素」及「行為態樣」可以互為因果關係,因此,在前述情報、反情報工作人員招募過程中,對特定目標灌輸大量特定訊息,使個人所處的環境因素改變,或直接攻擊個人使其認知改變,都足以促使個人依其「認知、情感和生物特性」,認為協助特定主使者從事情報或反情報工作,是「理直氣壯」的行為,此種行為使個人獲得實質獎勵(如有對價的金錢收買)或虛擬的替天行道、彰顯正義、虛榮(自我感覺特殊猶如電影主角)感覺。這不僅鼓勵個人持續進行替境外敵對勢力進行情報、反情報工作,甚至因一定數量的個人有此「理直氣壯」行為,進而促使整個環境因素跟隨改變,周邊相關人員跟隨從事類似的情報或反情報作為,致使「理直氣壯」從事情報與反情報工作者前仆後繼。

統合前述被攻擊特定團體、個人或整個社會,甚至整個國家,因特定訊息攻擊,而改變認知並進而改變行為的特性,以認知戰的角度,則呈現如下景象:

認知戰的訊息攻擊,大致可分為以一般民眾為對象,屬於大水漫灌式的攻擊方式,目的是使最大多數民意的轉向,意圖製造社會的大規模認知轉變,並由認知轉變促成社會運動的行為。[40]但認知戰的訊息攻擊,亦可集中攻擊特定群眾或個人,如改變總統、軍事將領、官員、經理人……等或其他,以便於關鍵時刻,讓關鍵的個人發揮特定影響力或從事特定作為,使有利於認知戰發動者。

依此邏輯,認知戰對於情報或反情工作的影響就大致可區分為兩大領域:

---

[40] 劉文斌,《習近平時期對臺認知戰的作為與反制》,頁 119。

一、對於特定群眾或個人的認知攻擊，若成功改變特定群眾或個人的認知並改變其言、行，將可促使關鍵的人員成為訊息提供者。

二、大水漫灌式的訊息改變整體社會認知，若成功改變普遍大眾的認知，並改變其言、行，使造成整體社會氛圍（Aura）的改變，將可使社會上每個成員都可能有意願成為訊息提供者。

依此推論，若說認知戰的訊息攻擊，可從上而下，有效改變整個國家社會、特定群眾、一般群眾或個人的認知，讓其深感替境外敵對勢力從事情報或反情報工作「理直氣壯」，成功被吸收為情報或反情報訊息員，提供情報為境外敵對勢力運用，不僅在學理上可以完全被理解，在實務上亦復如此。這種情勢，亦成為認知戰足以影響情報與反情報工作的理論基礎。

第四節　人員招募的實際作為

任何訊息的發出都無法依據訊息發出者所設計百分之百的達成目標，已被諸多研究證實，研究者甚至細緻的劃分訊息的傳送為：一、發送者，二、訊息，三、編碼，四、媒介或管道，五、接收者，六、解碼，七、回饋及八、噪音等環節詳加研析，[41]因此任何認知戰的訊息發出都可能具有正效果、反效果與無效果的可能，[42]依此，對於被攻擊的不論個人、特定群體或一般群體，都可能產

---

[41] Kyle, "Explain The 8 Process of Communication With Definition, And Diagram," *Omegle*, < https://learntechit.com/the-process-of-communication/ >.

[42] 劉文斌，《習近平時期對臺認知戰的作為與反制》，頁 239。

生①隨訊息指示行為的「屈從行動」，②不受影響的「不為所動」，與③可能收到反效果的「更加堅定」三種效果，但其中的變化卻又涉及些微的挪移或大幅度改變問題，因此，其間的移動以光譜分析概念的虛線表示最為恰當，如圖3-3。

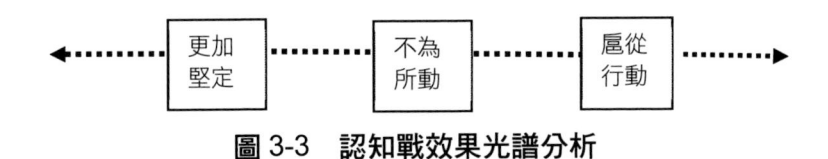

◄┈┈┈┈┈ 更加堅定 ┈┈┈┈┈ 不為所動 ┈┈┈┈┈ 屈從行動 ┈┈┈┈┈►

圖3-3　認知戰效果光譜分析

資料來源：作者自行繪製

　　就製造社會氛圍以支持攻擊者的情報或反情報工作而言，縱使有可能造成「更加堅定」的負面效果，但不斷的攻擊，總有成功的機會，任何朝向敵方所欲實現的「屈從行動」方向挪移，就是認知戰對於情報或反情報工作的助力，就是一種成功，只是成功程度的大小差別而已。

　　換言之，以認知戰攻擊對手，讓其社會氛圍改變，是情報與反情報工作不可或缺的助攻手段，此種助攻手段論證，於前一節的理論層面已然清晰，也確立了認知戰與情報及反情報工作密不可分的理論基礎。但實際執行面如何呈現，卻必須進一步檢視。

　　在實際執行面，有諸多的實戰作為可為佐證，以美國中央情報局的秘密行動（Covert Actions）為例，諸多以訊息改變對象國輿論，或情蒐協助者的認知，使對其秘密工作有利，是極為慣常的手法。縱使有許多不同的觀察與爭論，但大體而言，中央情報局有關秘密行動由輕微的情報蒐集到毀滅性武器的使用，大致可歸類為

不互相排斥，且可能相互重疊的 4 大階段、29 個方法：

第 1 階段｜例行工作階段（Routine Operations）

旨在溫和的情報分享，此階段包含慣常的駐外情報官員與駐在國情報官員的情報交流，物色當地可充當秘密情報人員對象，有限度的真實情況傳播，不與當地封閉與威權體制產生直接衝突。

第 2 階段｜中等程度介入階段（Modest Intrusion）

開始加速與目標國對抗，加入真相訊息與不對抗的宣傳，向一些政治、勞工、知識分子和其他組織及個人提供少許資助，但這些個人或團體必須隱約表達支持美國政策方可獲得，如反恐業務的推動。

第 3 階段｜高危險選項階段（Hight-risk Options）

這階段增加對抗的強度，可能引發目標的強烈反應，甚至引發國際危機。此時的訊息提供是由真訊息，開始轉變成假訊息的傳播，支援經費開始增加，甚至提供武器、製造經濟崩解、培訓軍隊參加戰爭等。

第 4 階段｜極端選項階段（Extreme Options）

明顯的轉向暴力，甚至以平民為攻擊目標，精密武器的提供、非常規營救、引渡交換人質，甚至實施酷刑、破壞生態環境、破壞工業、散播病毒、促使經濟活動失序、政變、暗殺（Assassination）

及大規模毀滅性武器使用。[43]

檢視這些在實務工作上逐級升高的作為，總計二十九個工作態樣中，分別於 3.在獨裁國家進行真實、善良的宣傳（Truthful, benign propaganda in autocracies）、4. 在民主國家進行真實、善良的宣傳（Truthful, benign propaganda in democracies）、6. 在威權國家進行真實卻帶有爭議性宣傳（Truthful but contentious propaganda in autocracies）、7.在民主國家進行真實卻帶有爭議性宣傳（Truthful but contentious propaganda in democracies）、8.散布虛假訊息對抗威權政體（Disinformation against autocratic regimes）、9.散布虛假訊息對抗民主政體（Disinformation against democratic regimes）等 6 個態樣，強調散播真、假訊息或進行宣傳，作者強調這種分類不明確且可爭辯的地方很多，但卻提供中央情報局秘密行動由輕微到嚴重逐步升級的明確觀點；[44]而分類不明確所凸顯的正是各種工作

---

[43] Johnson, *National Security Intelligence*, pp. 106-111.
[44] Johnson, *National Security Intelligence*, pp. 106-111. **第一階段**：例行工作階段（Threshold one: Routine Operation）包含（1）支持情報蒐集（Support for intelligence collection）、（2）招募秘密工作掩護者（Recruitment of covert action assets）、（3）在獨裁國家進行真實、善良的宣傳（Truthful, benign propaganda in autocracies）。**第二階段**：中等程度介入（Threshold Two: Modest Intrusions）包含（4）在民主國家進行真實、善良的宣傳（Truthful, benign propaganda in democracies）、（5）低程度經費支援友我團體（Low-level funding of friendly groups）。**第三階段**：高危險行動（Threshold three: High-Risk Operation）包含（6）在威權國家進行真實卻帶有爭議性宣傳（Truthful but contentious propaganda in autocracies）、（7）在民主國家進行真實卻帶有爭議性宣傳（Truthful but contentious propaganda in democracies）、（8）散布扭曲訊息對抗威權政體（Disinformation against autocratic regimes）、（9）散布扭曲訊息對抗民主政體（Disinformation against democratic regimes）、（10）在威權國家內加大（有政治目的的）經費支援（Large increases of funding in autocracies）、（11）在威權國家內大規模的支援（有政治目的的）經費（massive increase of funding in autocracies）、（12）在民主國家內適量的支

態樣可以重疊運用，不會因工作階段不同而完全拋棄不用，因此，特定訊息傳播協助秘密工作的做法，可能涵蓋所有 29 項工作。這 29 項工作態樣中，有 6 項明確提及訊息散播以協助秘密工作的狀況，比重高達近 21%，顯見其重要性；而在實務上，或經驗上，也可確認有關宣傳、真假訊息的傳播，以影響工作對象國的人心，絕無可能因其他更激烈行動而停止，否則戰爭中就沒有心戰、政治作戰或認知戰訊息發送的可能，認知戰平戰不分的特點[45]也將淪為空談。因此，以真、假訊息支援所有中央情報局的秘密行動工作，不僅可以理解，甚至可以被確認。

援（有政治目的的）經費（Modest funding in democracies）、（13）無生命損失的經濟崩解（Economic disruption without loss of life）、（14）為平衡目的的有限度武力供給（Limited arms supplies for balancing purposes）、（15）為攻擊目的的有限度武力供給（Limited arms supplies for offensive purpose）、（16）培訓外國軍隊參加戰爭（Training of foreign military force for war）、（17）小規模人質救援企圖（Small-scale hostage rescue attempt）、（18）在民主國家內大規模的支援（友我勢力）經費（massive increase of funding in democracies）。**第四階段**：極端選項（Threshold Four: Extreme Option）包含（19）精密器的提供（Sophisticated arm supplies）、（20）重要人質解救企圖（Major hostage-rescue attempts）、（21）非常規引渡以為交換（Extraordinary rendition for bartering）（意指為特殊目的綁架特定人員）、（22）為獲取服膺於政治協議的酷刑（Torture to gain compliance for a political deal）、（23）針對非戰鬥人員的隱密報復（Pinpointed covert retaliation against non-combatants）、（24）環境改變（Environmental alternative）（如利用落葉劑、火燒毀壞森林、污染湖泊河川、破壞水壩引發洪水、造雨摧毀農作物引發飢荒等）、（25）主要經濟活動失序；作物與家畜毀壞（Major economic dislocations; crop, livestock destruction）（指如擾亂貨幣制度、破壞生產工廠、施放農作物病蟲害等）、（26）小規模政變（Small-scale coups d'état）、（27）暗殺（assassination）、（28）重大秘密戰爭（Major secret wars）、（29）大規模毀滅性武器使用（Use of WMD）（WMD 是 Weapons of Mass Destruction 的縮寫）。

[45] 吳宗翰，〈中共戰略支援部隊的認知作戰能力析議〉，《遠景基金會季刊》（臺北市），第二十四卷第四期，2023 年 10 月，頁 18。

進一步言，中央情報局散播其認為有助於秘密行動的真假訊息，是秘密工作的重要協助力量，連第一階段核心工作的物色情報協蒐者，都主張以「真實情況告知」，使情報協蒐者支持美國，方可行動。在第二、三階段，更是強調真、假訊息的傳播以改變對象的認知，使其支持中央情報局的秘密行動；更確切的說，縱使已發覺條件適當的情報協助者，但如該人員無強力支持美國的認知，又怎可能在遭受叛國的道德壓力、名譽受損狀況下，協助中央情報局的秘密工作？顯然，具有情報協助條件者的認知，必定認為支持美國的有形（可能為金錢或赴美居住或其他）與無形回報（可能為自己國家的自由民主或其他）都足以回報其可能的損失，致使其理直氣壯、義無反顧地替中央情報局工作。也因此，以認知戰訊息傳播影響特定群眾或個人，改變或強化其認知，終致願意承擔各種風險協助情報、反情報工作，也是認知戰在情報、反情報工作實務上的重要性之一。中共對外的情報工作，亦從「你能幫助中國嗎？」開始進行投石問路，[46]除在威脅利誘下可能幫助中國的人，若有人自認為幫助中國是義無反顧、理直氣壯的行為，其積極性可能更高。

　　縱使研究顯示，在冷戰時期，美國人遭敵對國家吸收，以致成為情報提供者而叛國的原因形形色色，但其中比較具體的有：貪念（金錢收買）占 53.4%、意識形態占 23.7%、逢迎朋友或異性朋友要求占 5.8%、對工作不滿占 2.9%、其他原因占 12.2%（反體制、追求刺激、效法 007……）。1940 年代，以意識形態為動機者最多，後來逐漸轉為以貪念為主因，但其中也發現許多是因其出身的原

---

[46] 汪毓瑋，《情報、反情報與變革（上）》（臺北市：元照，2018），頁 151。

生國關係而「報效祖國」者。[47]金錢收買雖然直接有效，但若混合感情的協助，將使這種功效更為顯著，如前述的「你能幫助中國嗎？」，或是以原生國的感情吸收。在實際的吸收情報協助者工作上，極其需要認知的支持。

第五節　結語

面對認知戰改變社會氛圍，甚至改變特定對象的認知讓其認為幫敵國進行情報或反情報作為是正義之舉，這種依賴大量訊息提供者以推動情報、反情報工作的現象，古今中外從不缺乏實際案例，如：

孔子派子貢遊說、宣傳拯救魯國，其目的就在影響對方輿論與信念，積極影響對方態度，使透過「影響力來源線民」以影響對方政策。[48]中國歷代，為反對當權者而創作流傳於民間的歌謠比比皆是：「大楚興，陳勝王」呼應陳勝、吳廣的起義；「漢行氣盡，黃家當興」，與黃巾叛亂有關；「蒼天已死，黃天當立，歲在甲子，天下大吉！」聯繫著張角之亂；「千里草，何青青，十日卜，不得生」，與董卓的覆亡有千絲萬縷關係；「阿童復阿童，銜刀游渡江。不畏岸上獸，但畏水中龍」則與晉朝名將王濬動向有關，[49]這些歌謠，重在大水漫灌式的改變整體社會氛圍，促成群眾心理的轉變，甚至成就「從眾效應」。

---

[47] Johnson, *National Security Intelligence*, pp. 130-131.
[48] 鄒濬智、蕭銘慶，《制敵機先——中國古代諜報事件分析》（臺北市：獨立作家，2015），頁110。
[49] 〈歷史上的童謠預言，為何能夠靈驗，又為何會逐漸消亡的？〉，《每日頭條》，2019年2月13日，< https://kknews.cc/zh-tw/history/mp2zjqz.html >。

在近代的西方亦同，如美國智庫「大西洋理事會」（Atlantic Council）歐亞中心資深研究員卡拉特尼基（Adrian Karatnycky）於2023年，在《外交政策》（Foreign Policy）發表深度分析文章，探討烏克蘭境內的通敵者與他們的叛國行為。他直言不諱地指出，俄烏戰爭期間，一些烏克蘭人出於金錢或信念等原因，正在幫助俄羅斯侵略他們自己的國家。[50]

卡拉特尼基認為，背叛自己國家烏克蘭的人大致有以下幾類：相信俄羅斯和烏克蘭人民必需團結者，這是服膺克里姆林宮數百年歷史的帝國敘事；另有欽佩俄羅斯總統普丁及其獨裁政策以及俄羅斯在其統治頭十年所取得經濟成功的人。由於這些不愛國但並非非法的信念，逐步使烏克蘭人越界積極支持俄羅斯摧毀烏克蘭。有些人則以間諜、間諜頭目、線人或影響力代理人的身分進入克里姆林宮。如今，在俄羅斯占領的烏克蘭地區，許多合作者是烏克蘭前總統維克托・亞努科維奇（Viktor Yanukovych）的舊部，及烏克蘭親俄羅斯地區的前政客，而一些支持俄羅斯的烏克蘭記者如戴安娜・潘琴科（Diana Panchenko）等，因在親俄媒體內獲得高薪，而開始對自己的人民宣揚俄羅斯。還有一些人是被占領地區的行政人員及烏克蘭第一批領導人（主要是前共產黨官員和所謂的「紅色董事」）。其他人則是在俄羅斯帝國於烏克蘭無處不在的宣傳影響下開始了叛國之路，其中為害最大的是，那些滲透到基輔安全部門的叛徒。迄今為止曝光的這些間諜和間諜首腦中，最著名的是亞努科維奇前幕僚長安德烈・克柳耶夫（Andriy Klyuyev）和烏克蘭國家安

---

50 蔡娪嫣，〈從「親俄」到叛國、間諜到代理人：智庫學者全面解構烏克蘭的通敵者們〉，《風傳媒》，2023年9月6日，< https://www.storm.mg/article/4864492?mode=whole >。

全委員會前副主席弗拉基米爾・西夫科維奇（Vladimir Sivkovich），兩人均於2014年逃往俄羅斯。[51]

　　古今中外的案例證明，不僅在有形無形的利益影響下可以吸引情報協助者，更證明，宣傳所製造出的某種氛圍，或因勢利導出某種氛圍，將非常有助於吸收特定的重要關鍵個人，使其認為為敵國或自己國家所做的任何情報或反情工作具有十足的正當性而理直氣壯，使得在招募情報工作協助人員提供情報的原始資料方面，極具「助攻」的效果。尤其，若以認知戰訊息不斷薰陶的軟實力，並因此形成文化霸權或從眾效應，則更能招募更多高素質編制內的情報工作人員，及更容易招募優質且數量眾多的情報協助者協助提供原始情報資料，作為情報工作精進的基礎。以社會學、心理學或其他相關學問角度觀察，認知戰的特定訊息傳播與情報、反情報工作相互緊密結合後，關係更洞若觀火。為避免此種因認知戰所造成的從眾效應危害國家安全，有研究者提出對應的方法，包含：

一、警惕大眾「簡單的解決方案」不一定正確（Be Wary of Simple Solutions）

　　從眾趨勢往往為複雜問題提供簡單的解決方案，使人們不須花精力仔細思考面對問題的最適當應對方式，但簡單的解決方法卻經常不是正確的解決方法。

---

[51] Adrian Karatnycky, "Ukraine's Long and Sordid History of Treason--For money or out of conviction, some Ukrainians are helping Russia kill their compatriots," *FP*, 2023/9/4, 〈https://foreignpolicy.com/2023/09/04/ukraine-treason-traitors-collaborators-russia-war-|espionage-occupation-security/〉.

二、「尋求多樣化的信息」（Seek Diverse Information）

評估資訊時不要聽從單一來源，更應包括替代或相反的觀點。

三、認識認知失調（Recognize Cognitive Dissonance）

要承認自己已經成為從眾效應的犧牲品，可能會是艱難的決定，但對防止隨波逐流可能造成的傷害有極大的幫助。

四、尋找證據（Look for Evidence）

從眾往往依賴有限的或未經證實的事件作為決定言行的依據，如充斥於 TikTok 等社群媒體傳播有關維護健康，但未經科學驗證的訊息，卻造成風靡就是明顯例證。為免被其傷害，自然必須抱持以證據支持所見訊息，方可信任的態度。[52]

這些方法，其實就在於提供更多樣的訊息以為對抗，正與攻勢認知戰或加強我方心防的作法相通。若讓境外敵對勢力認知戰的訊息隨意橫行攻擊，將使境外敵對勢力對目標國家（如中共對臺灣，甚至國際社會）的情報工作與反情報工作如魚得水，反之，約制敵對國家的認知戰攻擊，甚至反守為攻，讓敵國（尤指大陸）民眾認為協助臺灣與國際社會進行情報與反情報工作，是推翻（中共）暴政的正義之舉，則讓臺灣與國際社會得利，那麼認知戰訊息的傳遞，將成為這些攻防作為中的重要關鍵。而訊息傳遞的重要關鍵顯然是破壞對手的各種信譽，而陷入「塔西陀陷阱（Tacitus

---

[52] Cherry, "Bandwagon Effect as a Cognitive Bias--Examples of How and Why We Follow Trends".

Trap）」，[53]讓對手所發出的訊息不再被外界信任將成為重要的因素；在面對敵國（中共）對臺灣及全球進行不間斷且大量的認知戰攻擊中，以正確的訊息針鋒相對於境外敵對勢力的認知戰訊息，戳穿其謊言，使其所發出的信息不再被外界接受，迫使常陷於「塔西陀陷阱」中，[54]將成為情報與反情報工作重要一環。因此，巧妙運用認知戰作為，就會讓境外敵對勢力對我方的情報、反情報工作受阻，且相對的使我方對外的情報、反情報工作順遂之可能。

　　過去，因認知戰的研究尚未取得一定的成果，因此，實務界與學界雖感民心向背與情報、反情報工作的互動現象，但卻都無法提出有力證明，直至近期認知戰的研究逐步取得成績，才逐步確認認知戰、情報與反情報工作具有緊密關係。認知戰、情報、反情報工作的緊密與互為因果關係，顯然不能被忽視，才能更進一步維護國家安全。

---

[53] 泛指一個政府或政權由於喪失了人民對它的基本信任，無論它作什麼或說什麼，都不會認為是善意，社會均將給予其負面評價。
[54] 鄧聿文，〈聿文視界：中國政府為什麼走不出「塔西佗陷阱」〉，《VOA》，2023年2月6日，< https://www.voachinese.com/a/deng-yuwen-on-chinese-government-falls-in-tacitus-trap-20230206/6949665.html> 。

第四章　認知突變：CNN 效應*

　　不論是統戰、情報、反情報工作，長期以訊息攻擊目標國度，讓目標國度特殊群體或個人等受眾改變認知，最終屈從於境外敵對勢力的各種訴求，並獲得一定成效，這在學理上或實務上都具合理性。

　　臺灣長年受中共認知戰攻擊眾所周知，在 2024 年總統與立委大選期間，外界亦認為諸多事件與中共對臺認知戰難脫干係，如以假民調意圖影響選舉結果等，[1]凸顯中共利用選舉等隨機事件進行對臺認知戰攻擊的特性。不僅是 2024 年的選舉，中共平時亦不斷地以各類認知戰訊息攻擊臺灣，尤其透過在地協力者（Local Cooperator）轉述，加強其效果，更時有所聞，如中華統一促進黨發言人涉及長期為中共宣傳案例，[2]顯示中共不分平時或特定時間點，都不放棄對臺的認知戰攻擊。

　　當然中共不僅對臺依隨機事件發生的當時情境發動對臺認知戰攻擊，其對世界亦然。

　　為防範這種橫掃國際的綿密認知戰攻擊，全球雖都極為關注並進行相關研究，但在臺灣甚至世界諸多認知戰研究中，都無法自

---

* 本文以原刊登於《中共研究》，第 58 卷，第 1 期，2024 年 3 月，頁 189-198，之同一題目文章，經大幅改寫而成。
[1] 呂志明，〈接受中共指示製作假民調發布　媒體負責人遭收押禁見〉，《yahoo 新聞》，2023 年 12 月 22 日，< https://reurl.cc/dLaNZ8 >。
[2] 〈統促黨幹部張孟崇與妻涉收中國 7400 萬元介選　檢依反滲透法起訴〉，《中央通訊社》，2024 年 11 月 4 日，< https://www.cna.com.tw/news/asoc/202411040122.aspx >。

外於主觀認為:「所謂認知戰就是不斷的以特定訊息攻擊目標受眾,讓其產生認知變化,最終促成被攻擊受眾行動的改變,而達成對認知戰發動者有利的結果」,換言之,就是集中關注長時間的認知戰攻防,這種對認知戰的理解,雖正確但卻不完全,忽略了短促且有巨大影響力的認知戰攻擊所造成的效果,而這種短促卻有巨大能量的認知戰攻擊,足以讓被攻擊者措手不及,以致做出不理性決斷,造成重大損失而無力回天。

在認知戰的研究領域,這種短促卻能量巨大的攻擊,最終在短時間內造成特定受眾或個人做出非理性言、行反應的過程,筆者認為可稱為「認知突變」(Cognitive Mutation)現象,而其原因常因「CNN效應」所引發。「認知突變」的現象值得在認知戰研究領域中被高度重視。

第一節　認知突變基礎

認知戰,顯然是以訊息的傳播促使對象受眾改變認知,並進而改變其言、行的過程,其中涉及諸多的跨領域學問,不論是哪個領域的學問,都是讓對象改變認知再改變言、行,使言、行對認知戰發動者有利的作為,而最具代表性的認知與行為改變互動如圖4-1。

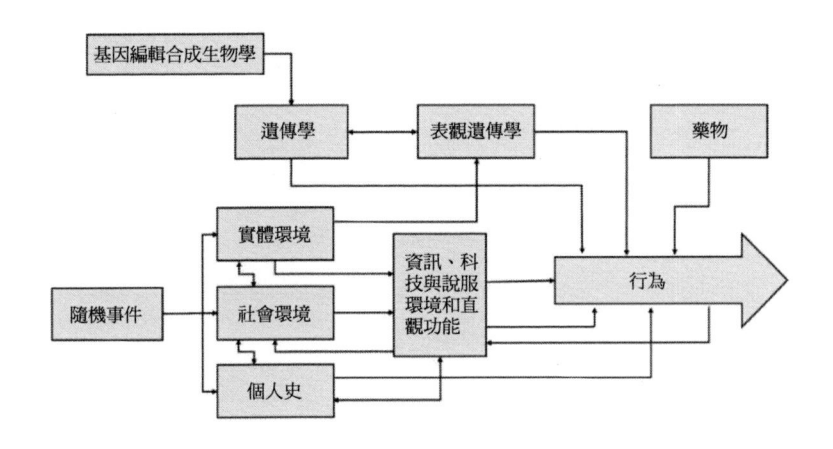

圖 4-1　改變人類行為原因歸類

資料來源：Dean S. Hartley, Kenneth O. Hobson, *Cognitive Superiority* (Switzerland: Springer, 2021), p. 104.

　　依據圖 4-1，上半部的遺傳學、表觀遺傳學及藥物等自然科學領域，顯然相對容易理解，而下半部的「隨機事件（Random Events）」訊息，則明顯屬於社會科學領域：在人類社會中所發生的任何「隨機事件」，在經過各種各樣的「實體環境（Physical Environment）」、「社會環境（Social Environment）」及「個人史（Personal History）」，而扭曲、縮小或放大「隨機事件」所傳達的訊息，影響接受訊息者的認知，進而改變其言、行。中共對我認知戰的發動，顯然絕大部分是透過下半部描繪的環境與事件發動。換言之，在有利的「隨機事件」基礎上，依據實體環境、社會環境與個人特定的歷史經歷，再配以各種科技的傳輸，就可能達成改變對象認知，並因此改變其言、行的目的。如共軍於 2024 年 10 月 14 日凌晨，宣布對臺實施「聯合利劍－2024B」軍演，並發布《坐著軍艦看花東》影片，偽

稱共軍機艦已逼近臺灣，意圖恫嚇臺灣民眾遂行認知戰，幸經法務部調查局研析，發現該影片是利用舊影片、旅遊影片剪輯而成的虛假訊息散播，並將研析結果公諸於世，[3]終未引發臺灣民眾的恐慌，使本次中共認知戰作為以失敗告終，就是典型中共利用「隨機事件」進行認知戰案例，這類案例不勝枚舉。

若「隨機事件」得以促成被訊息攻擊對象改變認知，自然表示「隨機事件」發生的訊息，經由「實體環境」、「社會環境」及「個人史」的強化，足以使接收該訊息的群眾或個人改變言、行，但要花多少時間方能促成改變，則是本章所關心的議題。

在認知治療領域有「持續的認知變化」（Sustained Cognitive Change）與「立即的認知改變」（Immediate Cognitive Change）的研究，[4]顯示在醫療領域對於受心理疾病所苦的患者，亦寄望於「立即的認知改變」，以減緩或治癒病情，冀望達到「藥到病除」的效果；在對一般普羅大眾的商品行銷廣告領域，有輔以獎勵可改變訊息接受者態度轉趨積極的研究，[5]在行銷學領域中，認為影響購買變數尚有「情境因素」，包含賣場擺設、氣氛、裝潢等。如：在櫃檯旁單價較低的小零嘴，搭配集點制度，結帳時詢問：「要不要多

---

[3] 〈法務部調查局揭露中國人民解放軍《坐著軍艦看花東》演訓影片　藉由剪輯拼接對我認知作戰〉，《法務部調查局》，2024年3月16日，＜https://www.mjib.gov.tw/news/Details/1/1042＞。

[4] Lony D Schmidt, Benjamin J Pfeifer, Daniel R. Strunk, "Putting the 'cognitive' back in cognitive therapy: Sustained cognitive change as a mediator of in-session insights and depressive symptom improvement," Journal of Consulting and Clinical Psychology, Vol. 87, No. 5, (May 2019), p. 452.

[5] Rui Sun, Jiajia Zuo, Xue Chen, Qiuhua Zhu, "Falling into the trap: A study of the cognitive neural mechanisms of immediate rewards impact on consumer attitudes toward forwarding perk advertisements," PLoS One; San Francisco, Vol. 19, No. 6, (Jun 2024), pp. 12-13.

帶一件，可以多集一點喔！」就可以顯著提升單價。店內播放略低於心跳頻率的音樂，就會讓人覺得舒服，延長挑選逛店的時間，可以顯著提升營業額；相反的，速食店常播放節奏快速強烈的音樂，以加速客人用餐，提升翻桌率。[6]

人類的直覺往往充滿陷阱，直覺下的認知偏誤，會使消費者作出錯誤判斷、衝動消費，但這往往不是最利己的選擇，如某種產品被認為數量有限，就有可能因消費者不願錯過機會的「稀缺性效應」，而一時衝動購買產品。許多商家會使用這種行銷策略，使顧客擔心供給不足，造成心理壓力，尤其在網路興起之後，愈來愈多人感到強烈的社會疏離感，害怕受到社會孤立，「稀缺性效應」在某種程度上便利用了消費者此種對社會疏離感的恐懼，誘使消費者立即採取行動，以避免錯過限時／限量優惠、獨家產品或獨特體驗。「稀缺性效應」導致衝動消費。[7]研究這種商業上的非理性決策，長篇累牘不勝枚舉，非理性行為的研究更是汗牛充棟。[8]

---

[6] Zee，〈消費者是怎麼決定購買的？會員管理必學的 EKB 消費行為模式〉，《ORDERLY 行銷知識》，2020 年 6 月 30 日，< https://ezorderly.com/blog/2020/06/30/audience-EKB/ >。

[7] 〈以為搶到限量優惠，卻成掉入「稀缺性效應」的消費傻瓜？〉，《遠見》，2024 年 3 月 8 日，< https://www.gvm.com.tw/article/110848 >。

[8] 請參閱：石小岑、蔡珊珊，〈「雙十一」網絡購物氛圍對「90 後」非理性消費行為影響機理研究〉，《合肥工業大學學報（社會科學版）》, Vol.36 (5), 2022/10, pp. 59-69。蔡明丹、李文軍，〈互聯網輿情傳播中的網民非理性行為規制研究〉，《理論導刊》，2022 年 10 期，2022 年 10 月，頁 101-107。Dan Ariely 著，趙德亮譯，《怪誕行為學 2：非理性的積極力量》（北京市：中信出版社，2010）。鄭毓煌、蘇丹，《理性的非理性：10 個行為經濟學關鍵字，工作、戀愛、投資、人生難題最明智的建議》（臺北市：先覺出版股份有限公司，2022）。Faiza Ahmad, "Unreasonable behaviour," Property Journal; London, 2015/5-6, p. 29. Jie Fan, Liu Baoyin , Ming Xiaodong, Yong Sun, Lianjie Qin, "The amplification effect of unreasonable human behaviours on natural disasters," Humanities & social sciences communications, Vol.9 (1), 2022/12, pp.1-10.等等。

因此，不論是認知治療領域或商品廣告領域的研究，都顯示認知突然改變是屬人類認知領域內的可能範疇。

　　但在認知改變的研究上，幾乎沒有著作涉及多少時間可以改變認知的議題，[9]也因此使認知戰研究，不自覺的陷入長期攻擊，才產生認知言行改變的迷思。無數的認知改變心理學、社會學理論，都不脫以長期影響為基調，[10]從政治學角度，新馬克斯主義學者葛蘭西（Antonio Francesco Gramsci）的文化霸權論以及奈伊（Joseph Samuel Nye）的「軟實力」（Soft Power）薰陶論，就可被引為認知戰長期薰陶改變被攻擊對象之認知，最終改變其言、行的貼切理論。

　　有學者研究就認為，在共產主義的推動中，馬克思極重視社會行動由經濟決定的觀點，因為具有經濟實力者才具有足夠資源建構規則（統治階層 Ruling Class），這些人也因此建構一套信仰系統，並維持這套系統（意識形態）的運作，而在傳統馬克思主義的

---

[9] 參閱：Justin P. McBrayer, *Beyond Fake News* (New York: Routledge, 2020). Chris Bail, *Breaking the Social Media Prism—How to Make Our Platforms Less Polarization* (New Jersey: Princeton University Press, 2021). Cindy L. Otis, *True or False* (New York: Square Fish, 2020). Philip Seib, *Information at War—Journalism, Disinformation, and Modern Warfare* (Cambridge: Polity Press, 2021). Rainer Greifeneder, Mariela E. Jaffé, Eryn J. Newman, Norbert Schwarz ed(s)., *The Psychology of Fake News—Accepting, Sharing and Correcting Misinformation* (New York: Routledge, 2021). Zoetanya Sujon, The Social Media Age(London: SAGE, 2021). Stefano M. Lacus, Giuseppe Porro, *Subjective Well-Being and Social Media* (Boca Raton: CRC Press, 2021)等書。

[10] Nicole Celestine, "What Is Behavior Change in Psychology? 5 Models and Theories, *"PositivePsycology,* 〈 https://positivepsychology.com/behavior-change/〉. "Behavior Change," *Hone*, 〈 https://honehq.com/glossary/behavior-change/〉. Angela L Duckworth, James J Gross, "Behavior Change,"《National Library of Medicine》, 〈 https://pmc.ncbi.nlm.nih.gov/articles/PMC7946166/〉.

政治經濟學者眼中,視媒體為資本階級的意識形態武器,[11]因此,依據前一章所述,葛蘭西的文化霸權要義:透過社會制度,如教育、媒體、家庭、宗教、政治等,占據統治地位的意識形態的傳播——世界觀、信仰、假設和價值觀、法律等的集合——實現對統治集團統治的「同意」。[12]簡單說,就是統治階層以各種工具傳播特定資訊,對普羅大眾的認知進行特定的形塑,終使普羅大眾認為統治階層的各種作為合理而臣服。軟實力論的奈伊則認為「軟實力」的來源包括「吸引他者的文化」等三者,其力量的發揮更著重在文化的薰陶吸引,已如前述。葛蘭西與奈伊兩個重要的理論依據,都重在「長期灌輸」目標受眾特定的訊息,讓目標受眾最終認為訊息發動者的訴求正確,而改變言、行,使符合訊息發動者的訴求。這種長時的訊息「薰陶」,顯然也有助於改變被攻擊對象的社會氛圍,使有助於境外敵對勢力推動其統戰、情報與反情報工作。

如第參章所述,依據此種灌輸訊息造成對象受眾言行改變的觀點,認知戰的效果只要對象由原本位置「不為所動」的這個光譜落點,向「扈從行動」這個光譜分析端移動就算成功,哪怕僅是一小步的挪移亦算成功,只是成功的程度大小不一而已(請參閱圖3-3);以認知戰成本的廉價,只要對象朝此方向挪移,都算是「本小利大」;但認知戰的效果,不完全都由發動者可完全控制,傳遞認知戰訊息會因「實體環境」、「社會環境」及「個人史」的多樣與不同,造成訊息傳播後,無法完全依照發動者的設想產生特定效

---

[11] Zoetanya Sujon, *The Social Media Age* (London: SAGE, 2021), p. 61.
[12] Nicki Lisa Cole,〈文化霸權的界定〉,*Eferrit*,< https://zhtw.eferrit.com/%E6%96%87%E5%8C%96%E9%9C%B8%E6%AC%8A%E7%9A%84%E7%95%8C%E5%AE%9A/>。

果,因此,認知戰發動後,可能產生「有效果」、「無效果」與「反效果」的各種結果。

認知戰訊息攻擊的結果,取決於被攻擊的個人或特定群眾對於該訊息相信與否,若根本不相信不接受該訊息,則沒有任何影響可言,因此,討論認知戰攻擊的前提,當然是以某種訊息足以被受攻擊群眾或個人識別,並理解該訊息所傳達的意思為前提,只有訊息可以被識別才有可能造成相信或不相信,並因此改變認知與言行,使形成更加堅定已經具有的認知,或根本不理會訊息,或跟隨訊息的意思行動等結果。依學者研究,人們會相信訊息的四個因素是:

一、一致的訊息 consistency of message(與過去自己信念相符合的訊息 is it consistent with prior beliefs?)
二、訊息的連貫性 coherency of message(是否具有內在連貫性和可信性 is it internally coherent and plausible?)
三、來源的可靠性(credibility of source)
四、其他群眾的接受程度 general acceptability(有多少人相信 how many other people appear to believe it?)[13]

換言之,對於訊息是否接受,可以分為內外兩大區塊決定:
一、內在區塊,必須由內在自行判斷,新接收的訊息不與過去

---

[13] Robert Ackland and Karl Gwynn, " Truth and the Dynamics of News Diffusion on Twitter," in Rainer Greifeneder, Mariela E. Jaffé, Eryn J. Newman and Norbert Schwarz ed(s)., *The Psychology of Fake News—Accepting, Sharing and Correcting Misinformation* (New York: Routledge, 2021), p. 28.

所持有的信念相衝突、也與過去所知悉的訊息相關聯不衝突。

二、外在區塊，必須訊息來源可靠，且周邊大眾都相信可以跟隨。

此二區塊卻又與長期訊息「薰陶」形塑某特定社會氛圍，讓身處其中的受眾奠下「隨機事件」引發的認知轉變有密切關係。長期浸淫於特定的社會氛圍，將有機會使受眾在自身內部形成定見（與過去的信念相符合，新的訊息亦與舊的訊息連貫不衝突），及訊息來源被受眾相信，且周邊有相當人群也相信該訊息的狀況下，受眾所接受的新訊息是真是假，就不再是影響受眾的關鍵，其關鍵在於受眾經過前述四項因素過濾後，主觀認為新訊息可被接受，就有可能跟隨訊息的指示，做出一定的行為。

這種訊息與行為模式的關聯，不僅為長期訊息攻擊可以改變認知與行為找到合理的原因，也為突發訊息足以改變受眾言行找到根據，意即若所散布的訊息與過去所散播的訊息主軸一致，被攻擊者的主觀認知也可以接受該等訊息，而散播訊息的來源也被受眾認為具有可信度，並有一大群民眾接受該訊息，則該訊息被認為係真實，並因此改變認知與言行就變得可能。

前述所稱讓人們信服訊息的四項因素，並沒有論及時間長短與認知改變的因果關係。

若在極短時間改變受眾的認知，即認知可以突然改變，即認知突變（Cognitive Mutation）。

第二節　單一民調不足恃

　　中共對臺發動認知戰的重要根據,當然是習近平的對臺政策。且所有宣傳或發動認知戰的訊息,理論上都必須經由「中央宣傳思想工作領導小組」為首的各級宣傳部門層層審核,方得以對外發送,[14]所有訊息都必需遵循習近平為首的中共黨中央對臺主張,而習近平對臺政策談話多如牛毛,但總體卻不脫離習近平 2019 年 1 月 2 日在《告臺灣同胞書》發表 40 週年紀念會上的講話(俗稱「習五條」),其主要內容包括:

　　祖國必須統一,也必然統一。(為此必須:)

　　第一,攜手推動民族復興,實現和平統一目標。……兩岸關係和平發展是維護兩岸和平、促進兩岸共同發展、造福兩岸同胞的正確道路。

　　第二,探索「兩制」臺灣方案,豐富和平統一實踐。……兩岸關係……在一個中國原則基礎上,臺灣任何政黨、團體同我們的交往都不存在障礙。……。我們願意同臺灣各黨派、團體和人士就兩岸政治問題和推進祖國和平統一進程的有關問題開展對話溝通,廣泛交換意見,尋求社會共識,推進政治談判。……堅持「九二共識」、反對「臺獨」……。

　　第三,堅持一個中國原則,維護和平統一前景。……。絕不為各種形式的「臺獨」分裂活動留下任何空間。……盡最大努力爭取

---

[14] 展望與探索雜誌社編印,《中國大陸綜覽》2023 年版(新北市:法務部調查局展望與探索雜誌社,2023),頁 116。

和平統一的前景,……不承諾放棄使用武力,……。

第四,深化兩岸融合發展,夯實和平統一基礎。……積極推進兩岸經濟合作制度化,打造兩岸共同市場,……。兩岸要應通盡通,提升經貿合作暢通、基礎設施聯通、能源資源互通、行業標準共通,可以率先實現金門、馬祖同福建沿海地區通水、通電、通氣、通橋。

第五,實現同胞心靈契合,增進和平統一認同。……。不管遭遇多少干擾阻礙,兩岸同胞交流合作不能停、不能斷、不能少。[15]

因此,對臺的認知戰顯然亦以上述五個訴求為軸心,反之,對於違反此五個訴求的兩岸與國際各種勢力都在打擊與分化之列,而這種宣傳主軸至少上推至 2019 年 1 月就已確立至今。然我大陸委員會於 2019 年 10 月 24 日公布例行民調結果,顯示在「習五條」提出後,我民眾反對「一國兩制」的情形自 2019 年 1 月的 75.4%起已上升 13.9%。另民意認為中共當局對我政府與民眾不友善態度,已分別由 60.9%升高至 69.4%、由 45.6%升高到 54.6%,達近年新高。[16] 2021 年的陸委會民調則顯示,七成以上民眾反對中共領導人表示解決臺灣問題、實現統一是中共歷史任務,要堅持

---

[15] 〈習近平:在《告台灣同胞書》發表 40 周年紀念會上的講話〉,《中國共產黨新聞網》,2019 年 1 月 2 日,< http://cpc.people.com.cn/BIG5/n1/2019/0102/c64094-30499664.html> 。

[16] 〈臺灣主流民意拒絕中共『一國兩制』的比率持續上升,更反對中共對我軍事外交打壓〉,《大陸委員會》,2019 年 10 月 24 日,< https://www.mac.gov.tw/News_Content.aspx?n=B383123AEADAEE52&sms=2B7F1AE4AC63A181&s=530F158C22CC9D7C> 。〈中華民國臺灣地區民眾對兩岸關係的看法〉,《大陸委員會》,< https://ws.mac.gov.tw/001/Upload/295/relfile/7837/74329/6fc113c5-8b65-469f-9382-87e748eb10b1.pdf> 。

「一中原則」和「九二共識」，推進祖國和平統一及粉碎臺獨等立場（76.1%）；近九成反對中共「一國兩制」主張（89.2%），及中共軍機艦在臺周邊航行演訓，企圖以武力威脅臺灣（88.7%）。[17]至2023年6月陸委會的民調再度顯示，九成以上民眾不認同中共長期對臺軍事威脅、經濟脅迫及拉攏我邦交國與我斷交，並全面阻礙我參與國際（91.7%）；不認同中共長期透過操作錯假訊息，分化臺灣內部（90.4%）。[18]而眾所矚目的習近平與美國前總統拜登於2023年11月16日在美國舊金山會面時，傳出習近平否認對臺動武，[19]臺灣民意基金會以習近平無出兵攻打臺灣計畫為題，於11月28日的民調卻顯示，高達五成六臺灣民眾不相信，且不相信者比相信者多23個百分點。[20]這種不信任、不同意中共對臺主張的趨勢，持續迄今沒有改變。

這些民調顯示，當前臺灣主流民意不僅對中共對臺政策不信任，對習近平個人亦不信任，這種結果，雖在某種程度上代表自2019年1月2日發布《告臺灣同胞書》發表40週年談話以來，中共對臺長期薰陶式的認知戰不易推動甚或失敗，甚至收到反效果，但中共認知戰的內容千千萬萬，不僅僅只有支持兩岸統一領域，更

---

[17] 〈「民眾對兩岸相關議題之看法」民意調查（民國2021年7月9日～12日）〉，《大陸委員會》，< https://ws.mac.gov.tw/001/Upload/295/relfile/7681/6083/c26f54b1-a85f-4fa3-9764-986428f21df3.pdf >。

[18] 〈「民眾對兩岸相關議題之看法」民意調查（民國112年5月25日～28日）〉，《大陸委員會》，< https://ws.mac.gov.tw/001/Upload/295/relfile/7681/6293/6b6c6a2e-426c-4710-923f-0f85b7077adb.pdf >。

[19] 新聞中心，〈拜習會觸台海議題　美官員：習否認有對台動武計畫〉，《MoneyDJ新聞》，2023年11月16日，< https://www.moneydj.com/kmdj/news/newsviewer.aspx?a=69bbc75e-3e65-4c97-b3ba-d35bae393b78 >。

[20] 政治中心，〈習近平稱中國未來幾年沒有對台動武計畫　民調：5成6台灣民眾不相信〉，《yahoo新聞》，2023年11月28日，< https://reurl.cc/ aLxOW7 >。

在促統的主軸下,包含有分化臺灣內部團結、製造臺灣內部混亂等等不一而足,目的都在讓臺灣民眾的認知,由「不為所動」朝「屈從行動」方向挪移,致使其成效是在前述光譜分析的各種落點上,難謂從此臺灣面對中共認知戰即可高枕無憂。換言之,單一的臺灣民意顯示,臺灣主流民意不信任中共對臺政策或不信任其領導人,並不能保證臺灣民眾對其他議題,如兩岸經貿互惠、食品安全合作、文教交流增加了解……等等都抗拒中共的宣傳,而當前臺灣多種多樣的民調議題,正凸顯臺灣民眾對於各種訴求的多樣性,[21]亦代表中共對臺各種政策可以施作的空間極為寬廣,因此,當前單一民調顯示臺灣主流民意抗拒中共,並不足以作為抵抗中共促成臺灣認知突變的依恃。尤其不可忽略中共以突卒的訊息,於關鍵時刻影響臺灣民意走向的 CNN 效應爆發。

CNN 效應指的是在短時間內不斷重複的特定訊息,致使被訊息攻擊的民眾,瞬間失去理性判斷,而做出特定反應的現象。無庸置疑,平時不斷鋪墊突變發生的氛圍,將有助於突變的發生,而臺灣就面臨中共如此的攻擊。

有媒體依據臺灣所偵獲受中共指示對臺散播特定訊息案件,追溯認為習近平於 2019 年在全國人大會議期間指示「努力把福建建成臺胞臺企登陸的第一家園」;2021 年,全國人大、政協兩會又通過《十四五規劃》,習近平再次提到要支援福建探索海峽兩岸融合發展新路,中國大陸國務院對兩岸融合發展示範區的意見書更直接宣示:「福建在對臺工作全域中具有獨特地位和作用」,加諸福

---

[21] 請參閱國家發展委員會的「民意調查項目」,〈民意調查〉,《國家發展委員會》,〈 https://www.ndc.gov.tw/News.aspx?n=1D4A4EBE0DB43BDC&sms=D6934F741B5FC119〉。

建對臺工作的特殊地位。在諸多對臺認知戰攻擊作為中，以福建特殊地位與所負任務為例，就發現福建對臺宣傳網路，由兩大集團組成：「福建日報報業集團」和「福建廣播影視集團」，前者負責傳統平面媒體和網路文字媒體；後者對接電視、廣播和影音平臺，至於社交媒體、自媒體產品，則是兩大集團致力開發的領域，而頻邀臺灣相關政治菁英參與節目製播，對臺傳播特定訊息。[22]經釐清，福建地區對臺認知戰攻擊從不間斷的認知戰訊息攻擊，以前述「福建日報報業集團」和「福建廣播影視集團」所發動攻擊的網路為例，就被部分研究單位認為布置如圖 4-3：

---

[22] 董哲、艾倫、莊敬，〈深度報導｜中共外宣在臺灣之五：對台統戰的操盤手「福建網絡」〉，2024 年 12 月 31 日，《自由亞洲電台》，< https://www.rfa.org/mandarin/shishi-hecha/2024/12/31/fact-check-ccp-propaganda-taiwan-serial5/> 。

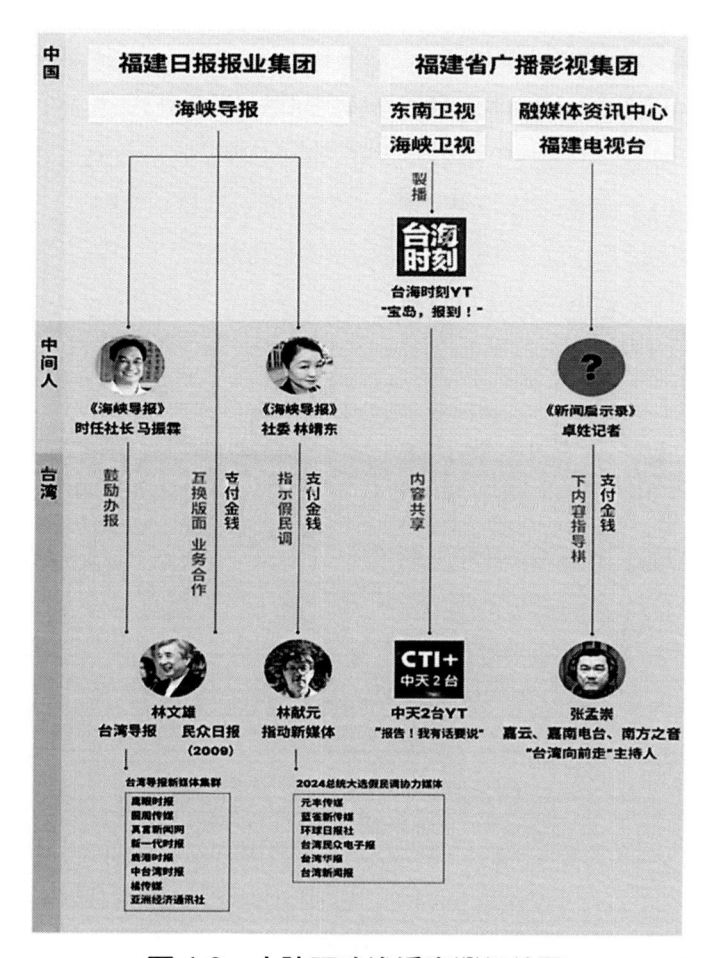

第四章　認知突變：CNN效應　121

圖 4-3　大陸福建滲透臺灣網絡圖

資料來源：董哲、艾倫、莊敬，〈深度報導｜中共外宣在臺灣之五：對台統戰的操盤手「福建網絡」〉，《自由亞洲電台》，2024 年 12 月 31 日，< https://www.rfa.org/mandarin/shishi-hecha/2024/12/31/fact-check-ccp-propaganda-taiwan-serial5/> 。

此種對臺宣傳絕非福建專屬。2024 年底，臺灣網紅「八炯」聯合曾以支持中共被稱為「舔共網紅」的陳柏源，拍攝引起各界側

目的影片，亦明指網紅鍾明軒、「麥狗886」、跆拳道教練李東憲等各領域的菁英，遭中共指使散播特定訊息，影響臺灣民情。[23]雖遭當事人否認，但這種不斷影響臺灣民情，並因此逐漸改變民眾認知的現象，為認知突變鋪墊基礎，最終可能引發認知突變。

臺灣的民意長年處於此種認知戰攻擊的壓力下，雖仍表現不屈服現象，但並不意味日後都不屈服，若處置不當，在特定氛圍與特定事件的催化中，隨時有可能走向認知突變。

第三節　CNN效應與認知突變

傳統對認知戰防治的刻板印象，認為認知戰必須長期薰陶，使受眾改變認知最終改變其行為已如前述，但這種必須經過長時間薰陶才可以達成改變受眾認知，並改變其言、行的論述，顯然無法顧及CNN效應促成受眾於極短時間內改變認知與言行的結果，而失之偏頗。那麼甚麼是CNN效應？

一般認為，新聞媒體的獨立性和客觀性對於準確地向公眾通報資訊至關重要。然而，研究認為，媒體決定報導新聞的方式、內容，這些過程意味著媒體內容只有經過媒體公司的過濾和審查後才向公眾傳播，並因不斷的被重複廣泛傳送，而影響了政府的政策制定，[24]此過程與結果，猶如美國有線電視新聞網（CNN）所播報

---

[23] 古靜兒，〈不只網紅陷統戰！YouTuber揭「台灣破千人被收買」　被點名2人急切割：你就是賣國賊〉，《風傳媒》，2024年12月8日，< https://www.storm.mg/lifestyle/5288641 >。

[24] Kaouthar Benabid, "What is the CNN Effect and why is it relevant today?," 2021/2/2/22, Al Jazeera Media Institute, < https://institute.aljazeera.net/en/ajr/article/1365 >.

的新聞事件一般，此現象就被稱為「CNN 效應」。CNN 效應所指涉的深一層內涵是指，因事件的真相是經由媒體的篩選與安排後才向受眾傳播，且媒體亦有搶先報導的需求，致使「CNN 效應」在認知戰的範疇中，就具有訊息因相關工作人員、新聞臺本身的意識形態篩選，或時間壓力等，而形成快速、簡化、粗糙、引導方向等的特性，在3C產品廣布的當代社會，更加深了這種表現。

在認知戰範疇的攻防中，CNN 效應與過去所注重的以不斷的特定訊息餵養受眾，讓受眾因長期受薰陶而改變認知，最終改變其言行的思維顯然不同；而是以特定的、簡化的「隨機事件」，於極短時間內激發受眾做出反應。CNN 效應原與認知戰無關，但因其具有對認知改變的影響已經超越一般長時間浸淫方能改變認知的看法，而是以突發、媒體引導讓受眾難以理性判斷並倉促做出反應為特點，遂使認知戰研究領域，必須關注 CNN 效應所引發足以突然使受眾共鳴並據而扈從行動的特定訊息運用。換言之，特定群眾或個人，被特定訊息於關鍵時刻連續不斷地攻擊，將可能促使目標受眾或個人於關鍵時刻做出有利於認知戰發動者的反應。在此認知戰攻防中，防守者縱使知悉其可能的影響，但卻因事出突然已無時間可以澄清或回應，致使無力攔阻事件的發生。

近期有關訊息內容傳播的研究也發現，令人憤怒的訊息外傳速度甚至比真實訊息的傳送速度還快，且不易糾正，其研究結果顯示：

一、虛假訊息比真實訊息引發更強烈的憤怒（Misinformation sources evoke more outrage than do trustworthy news sources）；

二、憤怒助長錯誤資訊的散播（Outrage facilitates the spread of

misinformation）；

三、憤怒更讓人們有將訊息傳遍天下的慾望（relative strength of nonepistemic (versus epistemic) motives）；[25]

　　CNN 效應，因具有快速、簡化、粗糙、引導方向甚至誇大特性，若因這些特性，在有意無意間製造了受眾的憤怒，可以想見這種憤怒所激起的民怨與對官員或政策所形成的壓迫效果。另在 1960-1970 年代的諸多研究也顯示，相較於難於閱讀處理判斷的訊息，容易閱讀、判斷及不斷重複的訊息，可以讓訊息接觸者更容易理解，而更容易理解的訊息也更容易使人認為是真的訊息，這種被稱為「虛幻真理效應（Illusory Truth Effect）」的現象，可以持續數周之久。[26]甚至有研究顯示，美國 911 恐怖攻擊事件，人們所遭受創傷後壓力（Posttraumatic Stress）的風險，觀看電視轉播者竟然比現場經歷者更為嚴重，就是因為現場經歷者只經過一次不幸事件的衝擊，而觀看電視轉播者卻經歷無數次配上悲傷音樂、受害者焦屍、流血、自高樓跳樓逃生等訊息的衝擊所致。[27]簡言之，就是簡化、甚至是誇大部分現象而不斷重複的訊息，更容易讓訊息接觸

---

[25] Killian L. McLoughlin, William J. Brady, Aden Goolsbee, Ben Kaiser, "Misinformation exploits outrage to spread online," Science, Vol. 386, No. 6725, 2024/11/29, pp. 3-4. < https://www.science.org/doi/10.1126/science.adl2829 >.

[26] Elizabeth J., Mathew L. Stanley, " False Beliefs—Byproducts of an Adaptive Knowledge Base?" in Greifeneder, Jaffé, Newman, Schwarz ed(s)., *The Psychology of Fake News—Accepting, Sharing and Correcting Misinformation*, p.134.

[27] Brian A. Primack, *You Are What You Click* (California: Chronicle Prism, 2021), pp. 35-36.

者感受更巨大的衝擊，這種現象不禁讓人與曾參殺人的寓言故事相互連結。

另有學者認為，在媒體中散播虛假訊息並可從中換取許多支持者與金錢，其步驟有三：

一、將領導力與營收掛鉤（link leadership to revenue，按作者意指所有作為都以營收為考量）。
二、意識到消費者會對幻想、憤怒和嘲弄做出反應（Recognizing that consumers respond to fantasy, anger and ridicule）。
三、製作能激起這些反應的故事，就可看著廣告費滾滾而來（produce stories that stoke these reactions and watch the advertising dollars roll in）。[28]

文中顯示以譁眾取寵之基礎，編裁負面訊息，挑起某些特定族群的特定情緒，可以從中獲取諸多利益，這種現況當然吸引許多覬覦此企圖者投入製造特定事件，不斷重複簡化過的事件，吸引群眾，甚至故意引發群眾的憤怒，以達成擴大吸引群眾接收該訊息並從中謀取各種利益，包含政治利益的目的，而這種行為，就是典型CNN效應在訊息傳播中的實現。

而此一過程更可用「資訊瀑布」（Informational Cascade）加以描述。所謂「資訊瀑布」，即是最先或影響力最大的少數人會在短時間內引導多數人的意見。由於企業和政府機構有很多最重要的決策都是在某種（爭辯）程序中做出決定，資訊瀑布縱使效果不

---

[28] Justin P. McBrayer, Beyond Fake News (New York: Routledge, 2020), p. 50.

長，但卻足以在特定時間內達成困擾政府威信或破壞社會秩序的效果，[29]因此常被認知戰訊息攻擊利用。[30]雖然資訊瀑布僅具暫時效果，但若在同一時段大量出現，則可能使群眾短時間內接收大量特定訊息，致以無法理性判斷而倉促做出決定的認知突變結果。若這些事件的幕後操縱者為境外敵對勢力，則以資訊瀑布引發暫時性的擾亂國家社會秩序效果，顯亦能達成認知戰攻擊所欲達成的目的。

這種突擊式，「打了就跑」的認知戰方式，顯然極難於事先防範部署，而這種特點極適合用於選舉激情氛圍中。在選舉迫近日刺激群眾做出對發動者有利的投票決定，而臺灣最常見且最符合的情狀就是選前的「造勢活動」。然而這種 CNN 效應不應侷限於選前之夜的造勢，而可拉長於選舉期間某些特定訊息的傳播。

在臺灣歷次選舉中的 CNN 效應，著名的案例如：2004 年總統選舉期間的「兩顆子彈」事件（發生於 2004 年 3 月 19 日下午，3 月 20 日總統大選）；2006 年高雄市長選舉的「走路工事件」（發生於 2006 年 12 月 8 日深夜，隔日市長選舉投票）；2016 年總統暨立委大選前夕，南韓女團 TWICE 的臺灣成員周子瑜因為舉中華民國國旗，被赴大陸發展藝人黃安舉報是「臺獨分子」，引發大陸網民抵制。在選前一晚（2016 年 1 月 15 日晚，隔日總統選舉投票），周子瑜所屬經紀公司「JYP 娛樂」，安排周子瑜錄製影片公開道歉，

---

[29] 丹尼爾・康納曼，凱斯・桑思汀，奧利維・席波尼，〈當人們持續『跟風』，朝主流意見靠攏，會發生什麼事？判斷的雜訊將造成『群體極化』！〉，《天下文化》，2021 年 5 月 28 日，< https://bookzone.cwgv. com.tw/article/21511> 。

[30] Barclay Palmer, "Understanding Information Cascades in Financial Markets," 2022/9/22, *Investopedia*, < https://www.investopedia.com/articles/investing/052715/guide-understanding-information-cascades.asp>。

引爆大部分臺灣民眾對大陸打壓的怒火，選舉結束後，《TVBS》公布民調指周子瑜事件約激發增加 4% 投票的民眾，相當於 50 萬票；「臺灣智庫」則公布民意調查稱，11.9% 受訪者因周子瑜事件影響區域立委投票選擇；11.4% 受訪者因事件影響政黨票選擇，重創國民黨選情。[31]2020 年總統大選前的 2019 年底則爆出王立強共諜案（發生於 2019 年 11 月，2020 年 1 月 11 日總統大選）最終查不到涉案人向心夫妻涉及共諜的證據與金流，因此予以不起訴處分，[32]亦被多方質疑是選舉操作。而 2024 年選舉前夕，CNN 報導稱，臺灣知名音樂團體五月天遭中共施壓表態支持北京的「一個中國」說法（發生於 2023 年 12 月 28 日，2024 年 1 月 13 日總統大選投票），有複製周子瑜事件效果之可能。[33]為防止 CNN 效應的出現，臺灣部分媒體亦出現反制論調，提醒選民勿上當受騙。[34]又如 2024 年 7 月 29 日，在英國利物浦的南港鎮，一名 17 歲的盧旺達移民第二代、在英國土生土長的阿克塞爾·魯達庫巴納持刀闖進一場舞蹈和瑜珈活動中，殺害了 3 名女童，並導致另外 8 名女童與 2 名成人受傷，這起有移民背景的疑似報復社會襲擊案，刺痛了極右派的神經，並且出現大量的假訊息，稱肇事者是一位名叫「Ali Al-Shakati」的穆斯林，又聲稱兇手是非法移民，因「伊斯蘭恐懼症」

---

[31] 蔡佳妘，〈抱病跪票、走路工、319 槍擊案……回顧那些年選前之夜震撼彈：「這件事」讓所有台灣人都怒了〉，《風傳媒》，2018 年 11 月 12 日，< https://www.storm.mg/lifestyle/644019?page=2 >。

[32] 薛宜家，林志堅，〈向心夫婦涉王立強共諜案　高檢確定不起訴〉，《公視新聞網》，2023 年 8 月 17 日，< https://news.pts.org.tw/article/651931 >。

[33] 〈中國施壓五月天　CNN：台灣官員指藝人遭空前打壓〉，《中央通訊社》，2023 年 12 月 28 日，< https://www.cna.com.tw/news/aipl/202312280377.aspx >。

[34] 楚漢卿〈【重磅快評】五月天遭施壓挺中？恐怕又是出口轉內銷〉，《民生電子報》，2023 年 12 月 29 日，< https://lifenews.com.tw/57457/ >。

而挑起極右派的反移民情緒，[35]在情緒激動中，隔天爆發英國報復穆斯林暴力事件，[36]並在連續數日間，引發一連串類似事件。

這些案例的出現，雖迄今沒有證據顯示有境外敵對勢力的介入，與本書對於認知戰的定義不相符，但卻明顯展現 CNN 效應的殺傷力。若境外敵對勢力，如中共，借鑒運用，其殺傷力不可小覷。

由「隨機事件」所引發的 CNN 效應顯然與時間的緊迫，及事件的複雜程度有密切關係。若事件複雜到被攻擊者無法及時澄清，將使反應時間的緊迫感相對提升，換言之，縱使時間不是太過短促，但事件複雜程度讓被攻擊者無法於短期內澄清，亦可以達成影響受眾做出不理性反應，達成認知突變的效果。如前述的王立強涉及共諜案事件，不僅在境外更涉及隱蔽性極高的間諜案情，在查證上顯然較兩顆子彈、走路工事件、周子瑜事件、五月天事件、英國反伊斯蘭事件要複雜，因此，王立強事件的認知突變時間可以拉長，甚至最終王立強是否涉及間諜案都是問題，[37]相對的其他事件，若時間拉長，則被攻擊者可以澄清，則認知突變的機會就相對降低。

因此，依事件複雜程度與時間的緊迫與否，促成認知突變的 CNN 效應可由下列表格呈現：

---

[35] 黃宇翔，〈英國內亂反移民風暴左右翼互鬥激烈移英港人受衝擊〉，《亞洲週刊》，2024 年 8 月 19 日，< https://reurl.cc/DK55eR >。
[36] 陳欣，〈（影）英警故意隱瞞殺 3 童兇手身分？大批反穆斯林群眾與警爆激烈衝突〉，《Newtalk 新聞》，2024 年 8 月 2 日，< https://reurl.cc/36VWWR >。
[37] 張詠詠，〈捲入澳洲王立強共諜案被控違反《國安法》 向心夫婦再度不起訴〉，《上報》，2023 年 5 月 10 日，< https://today.line.me/tw/v2/article/LXD8Pq2 >。

表 4-1　認知突變效果分配圖

		事件複雜程度	
		複雜	簡單
反應時間	短	1	2
	長	2	3

資料來源：作者自行繪製

　　在編號 1 區塊反應時間短、事件極為複雜的情況下，CNN 效應引發的認知突變強度，必然比編號 3 區塊時間反應長、事件較不複雜的情況要強，至於反應時間與事件複雜程度各有不同的情況，如編號 2 區塊，則產生認知突變的效果不分軒輊，認知突變的強度顯然也比區塊 1 弱，比區塊 3 強。

　　在前述葛蘭西與奈伊兩個理論的支持中，很容易讓對認知戰的理解掉入必須對目標受眾長期薰陶，或長期餵給特定訊息才產生效果的迷思；但依前述研析可推論得出，若能讓受眾於關鍵時刻喪失理性判斷的「隨機事件」，讓圖 3-3 的光譜分析向認知戰發動者所設定的方向挪移，換言之，若能短期內，以急迫的「隨機事件」在短促的時間達成目標受眾的特定反應，讓認知發生突變，使受眾做出對認知戰發動者有利的言行，就是所謂 CNN 效應，也能達成認知戰發動者設定的目標，各方不得不關注。

　　依此，CNN 效應確可能被境外敵對勢力利用與集中於一個短時間內，向特定群眾或特定個人傳送特定訊息，造成這些個人或特定群眾因無法理性判斷，而做出不理性反應讓境外敵對勢力獲利；不過 CNN 效應不應侷限於傳統媒體，而可能另外衍生出其他可

能，尤其是當前各種各樣媒體大量製造特定傾向的基礎資料，未來生成式 AI 產生不利特定對象的資料庫，將可能使看似無害的 AI 工具，在特定時間引發特定的認知戰效果，如：

一、大陸一款兒童用手錶，在回答「中國人是世界上最聰明的人嗎」的問題時，竟然基於人種長相，稱中國人「是世界上最笨的」。對中國古代四大發明問題，手錶給的「智慧」答案也質疑：「什麼四大發明，你看見了嗎？歷史是可以捏造的，而現在的手機、電腦、高樓大廈、公路等等所有高科技都是西方人發明的」引發大陸網民撻伐。手錶製造商在社群媒體回應稱，這款兒童手錶給出離譜答案並不是基於嚴格意義的人工智慧（AI），「而是透過抓取網路公開網站上的資訊來回答問題」；在此之前尚有大陸 IT 企業科大訊飛公司生產的兒童學習機中發現了有辱毛澤東的內容，據報導，這款 AI 學習機「原創」了一篇作文，稱毛澤東是「沒有氣量，不為大局著想的人」，並指出毛澤東應為「文化大革命」負責，文章說：「文革中一些隨著毛主席打下這片江山的人，都被毛主席整得苦不堪言。這類因資料庫「偏頗」所產生的 AI「幻覺」（Hallucination）已成世界難題，如 2023 年 11 月，一名急需奔喪的旅客在向加拿大航空諮詢「喪親」優惠機票購買規定時，被 AI 客服聊天機器人告知，可以先買普通機票再申請優惠，加航事後卻拒絕退還優惠票價差價，表示造成顧客的誤解是聊天機器人的失誤，與加航無關，但法庭卻於 2024 年 2 月裁決加航敗訴，要求退還旅客差價。[38]

---

[38]〈中國 AI 辱華好大膽！先詆毀毛澤東、再貶低中國人智商，習近平也拿「AI 幻覺」沒辦法〉，《風傳媒》，2024 年 8 月 30 日，< https://www.storm.mg/article/5230514?mode=whole >。

二、有網民詢問馬斯克（Elon Musk）所創辦的 AI 新創公司 xAI 聊天機器人 Grok：「歷史上殺了最多中國人的人是誰，把這個人畫出來」，結果生成出毛澤東的圖像；而改讓 Grok 用文字回答時，給出的答案同樣是毛澤東，其中包括大躍進時期數千萬中國人死亡、文化大革命估計最多有 2,000 萬人死亡，以及各種土地改革、鎮壓反革命等政治清洗運動所造成的死傷，[39]都引發中共不滿。

這些案例與 AI 的政治立場無關，而是 AI 系統按照網路上搜尋來的大量資料得出結論，中共也深知，生成式 AI 有資料庫原始資料的問題，縱使經過不斷的刪除不利中共的內容，仍難逃此種結果，[40]相對的，西方國際亦受困於中共在網路中創造各種有利於中共的宣傳，致使日後 AI 的運作有陷入「AI 幻覺」之虞，美國在臺協會（AIT）處長谷立言（Raymond Greene），就曾於 2025 年 3 月 23 日臺北的一場論壇中稱，令人擔憂的是，中文大型語言模型充斥中共宣傳的問題，他提醒，AI 能力的運用將進一步影響到健康和國防等領域。[41]依此可推論，認知戰攻擊者，不僅可以利用當前傳統的媒體（包含各類主流媒體與社交媒體），以突發式的訊息攻擊特定受眾或個人產生認知突變效應，更可能藉由有計畫的操作，利用各類媒體或機器人於平日散播大量特定訊息，形成可見未來生成式 AI 資料庫，並於特定時空環境中，誘發民眾使用 AI 工具，

---

[39] 莊文仁，〈AI 說實話？詢問「歷史上誰殺了最多中國人」答案出爐全網點頭〉，《自由時報》，2024 年 12 月 15 日，< https://news.ltn.com.tw/news/world/breakingnews/4894267 > 。

[40] 〈中國 AI 辱華好大膽！先詆毀毛澤東、再貶低中國人智商，習近平也拿「AI 幻覺」沒辦法〉。

[41] 張文馨，〈谷立言：中文大型語言模型充斥中共宣傳是隱憂〉，《經濟日報》，2025 年 3 月 23 日，< https://money.udn.com/money/story/7307/8626271 > 。

如宣傳某種 AI 工具極為有趣，促使民眾同時大量使用，則可能於短時間內引發同一種訊息集中攻擊特定群眾或個人的結果，同樣有引發 CNN 效應的可能；也因此，在 AI 與前述「虛幻真理效應」相互結合下，可能產生像任何流行趨勢一樣，圍繞特定人工智慧模型或技術的討論持續不斷，並且它被反覆呈現為「最佳」解決方案，人們可能會因此接受並使用它，而不論該解決方案到底是真的最佳或是最差。[42]

再進一步推論，欲鋪墊生成式 AI 的廣大資料庫，顯然必須有各方，包含各類媒體的相關意見研議或事件報導，這些媒體當然包括極多的自媒體，自媒體並不像傳統媒體，經歷有系統的採編等作業，而有意無意的形成訊息守門員角色與功能，可對極端訊息產生一定的過濾效果；新興的社群媒體人人可發訊息，人人可自由接觸訊息環境，[43]每人卻都以流量為追求目標，自然形成為吸引注意以增加流量，而更有可能傳播激進訊息，並因此激發特定情緒，引發認知突變的可能。學者蘇蘅也對當前媒體的環境提出看法，認為美國總統川普再進白宮，幕僚歸功 Podcast（播客）打敗主流媒體。2023 年調查顯示，12 歲以上美國人中，有四成每月至少收聽一次播客。傳統媒體對年輕人的吸引力逐年下降，而播客影響力卻持續上升，並吸引那些遠離傳統媒體的人。國際播客也大爆發，全球活躍播客數量現已超過五百萬個。他們提供觀眾一種直接、未經過濾的方式獲取訊息。播客自 2004 年問世，2014 年起飛，目前已蛻變

---

[42] Dan Pilat, Sekoul Krastev, "Why do we believe misinformation more easily when it's repeated many times?" *The Decision Lab*, ＜ https://thedecisionlab.com/biases/illusory-truth-effect＞．

[43] Chris Bail, *Breaking the Social Media Prism—How to Make Our Platforms Less Polarization* (New Jersey: Princeton University Press, 2021), p. 45.

成流行文化的「聽覺的革命」，如今，聽眾正繞過幾乎曾經壟斷新聞和文化的網路與紙媒，收聽獨立的聲音。資訊傳播速度極快的世界中，傳統媒體的電視、報紙和廣播正在努力跟上播客腳步，如紐約時報 2017 年就開始「The Daily」播客節目，每週五次、每次廿分鐘，深度解說每天重大事件，成為紐時的旗艦。英國衛報 2006 年開播「新聞檔」的播客，後來更名「衛報新聞與媒體」；2018 年播出「今日焦點」更是風靡全球，每天廿到廿五分鐘，帶聽眾深入全球重大新聞，包括 MeToo 運動、中東政治。傳統媒體把播客當成新節目孵化器或招牌產品，整合其他新創媒體產品，成為最新策略，用聽覺新聞擴散到每個角落的音頻趨勢，連以印刷為核心的紙媒都得擁抱播客，並以嶄新的方式吸引觀眾，也再次活化新聞。播客在臺灣也風靡，2020 年被稱為臺灣的播客元年，2021 年成長高達 200%，收聽人口主要是 23 到 44 歲，其中大學生占六成五，平均每人每天收聽播客 58 分鐘。[44]播客的興起，代表著自媒體環境的蓬勃發展，更代表著新型自媒體對傳統媒體的衝擊。因此，當前自媒體充斥的環境，就有可能產生巨量激進訊息流傳於社會，更注進 AI 訓練資料庫，未來的 AI 資料庫將可能更為激進，AI 幻覺事件亦可能層出不窮，而激發更多的認知突變事件。縱使沒有誘發 AI 突然發出特定訊息的認知突變現象，但現有自媒體可隨時播出不受約制的訊息環境，都有可能因某種風潮促使大量自媒體同時播出足以刺激群眾盲動的相同訊息，都有引發認知突變的可能。這種推論已被部分研究證實如次：

美國之音（AOV）攜手台灣民主實驗室（Doublethink Lab）共

---

[44] 蘇蘅，〈被 Podcast 顛覆的主流新聞〉，2024 年 12 月 22 日，聯合報，版 A10。

同推出的深入調查，多方研究機構都發現與中共有關聯的水軍在包括 X、臉書、TikTok 等各類受歡迎的社群媒體平臺上，進行著隱密的影響力行動，其中，一種被稱為「垃圾偽裝（Spamouflage）」的行動模式更是突出，這些行為包括「播種」帳戶（Seeders），專事釋放特定有利於中共訊息，和「放大」帳戶（Amplifiers），專事將前述訊息轉傳放大，意圖影響大批民眾。「垃圾偽裝」的訊息注重數量而不是品質，它們只是想讓訊息傳播出去，除了廉價外，並不在乎每則貼文都需要獲得真實用戶的互動才算成功，如果它們有 100 個帳戶，其中一些帳戶在一年內與真實用戶互動了幾次，它們可能已經覺得這個投入是值得的。而另一個角度是，它們不一定是在試圖以這種方式影響人們的觀點，可能只是在試圖干擾搜尋結果，例如，如果在 X 平臺上搜尋的話題是中共想要進行宣傳推廣的，那只能看到這些垃圾內容。[45]這些片面訊息，在巨量累積後可能產生如下結果：

一、營造某種氛圍，使對中共有利。

二、讓日後所有查找訊息者都陷入這種偏頗訊息的迷陣中，無力找到真實訊息。甚至影響日後對中共的初步了解及進一步研究。

三、影響 AI 的訓練，讓這些偏頗訊息也成為 AI 訓練之資料庫，致使未來 AI 的反應將極為偏頗。

營造某種特定氛圍與 AI 的偏頗反映，顯然也呼應了前述可能引發認知突變的可能。

---

[45] 文灝，〈直擊大選假訊息：解密中國網路「垃圾偽裝」行動〉，《VOA》，2024 年 10 月 22 日，< https://www.voacantonese.com/author/%E6%96%87%E7%81%9D/rj_vm> 。

CNN 效應的發生，仍不脫特定訊息的傳播，但與一般訊息傳播的不同，是以特定訊息讓目標受眾或個人無法理性思考，最終做出符合認知戰發動者所欲追求的反應。換言之，CNN 效應與一般認知戰差別的核心就在時間的短促與事件的複雜難以釐清。快速掌握具有 CNN 效應的認知戰訊息傳播，並快速做出澄清，以快制快是反制的必要舉措。不論是長期薰陶式的改變目標受眾的認知，或以 CNN 效應激發目標受眾的非理性認知突變行為，訊息的傳播仍不脫離以六度分離理論為基礎的社會網路傳遞模式，[46]亦即訊息的傳播具有一定的路線與網絡，因此其反制的方式，仍不脫離以惡、假、害訊息為基礎，[47]追溯訊息來源究辦模式，只是溯源受限於有限的查緝能量，曠日廢時，很難在第一時間防制認知戰的傷害，待相關單位依據訊息溯源查緝源頭，認知戰所造成的傷害已難以彌補。在認知戰作為不斷變遷下，目前更發展出盜用帳號、使用拋棄式帳號、在司法管轄權以外地區發動等各種阻止查緝技巧，讓溯源工作的效能大打折扣，同時更發現認知戰訊息的傳播，比過去更注重攻擊對象的選定，絕非毫無針對性的「大水漫灌」，在此同時就凸顯出，隨時蒐集彙整、分類在地協力者節點言行動態的必要，在發現該節點散發認知戰惡、假、害訊息時，於第一時間依法查緝，減低 CNN 效應的認知突變效果，才可將可能的傷害降至最低。

---

[46] Paul Kirvan ,"six degrees of separation," Whatls.com,＜ https://www.techtarget.com/whatis/definition/six-degrees-of-separation＞．
[47] 〈防制假訊息危害因應作為〉,《行政院》, 2018 年 12 月 13 日,＜https://www.ey.gov.tw/Page/448DE008087A1971/c38a3843-aaf7-45dd-aa4a-91f913c91559＞。

第四節　結語

　　認知突變在全球認知戰研究中是全新的概念，但也因其太新，而無相關研究可資依託或查證比對，致使面對 CNN 效應與認知突變時的一些問題因此浮現：

一、因特定群體與個人對於特定訊息認知與反應並不相同，因此，特定訊息是否足以引發大規模的認知突變，如前述因特定事件影響，使眾多受眾於一夕之間轉變投票意向，或參與暴力攻擊回教徒事件；或特定訊息引發特定群眾或特定個人產生認知突變，於關鍵時刻做出關鍵抉擇，如水庫管理員突然打開水閘，或警察縱放特定人犯，或軍隊指揮官突然下達不合理性判斷的錯誤指令，使對發動認知戰的境外敵對勢力有利，會因訊息內容、所引發的刺激強度，以及特定群體或個人所處的環境與主客觀因素，而難以預判，必須待認知突變發生後，才能確認。

二、多短促的時間內發生變化才能稱為突變？或所稱認知突變僅是認知變化的一種，與認知突變並無關係？

三、認知突變是否係長時間特定訊息薰陶後之最終爆發，或僅係橫空出世式的以特定訊息促成受眾在言行上的轉變？雖前有特定訊息薰陶奠基認知突變的論述基礎，但真實狀況仍待釐清。

　　幾乎無法預測訊息是否足以引發認知突變，只能以特定群眾或個人的反應，是否具有突然且短時間做出巨大的行為與言論改變為評斷，這種無法避免的特質，或稱結果論，顯然是「認知突變」概念的重大挑戰。但既有前述的認知突變事件頻繁出現，便也無法

因此否定認知突變的可能存在。

雖當前臺灣主流民意並不認同中共對臺政策與習近平個人，但中共對臺認知戰攻擊，顯不侷限於對臺政策，而是包含方方面面，且從未鬆懈，更何況不認同中共並不代表完全滿意於臺灣各種政策現狀，若臺灣不積極抗擊中共各項認知戰攻擊，終致改變臺灣主流民意，甚或是特定群眾或個人因對臺灣各種現狀的不滿，而成為認知突變基礎，如，長時間訊息一致的攻擊某特定目標群眾或個人，造成該目標群眾或個人的「內在區塊：認為新接觸訊息不與過去所持有的信念相衝突、也與過去所知悉的訊息相關聯不衝突」、「外在區塊：認為訊息來源可靠，且周邊大眾都相信可以跟隨」，則認知突變就可能在中共有意散播特定訊息造成 CNN 效應時，「水到渠成」、「一觸即發」，造成臺灣一般民眾、特定群眾或特定個人的認知突變。在防治認知戰過程中對於認知突變本身及基礎民意變化，應隨時維持高度警覺，並準備迅速回應。

第五章　認知戰分眾攻擊與對抗[*]

　　認知戰的訊息攻擊，常被刻板印象認為係對目標群眾，無區別的、長期大水漫灌、不區分對象的攻擊，雖然前述認知突變（Cognitive Mutation）觀點認為，認知可能於特定時空背景與特定訊息狀況下，於短期內造成認知的轉變，但總體而言，前述的統戰、情報與反情報工作，都無法擺脫這種大水漫灌攻擊引發認知轉變的模式與研究思維。縱使認知突變，亦無法排除長期大水漫灌式訊息攻擊所營造整體氛圍的奠基效果。

　　但在經驗上，每人的訴求不同，使得社會上任何個體都可依其不同訴求，而被劃分成不同特定族群，以政治學或社會學的觀點，認為此種現象是為社會分歧（Social Cleavage），其與政治發展及社會政策制定有密切關聯。近期，甚至有部分學者研究國家認同的論述，已不再將國家視為整體進行民意調查為滿足，如提問「你自認為是臺灣人或中國人？」，[1]而是依據社會分歧理論，將社會以各種不同特性進行切割，再以特定的題目詢問，企圖以更細緻的方法進行各群體的國家認同研究，如，選擇以「政要演講內容」、「報紙專欄」、「報紙民意專欄」、「教科書」、「賣座電影」及「賣座小書」為分析的素材。經研究發現，政要冠冕堂皇的演講，不一定引發民眾的共鳴，升斗小民的意念與政要等菁英分子的認知不一定相吻合，

---

[*] 感謝「科技、民主與社會研究中心」研究員林哲瑋兄，提供大量資料，使順利完成本章之撰寫。
[1] 〈臺灣民眾臺灣人/中國人認同趨勢分佈（1992年06月~2024年06月）〉，《政治大學選舉研究中心》，2025年1月13日，< https://esc.nccu.edu.tw/PageDoc/Detail?fid=7804&id=6960 >。

必須將兩者綜合評估，才能呈現相對完整的國家認同面貌，[2]連控制嚴密的中國大陸社會，經分析也發現政治菁英與普羅大眾對國家認同的不同感知。[3]這樣的過程與結果，凸顯不論中外各種政治制度，同樣呈現多層次與多樣性的社會分歧面貌。因此，大水漫灌式的訊息攻擊，並不一定能喚起特定群眾或特定個人共鳴，致使認知戰的攻擊不僅可能無法達成預期效果，更可能引發反效果。

筆者對於認知戰的定義，認為訊息可以將特定的訊息傳送予「特定的目標群眾或個人」，就涉及各種群種或個人需求不同。精準的訊息攻擊，更能收預期效果。依據社會分歧的事實，對不同需求的社會分眾餵予特定訊息，以喚起其共鳴，達成改變特定群眾或個人認知進而改變其言行的目的，是必然的趨勢，此種依據分眾需求散播特定訊息的做法，即是分眾攻擊。這種攻擊在認知戰研究中常被忽視，而益增其危害性。

若多樣的社會群體對相關議題的感知不同，那麼對於認知戰所散播的訊息感知也必然不同，以不同訊息對不同群體攻擊，才能達成「分進合擊」的結果，因此，依據社會分歧理論，分析不同社會群體受訊息攻擊的狀況與如何反制，就成為本章的問題意識與論述內涵。分眾攻擊有一定的理論依據，並因此衍生出反制方法，值得探討。

---

[2] Bentley B. Allan, "Recovering Discourses of National Identity," in Ted Hopf and Bentley B. Allan ed(s)., *Making Identity Count--Building a National Identity Database* (New York: Oxford University Press, 2016), p. 38.

[3] Liang Ce, Rachel Zeng Rui, "'Development'as a Means to an Unknown End," in Ted Hopf and Bentley B. Allan ed(s)., *Making Identity Count--Building a National Identity Database*, p. 74.

第一節　社會分歧

　　因個人或各組織需求不同，以致社會內部存在分歧無法一致，而相關領域的學者，依據這種分歧發展出社會分歧理論。

　　依據以訊息攻擊特定群眾，改變其認知，並改變其言、行，使對攻擊者有利的認知戰定義內涵，就有必要將社會中特定群眾或個人標明清楚，才有攻擊目標可言。

　　依據一般的看法，社會分歧是指社會內部基於社會、經濟或政治因素而將人群分開的裂隙或鴻溝。這種分歧可能會導致觀點、價值觀和投票模式的差異。[4] 又或說，分歧是指社會和政治分歧，其特徵是個人在社會分層體系中的定位、信念和規範取向，以及行為模式之間的密切聯繫。這種緊密的聯繫，造成（社會）長時間且無法癒合的分歧。[5]

　　各家對社會分歧意涵的描述大同小異，主要是呈現社會組成各單位因各種不同訴求，使社會存在方方面面的不一致，但隨時空環境不同，其分歧不僅內涵不同，且具有變動的特性。

---

[4] "Social Cleavage," *Fiveable Library*, 〈 https://library.fiveable.me/key-terms/ap-comp-gov/social-cleavage〉. social cleavage refers to a division or divide within a society that separates groups of people based on social, economic, or political factors. This division can lead to differences in opinions, values, and voting patterns.

[5] Stefano Bartolini, "Cleavages, social and political," *EUI*, 〈 https://cadmus.eui.eu/handle/1814/27464 〉. The term cleavage identifies social and political divisions characterized by a close connection between individuals' positioning in the social stratification system, their beliefs and normative orientations, and their behavioral patterns. This close connection contributes to the resilience and stability of cleavages over time.

以社會分歧為基礎，在政治學層面則是經常指涉政黨為社會分歧的結果或指標；如學者李普賽（Seymour Martin Lipset），就曾於 1960 年宣稱，社會不同社群衝突必依賴政黨提出，1967 年又與羅坎（Stein Rokkan）合作將西歐形成穩定社會分歧的政黨做出分類，這些分歧的原因有宗教、語言、工業革命、中央－邊陲、土地－工業、馬克思主張的有產與無產……等。[6]李普賽的社會分歧與政黨組織關係論述，幾乎奠定了以社會分歧為研究基礎的各種學問，凸顯社會內部各種衝突持續存在的事實。目前國際上民主國家的政黨制度、政黨競爭，也大部分代表或呈現社會分歧現象；當然，人類社會的分歧不僅僅只有政治的分歧，其他各種利益的分歧更不在話下，因此，學者 Stefano Bartolini 和 Peter Mair 將社會分歧定義為由三個元素促成：一、實際經驗要素，從社會結構角度來說，就如階級或種族；二、規範要素，由共享的「一組價值觀和信念……反映出社會群體的自我意識」組成各團體。三、組織元素，包括互動、機構和制度，如政黨，造成了社會分歧的一部分。[7]依此，社會分歧幾乎遍布所有人類社會的所有角落，社會分歧的普遍存在，自然使得生活在高度分歧社會中的個人，很可能會將信任侷限於自己群體內，從而降低對社會整體的普遍信任。[8]

---

[6] 劉書彬，〈從「分歧理論」探討德國統一後的政黨體系發展〉，《問題與研究》，47 卷 2 期，2008 年，頁 26-27。

[7] Maya Tudor, Adam Ziegfeld, "Social Cleavages, Party Organization, and the End of Single-Party Dominance," *Comparative Politics* (City University of New York), Vol. 52, No. 1, 2019/10, p. 152.

[8] Chan-ung Park and S.V. Subramanian, "Voluntary Association Membership and Social Cleavages: "A Micro–Macro Link in Generalized Trust," *Social Forces* (Oxford University Press), Vol. 90, No. 4, 2012/6, p. 1186.

著名民調公司皮尤研究中心（Pew Research Center），於2014年的研究顯示，美國民主、共和兩黨對於堅持自由和保守的觀點，由1994年經2004至2014年，每隔十年的數據顯示，出現逐漸極化（Polarization）現象，且相互的堅持與差距持續擴大，如圖5-1。

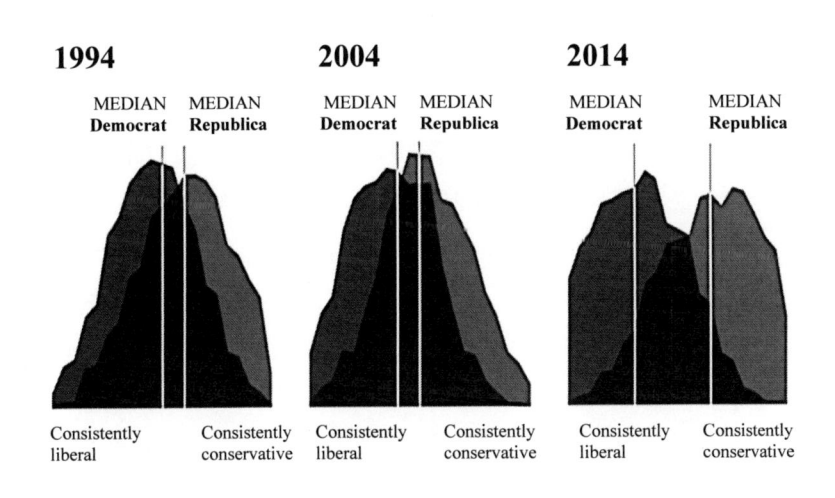

1994	2004	2014
MEDIAN Democrat / MEDIAN Republica	MEDIAN Democrat / MEDIAN Republica	MEDIAN Democrat / MEDIAN Republica
Consistently liberal — Consistently conservative	Consistently liberal — Consistently conservative	Consistently liberal — Consistently conservative

圖 5-1　美國民主共和兩黨極化擴大趨勢

資料來源："Political Polarization in the American Public-- How Increasing Ideological Uniformity, Partisan Antipathy Affect Politics, Compromise and Everyday Life," *Pew Reach Center*, 2014/7/12,〈https://www.pewresearch.org/politics/2014/06/12/political-polarization-in-the-american-public/〉.

2023年，皮尤研究中心公布對美國的調查顯示，美國人長期以來一直批評政客，並對聯邦政府抱持懷疑態度。大多數人認為，政治過程由特殊利益團體主導，競選資金氾濫，陷入黨派鬥爭。人們普遍認為民選官員自私自利且效率低。而皮尤研究中心對國家政治狀況新的研究發現，公眾的不滿沒有單一的焦點。人們對政府

的三個部門、政黨以及政治領袖和公職候選人提出廣泛的批評。[9]

政治分歧則是指公民之間長期存在的政治差異，通常基於社會經濟或種族宗教不同。相較於美國，歐洲的政黨制度體系，因歷史因素使分歧更為僵化，但近幾十年來也受到新分歧的挑戰。[10]隨著時空環境的變遷，尤其是國際化的現象，讓移民等新興問題衝擊社會人類，致新興的諸多議題改變了社會分歧的面貌，[11]但不論如何改變，社會分歧依然持續存在。換言之，人民個體或各群體間所擁護或追求的目標並不相同。這種趨勢證明，一直存在的社會分歧，至今甚至因時空環境的推移，比以往更加分歧。

另從社會政策層面，連北歐福利國家典範的瑞典，都困擾於社會福利該如何發放、如何一視同仁的保護國民等問題。以失業補助為例，就面臨如下各種標準給予補助的問題：一、法律中是否有明確定義的權利，及如何落實執行？二、是否以相同的方式適用於所有有能力且願意工作的人，並考慮年齡、扶養小孩、責任等相關聯問題？三、各種不同補助方式如何運作？四、該補助哪些人與不

---

[9] "Americans' Dismal Views of the Nation's Politics--65% say they always or often feel exhausted when thinking about politics," *Pew Research Center*, 2023/9/19, 〈 https://www.pewresearch.org/politics/2023/09/19/americans-dismal-views-of-the-nations-politics/ 〉.

[10] "Political Cleavage," *ScienceDirect*,〈 https://www.sciencedirect.com/topics/social-sciences/political-cleavage 〉. Political cleavage refers to permanent political divisions among citizens, often based on socioeconomic or ethnic-religious differences. In the context of European party systems, these cleavages have historically been more rigid compared to the United States, but have been challenged by new divisions in recent decades.

[11] Gary Marks, David Attewell, Jan Rovny, and Liesbet Hooghe, "Cleavage Theory," in Marianne Riddervold and Jarle Trondal and Akasemi Newsomee eds, *The Palgrave Handbook of EU Crises* (Switzerland: Palgrave Macmillan, 2021), p. 189.

該補助哪些人？五、福利是否充足？如福利補償率下降等。六、福利是否提供給絕大多數的失業者，或選擇性給予？[12]等等，分歧處處。

對當前社會分歧原因，眾說紛紜，不易成為一定的劃分概念，尤其當前全球面臨的左、右派政治觀點之爭，引發全球更激烈的分歧，對此趨勢，國際著名學者法蘭西斯‧福山（Francis Fukuyama）提出了簡單明瞭的劃分過程與標準。福山認為，20世紀政治因對經濟議題的不同觀點而拉幫結派，左派認為要更多的平等，而右派認為要更多的自由。但在進入21世紀第二個十年後，左右兩派原對於經濟議題的爭論逐漸轉變，左派轉化成將重點放於各種各樣被忽視的團體利益爭取上，如更重視黑人、移民、女性、同性戀團體的利益，而右派則以愛國者自居，更加注重保護傳統國家認同，這又涉及國族、種族與宗教議題，這些不同，甚至被福山直接稱為政治怨懟（the political of resentment），這些怨懟又被政治人物激化，這種趨勢已經從經濟議題轉變成對某種特定團體的尊重問題，[13]福山的論述角度雖僅是社會分歧的一種，但卻可明確而實在的告知讀者，所處周圍環境的分歧，尤其是與政治、經濟關係密切的分歧來自何處，極有助於理解分歧的的現狀；社會因不同的需求引發各種怨懟，臺灣亦不遑多讓，中央研究院院士吳玉山，就認為臺灣在陳水扁與馬英九時期社會的爭議不同，前者以認同爭議為

---

[12] Mattias Bengtsson, Kerstin Jacobsson, "The institutionalization of a new social cleavage Ideological influences, main reforms and social inequality outcomes of 'the new work strategy'," *Sociologisk Forskning*(Sweden), Vol. 55, No. 2/3, 2018, p. 161.

[13] Francis Fukuyama, *Identity--The Demand for Dignity and the Politics of Resentment* (New York: Farra, Straus and Giroux,2018), pp. 6-7.

主,後者則因全球化財務分配的不公平,而引發與全球一樣以經濟分配爭議為主的分歧。[14]

不論各學術巨擘對於這些分歧的原因或觀點如何,卻都同時凸顯任何社會無法統一不分歧的特性,而這些不同利益或重點的追求,就成為當前單一國家內部,與國際社會各個國家間分歧的根源,也成了當前國內社會與國際社會進一步極化的溫床。認知戰訊息攻擊無所不在的當前環境,有意的散播虛假訊息(Disinformation)讓極化更為嚴重,政治人物甚至藉此創造選票;[15]政治人物為私利推波助瀾的不負責任態度是人類社會的必然,因此,認知戰攻擊方,若借力使力,在社會分歧處挑起不同的議題,開始對不同的群眾進行訊息傳播,則分眾攻擊於焉開始,加上當地政治人物的推波助瀾,並因此造成資訊瀑布效應,則將有可能壓制其他真實的聲音,達到攻擊者所欲達成的目標。而這更是民主多元社會、維持各方利益訴求以追求最大多數人最大幸福過程中,所不得不面對的「必要之惡」,是民主社會的軟肋與必需嚴肅面對的課題,亦是認知戰訊息分眾攻擊無法迴避的基礎與背景。

第二節　分眾攻擊

對於認知戰的訊息攻擊,當前的研究認為,除了攻擊特定地區的一般民眾外,利用訊息影響關鍵領導者(key leader engagement),

---

[14] 鄭榮欣,張逸帆,〈台灣政治的典範轉移:當分配與認同分庭抗禮〉,《台灣大學政治學系友聯誼電子報》,第 12 期,2015 年 9 月,< https://politics.ntu.edu.tw/alumni/epaper/no12/no12_11.htm >。

[15] Doublethink Lab, Innovation For Change,〈什麼是惡意不實訊息?〉,《破譯假訊息新手村》,< https://fight-dis.info/tw/ >。

或有針對性的影響力行動（targeted influence operations）才更具效果，研究也顯示，其對菁英的攻擊，雖直接改變針鋒相對者的認知領域難度極高，但改變針鋒相對者的周邊環境，或設局讓針鋒相對者，只能在為其所設定的決策做出選擇，[16]並從中獲取利益是可行的。致使在認知戰的訊息攻擊中，自然形成可以大水漫灌式的攻擊一般民眾，以改變廣大一般民眾的認知，甚至形塑特定的社會氛圍以圍困領導者，使其做出符合攻擊者利益的決策。當然，若欲迫使領導者改變決策，亦可以直接攻擊各階層的菁英分子，如總統、軍事將領、經理人、官員……等，使其做出有利認知戰攻擊者的決定，或攻擊具有權能的個人，如攻擊水壩管理員，使其在必要時打開閘門水淹特定目標，攻擊一般警察讓其縱放特定罪犯，攻擊公車司機讓其在特定時間集體罷駛，製造社會混亂，……林林總總不一而足。因這些林林總總的個人或團體訴求不同，自然迫使對其攻擊的訊息必須符合其特定需求方可達成目的，要符合特定需求的攻擊就必須借重分眾傳播的學問與知識，將特定的訊息傳遞予特定的群眾，並引發共鳴，才能最有效的達成認知戰的效果。而「特定群眾」就是「分眾」，就是前述認知戰定義中的「特定的目標群眾或個人」的一部分，致使，分眾傳播就變成認知戰的重要環節。

如何在已知的社會分歧環境中，精確定位這些林林總總的「特殊群眾」並對其散播特定訊息，便成為認知戰訊息分眾攻擊的首要目標。如何將群眾細分以找出各種分眾，在當前大數據蒐集與運用的背景下，對大數據的使用便是重要方法。利用大數據歸類「特定

---

[16] Robert Johnson, Timothy Ckack, "Introduction," in Timothy Clack and Robert Johnson ed(s), *The World Information War* (New York: Routledge, 2021), p. 5.

群眾」以分析人群或個人的需求，依據需求的不同，分化出具有不同需求的群眾或個人，成為分眾攻擊的基礎。此一手法早已行之有年，從僅是傳遞訊息內容不同的行銷學或市場學角度看，就是所謂分眾行銷或稱為市場區隔（Segmented Marketing）。此為當前最被關注的行銷方式，其定義：「是一種根據人口統計、地理、行為或心理因素將潛在買家分為不同群體或細分市場的方法，以便更好地了解他們並向他們推銷」。[17]

分眾行銷之特點包括：針對不同消費者精準行銷（Precision Marketing），簡單說就是將「對的內容」傳遞給「對的人」，可以更有效提高他們的購買率和忠誠度。如，保健食品業者可能會針對銀髮族、3C 族、女性、兒童，提供不同的營養品和優惠，並區分行銷管道，如針對老年人可投放於電視廣告，針對年輕族群可投放在社群媒體，其他族群則依其特性以適當媒體溝通。其好處包含：一、精準使用預算，提高投資報酬率（Return on Investment；ROI），二、提高成交轉換率（Conversion Rate），如訂閱廣告、購買產品等；三、培養顧客忠誠度。[18]

這些特點完全適用於認知戰的分眾攻擊。

這種分眾攻擊，又可以英國脫歐公投為例。根據對公投競逐過程活動的分析，脫歐陣營利用簡單的訊息傳遞、活躍的社群媒體存在和「壓倒性的負面」攻擊，贏得了脫歐公投前的網路戰；分析發

---

[17] Evan Tarver, "Market Segmentation: Definition, Example, Types, Benefits," *Investopedia*, 2024/7/24,〈 https://www.investopedia.com/terms/m/marketsegmentation.asp〉.

[18] Yuki Cheng,〈分眾行銷 4 步驟與案例解析！精準行銷鎖定客群提高商機〉,《Crescendo Lab》, 2023 年 7 月 5 日,〈 https://blog.cresclab.com/zh-tw/segmented-marketing〉。

現,脫歐陣營透過「更簡單、更強的訊息傳遞和對受眾的更深入了解」,獲得了高支持率,分析也發現,數十個支持脫歐陣營的帳戶「極有可能是假的」。這些帳號都是臨脫歐公投時才創建,每天發推文數十到數百次,幾乎專門發布有關脫歐內容;脫歐陣營的貼文,比反脫歐陣營更加直接、情緒化,目的就是要迫使追隨者「拯救民主、支持脫歐」,或訴求幫助英國避免羞辱,脫歐陣營的Facebook貼文平均長度為19個字,但反脫歐陣營的貼文字數平均卻是71個字——多了三倍多,[19]推測可能意圖以簡潔有力的訴求,讓選民更容易記住並協助宣傳,創造風起雲湧的民意海嘯。

由各研界菁英組成的 *Research World*,依據選民對脫歐公投活動期間,連續情緒反應紀錄的《脫歐日記》分析亦顯示,支持脫歐成功是善用了分眾傳播(攻擊)的手段,更多的獲得選民認可,其分析結果如下:

一、分眾傳播(攻擊)可以實現更有效的客製化溝通

與一般的大眾傳播方法相反,分眾傳媒將人群分成具有共同特徵的較小群體,可以對特定群體進行更客製化的溝通。在英國脫歐公投期間,公投支持方就是以類似的方式,藉由充滿情緒的方式討論新聞事件,使其他一般訊息遭到忽略。

---

[19] Michael Savage, "How Brexit party won Euro elections on social media – simple, negative messages to older voters--Analysis highlights key to success of Farage party and identifies dozens of pro-Brexit bot accounts," *The Guardian*, 2019/6/29, < https://www.theguardian.com/politics/2019/jun/29/how-brexit-party-won-euro-elections-on-social-media >.

二、分眾傳播（攻擊）將數據具象化

如何將模糊的數據轉換為可想像的具體形象？分眾傳媒會將人群切分成不同的群體，並使用特定的名稱、頭像、影像等方式擬人化，以代表各個不同的群體。這使（訊息散播）操作者能更容易記住各個群體的特徵與行為。[20]並進行最適切的訊息攻擊。

隨著科技的進步，市場行銷領域開始出現「人物誌（Persona）」的方法，會針對服務或產品的目標客群進行相應的調查，在拆解他們的共同特性後，建立一個虛擬角色以代表目標客群，如：住在台北、喜歡狗、射手座、興趣吃美食、血型 O 型等等。對這些目標客群還會進一步的調查其生活型態與行為背後所抱持的價值觀，在意與恐懼的事物，並嘗試使服務或產品能與其價值觀相結合。進一步再調查目標客群可以接觸服務或產品的管道，以求在最關鍵的時刻精準行銷，讓目標客群感受到個人化的美好體驗，使目標客群願意付費購買服務或產品。[21]

藉由收集大數據進行挖掘分析，分眾傳播可將社會的群體切成不同的群體，抽取相應特徵並進行擬人化後，就可以針對不同的群體進行客製化的訊息傳遞，並引誘其改變原本的價值觀。將此手法用於認知戰中的訊息攻擊，其結果不難想像。

若加上演算法的運用，不斷以特定訊息餵食特定群眾，將進一步極化社會，而極化的社會又更需要特定的訊息以滿足各分眾的特

---

[20] Tim Werger, Charlie Rollason, "Brexit: Teaching Young Researchers About Segmentation," *Research World*, 2018/3/2,＜ https://archive.researchworld.com/brexit-teaching-young-researchers-about-segmentation/＞．

[21] Larry Lien，〈Persona 人物誌是什麼？4 步驟鎖定目標消費者 🎯【免費模板使用】〉，《learning Hub》，2024 年 4 月 18 日，＜ https://www.hububble.co/blog/persona＞。

定偏好,最終形成將「對(特定)的內容」傳遞給「對(特定)的人」,最終造成在最節省成本卻最有效率的情況下「培養顧客忠誠度(始終被特定訊息吸引)」的結果,使被攻擊的特定群眾或個人始終信服特定訊息的內容,且切斷接觸其他多元意見的管道,在媒體識讀領域中,就可輕易的以認知偏誤(Confirmation Bias)概念角度予以解釋:只不斷的依據自身的既有認知找尋更強力的支持證據,以進一步支持確認自身的既有認知,卻忽視、拒絕與自己認知相違背的證據或訊息,[22]更因此形成互為因果關係的循環,如圖 5-2:

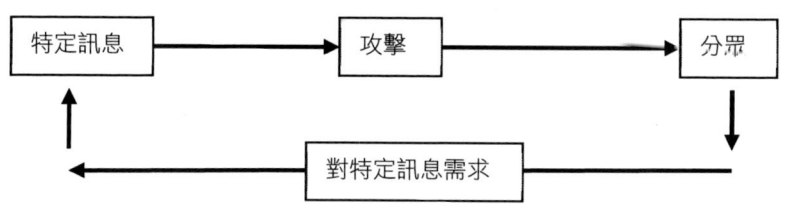

```
特定訊息 ──→ 攻擊 ──→ 分眾
   ↑                        │
   └──── 對特定訊息需求 ←────┘
```

圖 5-2 分眾攻擊訊息與被攻擊群眾互為因果關係圖

資料來源:作者自行繪製

依此,分眾攻擊與強化分眾攻擊互為因果關係,並進一步造成目標群眾分化,被分化的群眾又因意識形態、價值觀等相似形成的同溫層,回頭要求與其認知相同的訊息,而形成高強忠誠度的結果,社會的極化因此被鞏固可以想像;若運用更細緻的方式分割群眾,更多的特定群眾或個人被從群眾中分離出來,則必然出現更多的分眾,那麼對於認知戰攻擊者而言,就可更易且可更有效率的進行攻擊。

---

[22] Bettina J. Casad, J.E. Luebering, "confirmation bias," *Britannica*, 2025/2/11, 〈 https://www.britannica.com/science/confirmation-bias 〉.

第三節　回聲室（同溫層）效應

依前述推論，分眾攻擊顯然已成為認知戰攻擊的重點方法。廣告學定義稱：「廣告有廣義和狹義之別。廣義的廣告是指所有的廣告活動，凡是溝通訊息和促進認知的傳播活動均包含在內。而狹義的廣告是指商業活動」，[23]依此定義，認知戰的訊息傳播改變被訊息攻擊者的認知並改變其言行，顯然也在廣告學的廣義範疇中，其過程就是引發關注、使受影響而行動，如圖 5-3。

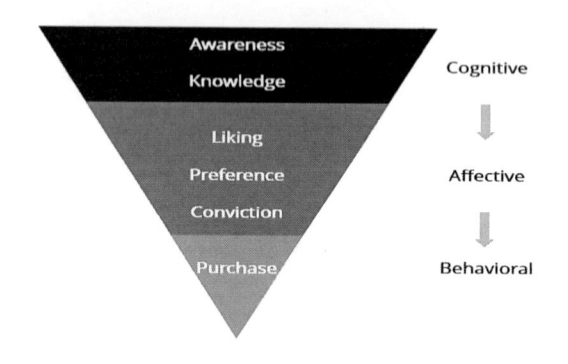

圖 5-3　分層行銷效果

資料來源：CFI Team, "Hierarchy of Effects--A theory that discusses the impact of advertising on customers' decision-making on purchasing certain products and brands," *CFI*, ⟨ https://corporatefinanceinstitute.com/resources/management/hierarchy-of-effects/ ⟩。

再就廣告 6C、SMCRE 傳播模式、廣告效果階層、廣告的效果等角度看待認知戰分眾攻擊，更能掌握其中的巧妙。依據廣告學 6C 的觀點，認為 6C 內容包含：

---

[23] 艾進主編，《廣告學》（臺北市：元華文創，2015），頁 2。

- **Constraints 限制：**
　在法律規範、社會倫理、金錢……等等的限制下，如何以最少的成本達到最大的效果？
- **Consumers 消費者／閱聽眾（Insight of Consumer）／Target：**
　希望接受訊息的目標對象是誰？對於這些目標要採用哪些方案才有效？
- **Channel 通路（用什麼媒體？）、Creative 創意**
　確定目標對象後，要用哪些媒體才能接觸到最多的目標？要用怎麼樣的創意，才能讓廣告被注意、讓消費者做出行動？對廣告而言，此為創意表現的重要工具。
- **Communication 傳播溝通、Campaigns 活動宣傳**
　透過媒體的傳播後，消費者接收、理解廣告主要傳達的訊息，接續要策略引導、持續的、動態與整合的廣告活動，以加深消費者的印象與行動動機。而廣告是一個持續的活動，[24]絕不稍加放鬆。

　6C 的運用，當然是在追求最低廣告成本與最大廣告效益，在網路時代更應注意，對於分眾散播特定訊息必須以內容吸引特定群眾注意（Attention、Interest），並因此讓其被訊息感動而主動尋找訊息（Search），依訊息指示行動（行動／敦促購買，Action），還要協助推波助瀾（Share），此為分眾傳播的最核心理念，整理如下：

---

[24] allen365，〈廣告 6C、SMCRE 傳播模式、廣告效果階層、廣告的效果、臺灣廣告現況、各類案例–廣告心理學筆記〉，《第二顆艾倫蘋果》，2016 年 3 月 8 日，< https://allen365.wordpress.com/2016/03/08/ad-key-point-2/ > 。

> AISAS（因網路時代而演變出）=Attention（吸引注意）、Interest（引發興趣）、Search（搜尋）、Action（行動／敦促購買）、Share（分享）。[25]

不論廣告學或社會分歧觀點，都著重在分眾傳播，以產生特定的效果。

以認知戰觀點，所有分眾傳播（攻擊）的起點，就是在認知戰中，隱藏來源與目地的訊息投放，進而產生回聲室（Echo Chambers）或稱同溫層效應以達到效果，其過程是：「依據演算法讓消費者接觸到他們已經同意和相信的資訊。在回聲室中，參與者主要暴露於意識形態群體中強化了自我的想法」。

實際案例如，認為「地球是平的」當代地平論信仰者，抵制那些試圖用科學取代他們宗教傳統的人；支持者認為科學家是「巫醫，他們製造了一個巨大的騙局，用科學取代宗教」。在1990年代中期，這個組織招募有3,500名會員，至2010年代，地平論團體因YouTube而發展壯大，經過濾篩檢，研究者發現有122個YouTube頻道專事宣揚地平論者理念，截至2021年7月，這122個頻道擁有4,002,680名訂閱者和744,708,718次觀看次數。截至2021年7月，其所提供的178個影片的觀看次數為44,552,330次。這些影片激起支持者對否定地平論者的怨恨，支持者按照其確信的內在邏輯和假設來構建地平敘述（支持其論述的力量包含「因為聖經是這樣說的」、「因為對手密謀隱藏真相」，以及主觀認定的「因

---

[25] allen365，〈廣告6C、SMCRE傳播模式、廣告效果階層、廣告的效果、臺灣廣告現況、各類案例–廣告心理學筆記〉。

為我自己所見」等），這些影片鼓勵受眾在永無休止的爭論中選邊站隊，此過程強化了身分認同，而在這些爭辯中，反覆出現「抵制控制」的論述，其中包含稱「登月並非真實，而是某種陰謀」，或利用電影《駭客任務》中的「紅色藥丸」（才能擺脫虛妄假象）等隱喻，以及拒絕學校對兒童灌輸（地球是圓的知識），以保護兒童免受無神論者的侵害。[26]

又如「美國資助烏克蘭生物實驗室」的資訊操弄案例。在俄羅斯入侵烏克蘭初期，俄羅斯智庫戰略文化基金會就發布美方資助烏克蘭生物實驗室的消息。[27]該消息由俄羅斯國防部、外交部接力渲染，稱實驗室內有生化武器、致命病原體等，[28]而在 2022 年 3 月 7 日開始，中國大陸外交部與官媒接力大肆宣傳，甚至要求美方澄清。[29]華盛頓稱這是由俄羅斯發起的虛假和煽動性說法，被中共龐大的海外宣傳機構大力放大。美國資深外交官坎貝爾（Kurt Campbell），也於當（2022）年 7 月對美國參議院外交關係委員會表示，這是「明顯有效的俄羅斯和中國虛假訊息」，在發動資訊操弄的兩年後，這項說法仍在網路上引發反響，可見中共為重塑全球

---

[26] Carlos Diaz Ruiz, Tomas Nilsson, "Disinformation and Echo Chambers: How Disinformation Circulates on Social Media Through Identity-Driven Controversies," Journal of Public Policy & Marketing, Vol.42, Issue 1,《Sage Gournals》,< https://journals.sagepub.com/doi/full/10.1177/07439156221103852>.
[27] 〈烏克蘭生物武器話題發酵　中方重提德堡基地〉,《DW》, 2022 年 3 月 10 日,< https://reurl.cc/LIYYWe>。
[28] 〈報告：烏克蘭境內的美國生物實驗室〉,《俄羅斯衛星通訊社》, 2022 年 3 月 26 日,< https://big5.sputniknews.cn/20220326/1040313186.html>。
[29] 〈2022 年 3 月 8 日外交部發言人趙立堅主持例行記者會〉,《中華人民共和國外交部》, 2022 年 3 月 8 日< https://archive.ph/p7d https://www.fmprc.gov.cn/fyrbt_673021/jzhsl_673025/202203/t20220308_10649759.shtml>。

認知所投入的資源之巨大。[30]香港自由委員會基金會顧問桑特（Shannon Van Sant）強調：「操縱媒體最終就是操縱讀者和觀眾，正在損害民主和社會」。加州大學柏克萊分校資訊學院研究學者肖強則稱，除了官方媒體外，北京還求助於外國參與者傳遞訊息，以提昇中共敘述的可信度。而網路安全公司 Logically 分析，發現 1,200 個發布過俄羅斯或中國官媒報導的網站，通常針對「特定受眾」發送訊息，發布訊息的機關名稱看似傳統新聞機構或已關閉的報紙。為了講述自己的故事，北京也從不迴避使用虛假人物，這種案例比比皆是。[31]

這些案例，顯示虛假訊息於回聲室中，經由欺騙（Deception）、觀望（Obfuscation）、爭議（Controversy）、爭論（Argument）、識別作用（Identity Work）到虛假資訊透過認同驅動的文化戰爭，在社交媒體上傳播（disinformation circulates on social media through identity-driven culture wars），而不斷被放大的過程與可能的傷害，如圖 5-4：

---

[30] Amelia Thomson-DeVeaux, "In Global Game of Influence, China Turns to a Cheap and Effective Tool: Fake News," *U.S.News*, 2024/9/28, < https://www.usnews.com/news/politics/articles/2024-09-28/in-global-game-of-influence-china- turns-to-a-cheap-and-effective-tool-fake-news>.

[31] DeVeaux, "In Global Game of Influence, China Turns to a Cheap and Effective Tool: Fake News".

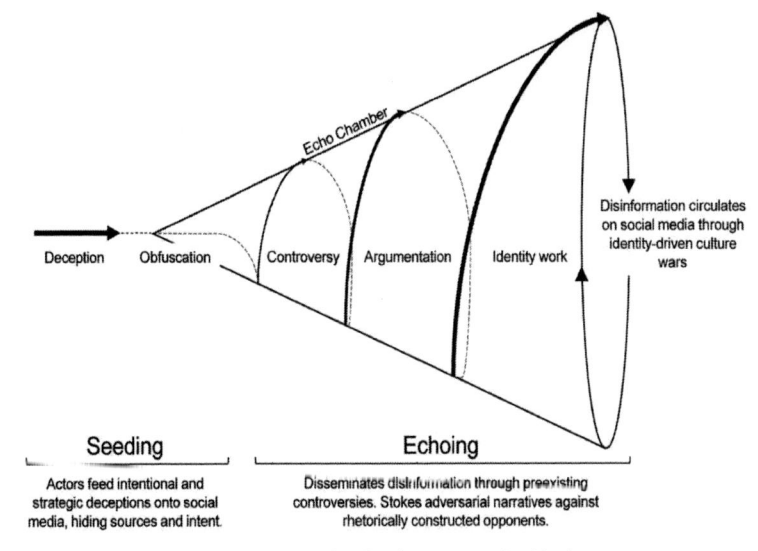

圖 5-4　回聲室（同溫層）效應

資料來源：Carlos Diaz Ruiz and Tomas Nilsson , "Disinformation and Echo Chambers: How Disinformation Circulates on Social Media Through Identity-Driven Controversies," Journal of Public Policy & Marketing, Vol.42, Issue 1,*Sage Gournals*, 〈 https://journals.sagepub.com/doi/full/10.1177/0743915622110 3852〉．

　　依前述論述，外加社會分歧的基礎，顯示只要於特定分眾中施放特定的訊息，經由各方的爭論進一步強化支持者的陣營，並因此擴大其影響，形成回聲（同溫層）效應，就可更進一步擴大影響；而這些支持者陣營顯然有其社會分歧的基礎。如前述案例中相信聖經為唯一的依據，拒絕科學論證者，或認定美國在烏克蘭有設立化學和生物實驗室之需要或可能者，在擴大影響後，又變成了更激烈的社會分歧力量，致使社會中諸多回聲室運作情景如圖 5-5：

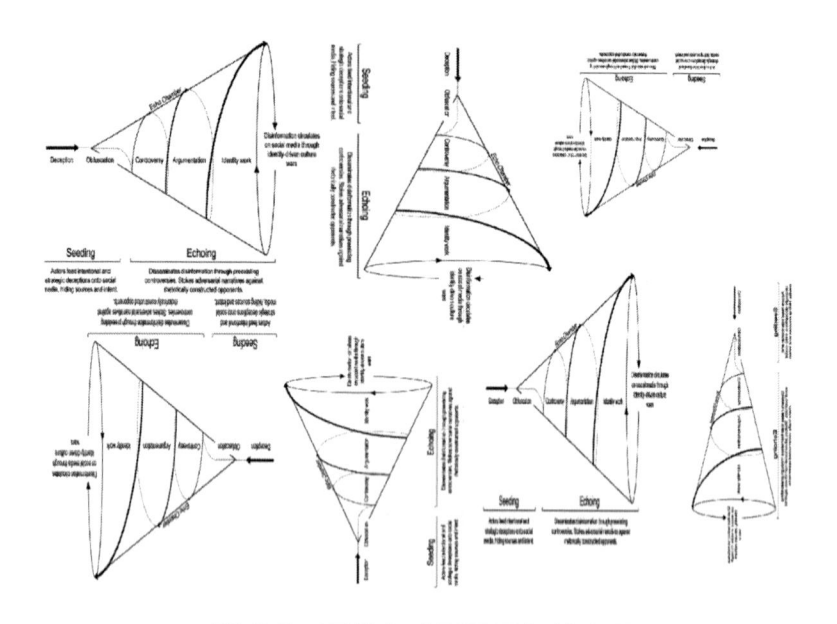

圖 5-5　回聲室（同溫層）林立圖

資料來源：根據圖 5-4 修訂而成

　　依此推論，在社會分歧的基礎上，認知戰的分眾攻擊，將使各社會呈現大大小小的回聲室（同溫層），真如中國大陸民諺「一人一把號、各吹各的調」情景，社會也因此由分歧而極化。依圖 5-5 進一步推論更可知，社會上各種回聲室（同溫層）並存，其中包含已被認知戰攻擊者所攻占，或被防守者所攻占的回聲室（同溫層），在認知戰攻防中，各方必將持續挹注對己有利訊息，相互拉鋸搶奪回聲室（同溫層）鞏固己方立場。

　　專事媒體識讀網路教育的 *GCFGlobal*，更進一步解釋「回聲室（同溫層）」效應稱：

　　在網際網路上，幾乎任何人都能透過社群媒體和無數新聞來

源，快速找到志同道合的人和觀點，這使得回聲室（同溫層）變得更多，也更容易陷入其中。網際網路更有一獨特的回聲室（同溫層），稱為過濾泡泡（Filter Bubble），係由追蹤參與者點選內容的演算法產生，網站使用這些演算法，提供參與者感興趣的內容，致使人們無法在網路上找到新的想法和觀點，[32]

　　各種論述的觀點，都導向面對認知戰訊息的分眾攻擊，若不予應處，都可能因分眾堅信某種認知戰訊息，在該訊息投放後，因回聲室（同溫層）效應，不僅讓各分眾堅定其信念，同時逐漸擴展成更多人相信的結果，縱使相信者無法遍及全社會，形成全社會僅有一個認知，但只要讓各分眾的認知偏差持續存在，並同時導向一個結果，如攻擊對手國制度必須推翻，或對手國只有投降方可改變現狀，縱使各分眾訴求不同，亦可收到分進合擊效果，使對發動認知戰攻擊的境外敵對勢力有利。

第四節　抗衡

　　雖然以真實的訊息快速回應認知戰訊息的攻擊，幾乎已經成為對抗認知戰的常識，實驗也證明，以各種不同訊息的呈現，就可以在某種程度上減低回聲室（同溫層）效應，減低社會進一步的極化，降低境外敵對勢力以分眾攻擊方式所造成的認知戰傷害。因此，有研究認為對抗同溫層效應的有效方法有：

---

[32] "What is an echo chamber?" *GCF Global*，< https://edu.gcfglobal.org/en/digital-media-literacy/what-is-an-echo-chamber/1/ >．

一、養成檢查多個新聞來源的習慣，以確保獲得完整、客觀的資訊。

二、與不同觀點的人互動，並注意用事實、耐心和尊重來討論新想法。

三、呼籲切記，自己期待成真的事情並不代表就是事實。[33]

　　這方法的基礎，是讓所有的人，尤其是身陷同溫層中的人，可以輕易地接觸到不同觀點的訊息，而可以讓各種訊息呈現的環境卻正是自由、法治與開放的民主社會的長處，因此，這再次證明透明的社會是防範認知戰攻擊的最好基礎。[34]但快速澄清亦可能無法擺脫另一個「睡眠者效應（Sleep Effect）」所強調，訊息來源是否可靠與訊息本身的說服能力，會依訊息的刺激強度，與被說服者對訊息的記憶能力及時間的長短，而產生被說服者忽視來源不可信，卻僅模糊記得其傳播內容，最終可能相信假訊息的困境。[35]換言之，澄清訊息的真假並不保證認知戰防禦成功，但不理會認知戰訊息的攻擊，其傷害卻更加無法避免。

　　因此，傳達真實訊息予每個分眾，顯然是防範分眾攻擊必須做出的回應，致使如何持續落實將透明訊息傳播至每個分眾，也變成攻守雙方所必須解決的核心問題。換言之，就是媒體的運用，持續有效的傳送特定訊息與特定分眾，變成認知戰分眾攻擊攻防的核

---

[33] "What is an echo chamber?".
[34] 劉文斌，習近平時期對臺認知戰作為與反制（新北市：法務部調查局，2023），頁259。
[35] G. Tarcan Kumkale and and Dolores Albarracín, "The Sleeper Effect in Persuasion: A Meta-Analytic Review," *PMC*, 2011/5/23, < https://www.ncbi.nlm.nih.gov/pmc/articles/PMC3100161/> .

心。而依廣告投放至成果展現的流程,如圖 5-6:

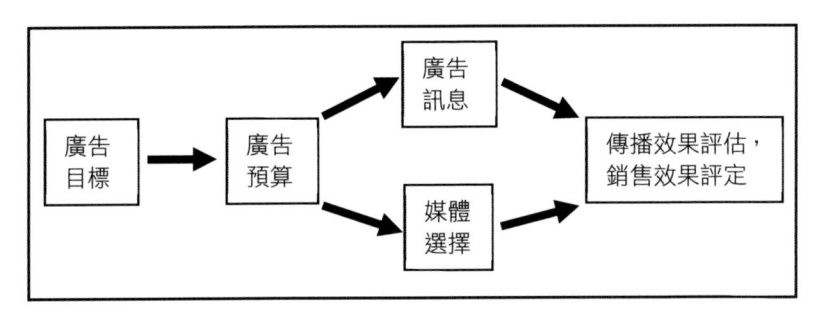

```
廣告目標 → 廣告預算 → 廣告訊息 / 媒體選擇 → 傳播效果評估,銷售效果評定
```

圖 5-6　廣告的流程

資料來源:艾進主編,《廣告學》(台北市:元華文創,2015),頁 22。

在整個廣告流程中,除訊息是否足以撼動目標群眾(認知戰的被攻擊者)外,若無中介媒體協助,亦難竟其功。所謂廣告媒體,包含如廣播、電視、報刊、雜誌等,沒有廣告媒體就無法傳遞相關訊息。[36]因此,對於媒體特性與可能達成的效果,都必須詳加檢視並選擇。甚至必須區別廣告對象的社經地位、教育背景……,才足以建構廣告的策略(formulating an advertisement campaigns)。[37]

而臺灣的媒體生態現狀,就是當前臺灣因應認知戰攻擊,尤其是分眾攻擊時,將真實訊息持續傳播予特定分眾之媒體選擇重要參考依據。

財團法人臺灣網路資訊中心所出版的《2022 台灣網路報告》顯示:「新聞媒體的電視仍是臺灣民眾獲得新聞的主要來源(占

---

[36] 艾進主編,《廣告學》,頁 23。
[37] Navin Kumar, *Media Psychology—Exploration and Application* (New York: Routledge, 2021), p. 175.

38.25％）」、「搜尋引擎或新聞入口網站第二（占 19.15％），社群媒體第三（占 14.13％）。即時通訊近年快速崛起（占 12.19％），緊追在社群媒體之後。影音內容整合網站 YouTube 則位居第五（占 7.01％）。新聞媒體數位轉型所經營的網站或應用程式（APP）（占 4.79％），雖然有一定成果，但仍落後於數位平臺」、「紙本報紙或雜誌，受到很大影響，僅占 1.77％。廣播最後，占 0.44％」。[38]至 2023 年的報告：「傳統新聞媒體的電視仍是臺灣民眾獲得新聞的首要來源，占 42.20％。數位平臺則分占第二、三、五、六名，分別是搜尋引擎或新聞入口網站（占 16.57％）、社群媒體（占 11.85％）、即時通訊（占 7.35％）、YouTube（占 7.03％）。傳統新聞媒體所經營的網站或 APP，及網路原生新聞媒體在臺灣興起，似乎隨著大眾對行動裝置（如手機、平板電腦）的熟悉而越來越多人使用，相較於 2022 年的 4.79％，大幅上升到 8.14％，超越即時通訊與 YouTube 而居第四名。傳統新聞媒體的紙本報紙或雜誌、廣播仍居最後，分別占 3.45％與 0.31％」。[39]這種數據的分布顯示，近年民眾獲得新聞的來源有 40.46％至 54.1％係透過傳統媒介（電視新聞與報紙、雜誌、廣播）獲得，[40]相對的就有 45.9％至 59.54％是透過各類的新型媒體所獲得。

為打擊虛假訊息的流傳，臺灣媒體亦仿效 Facebook、Twitter

---

[38] 台灣資訊社會研究學會，〈2022 台灣網路報告〉，頁 22，< https://report.twnic.tw/2022/assets/download/TWNIC_TaiwanInternetReport_2022_CH.pdf >。
[39] 台灣資訊社會研究學會，〈2023 台灣網路報告〉，頁 188，< https://report.twnic.tw/2023/assets/download/TWNIC_TaiwanInternetReport_2023_CH_all.pdf >。
[40] 2023 年，電視新聞、報紙、雜誌、廣播，及新聞媒體所經營的網站，占比 38.25％，1.77％，0.44％，合計 40.46％。2024 年電視新聞、報紙、雜誌、廣播，及新聞媒體所經營的網站，占比 42.20％，3.45％，0.31％，8.14％，合計 54.1％。

等社群平臺標示有問題的訊息,而前述《2023 台灣網路報告》卻顯示,臺灣的社群媒體使用者注意到警告標示的頻率很低,約有近一半的(47.07%)的社群媒體使用者表示他們從未見過,約三分之一(29.19%)表示僅是偶爾見到。卡方分析顯示,年輕人較常看到警告標示,特別是 18 至 29 歲區間的受訪者。男性、北北基居民、高學歷者較常會注意到警告標示。[41]

　　同一份報告亦顯示,臺灣約有近七成的社群媒體使用者(69.55%),表示社群媒體的訊息不太可信,僅有 23.79% 表示不同意,另有 5.1% 的民眾表示「普通」、1.23% 的民眾選擇「不知道」,顯示多數的臺灣民眾認為社群媒體上的訊息是有問題的。民眾對於這個議題的看法會因人口特徵而異,在年齡方面,雖然各年齡層對於訊息可信度的看法不同,但並非線性趨勢。例如,絕大多數 50 至 59 歲的民眾,都認為社群媒體上的訊息較不可信,回答「同意」與「非常同意」的比例分別為 56.9% 及 26.6%。然而,在 20 到 29 歲的年齡區間中,雖然有 34% 的受訪者不同意,卻也有 56.8% 表示「同意」或「非常同意」。在性別方面,回答「非常同意」的男性(25.2%)比女性(17.4%)多,但回答「同意」的女性(50.6%)比男性(46.5%)多。此外,也會因為不同居住地區和教育程度而有所差異。總體而言,超過四分之一的社群媒體使用者,竟對於訊息不抱持或僅抱持少數懷疑態度(對社群媒體訊息不可信問題,23.79% 表示不同意、5.1% 的民眾表示普通、1.23% 的民眾不知道),[42] 從認知戰角度而言,其散播特定虛假訊息的空間何其巨大。

---

[41] 台灣資訊社會研究學會,〈2023 台灣網路報告〉,頁 174-175。
[42] 台灣資訊社會研究學會,〈2023 台灣網路報告〉,頁 176-178。

更讓人驚駭的是 2023 年的調查報告顯示，對自己查證新聞真假的能力非常有信心的占 7.44%，有信心的占 33.50%。對自己查證新聞真假的能力一點信心都沒有的占 9.08%，沒有太大信心的占 39.26%。居於兩者之間的普通占 2.91%。另外，不知道占相當數量，為 6.36%；拒答則為 1.45%。與 2022 年不同，對自己查證新聞真假的能力有信心者（非常有信心與有信心），合計為 40.94%，被逆轉而低於沒有信心者。[43]換言之，超過一半民眾對於訊息的真假查證能力欠缺信心，這也使得假訊息的流傳無法在第一時間被絕大多數民眾判斷並阻止。

因科技的進步，使得全球認知戰攻擊社會各分眾的載臺多不勝數，如何反制成為重大問題。而在臺灣實地調查中顯現一般民眾自我防衛能力不足，因此必須藉由更具攻擊性的反制作為，協助分眾抵抗認知戰攻擊，尤其是依據前述各類民眾對新聞獲取媒體的調查，在協助分眾反制認知戰假訊息攻擊上，亦必須「掌握重點、照顧全般」，才能以有限的資源取得最大的成效；依據前述 2022、2023 年的調查資料顯示，有約近五成至六成的民眾仍是依賴電視新聞、報紙、雜誌、廣播等傳統媒體接收新聞訊息，致使化解各種認知戰攻擊的資訊傳播，亦不得不依賴傳統媒體，但另外四成至六成新聞傳播途徑亦無法忽視。

對於傳統媒體的掌握，以臺灣為例，尚有廣電三法，包括《廣播電視法》、《有線廣播電視法》及《衛星廣播電視法》，分別規範無線電視、有線系統及衛星播送信號的廣播或電視事業。而相較於廣播電視業者，平面媒體及網路媒體在我國並未設有專法管理，也

---

[43] 台灣資訊社會研究學會，〈2023 台灣網路報告〉，頁 201-202。

不需要特別取得許可執照。而網路媒體更是不同於廣播電視或平面媒體,我國至今沒有設置相對應的監理主管機關,若網路媒體內容不當,或行為違反法律,仍必須回歸一般《民法》、《刑法》或《兒童及少年福利與權益保障法》等相關法律進行處理,在實際執行面卻亂象紛陳。如選舉期間充斥的「假新聞」,如果沒有適當的監督機制,很可能會墮落成為政黨或財團的鬥爭工具,甚至有被境外敵對勢力吸收的情形。[44]而社群媒體不僅沒有如傳統媒體的把關,讓「過濾再播出」(filter-then-publish)的功能篩選新聞,而是使用「播出再過濾」(publish-then-filter)政策,且沒有專法予以管制,各方社群媒體平臺,更在營利的前提下,讓使用者更方便的進入其平臺製播各類節目,其隱憂可想而知。[45]縱使播出後再過濾下架,其傷害也已造成,致使,除傳統的廣播、電視、平面媒體外,其他約四成至六成的非傳統媒體如何管制大有問題,若加上同溫層效應、運算法操控等,更成為分眾攻擊的重要平臺。

非傳統媒體傳播內容,在事先無法可管的狀況下,於分眾攻擊中,以錯假害訊息透過這些非傳統媒體平臺攻擊特定群眾輕而易舉,這種錯假害訊息的傳播,又以「訊息瀑布」伴隨回聲室(同溫層)效應所引發的效果最被關注,但訊息瀑布理論卻也說明,在諸多真實訊息出現後,原先虛假訊息的論述很快就不被多數民眾接受;故有論者認為,必須在虛假訊息出現時,就儘快予以防治,其方法如表5-1。

---

[44] 劉時宇,〈無法可管的第四權?—談媒體監督機制與法規〉,《法律白話文運動》,2023年2月18日,< https://plainlaw.me/posts/mediaregulation> 。
[45] Thomas Poell, David Nieborg, *Brooke Erin Duffy, Platforms and Cultural Production* (UK: Polity Press, 2022), pp. 5-6.

表 5-1　虛假訊息回聲室（同溫層）效應的防制

階段	描述	傳播策略	描述	反假訊息的策略
第一階段：初始傳播	惡意行為者在社群媒體上進行策略性欺騙，隱藏來源和意圖的階段。	欺騙	惡意行為者故意在社群媒體上插入或傳播策略性欺騙行為。	• 揭露在社群媒體中插入欺騙行為的來源（標記）。 • 消除消息來源利用假資訊的能力（阻斷經費支持）。
		混淆	透過使其看起來合法來偽裝虛假資訊（例如假新聞）。	• 標記虛假資訊內容（標記）。 • 進行權威更正（事實檢查）。 • 最大限度地減少它們的流通（降低演算法顯示貼文的速度）。
		爭議	利用已有的爭議和其他「我們與他們」的對抗幻想。	• 不要以身分對立相互攻擊。爭取能被視為盟友和內部人士的發言人。 • 基於權威的更正和事實核查可能會適得其反，因為無法證明其認同是錯的。
第二階段：迴聲	透過將假訊息嵌入爭議和不可調和的怨恨中來傳播虛假訊息的階段。	論證	重新釐清「回聲室（同溫層）」的知識構成。	• 反駁必須來自消費者已經熟悉的知識論。 • 透過預先存在的邏輯和信念以辯論方式解決虛假訊息。
	它引發了無休止的辯論，將虛假資訊視為認同工作。	認同作為（identity work）	利用辯論來確定身分認同。	• 為信息受害者提供「退路」，讓他們從回聲室（同溫層）中撤出，而不會受到嘲笑。

資料來源：Carlos Diaz Ruiz, Tomas Nilsson, "Disinformation and Echo Chambers: How Disinformation Circulates on Social Media Through Identity-Driven Controversies," Journal of Public Policy & Marketing, Vol. 42, No. 1, *Sage Gournals*, < https://journals.sagepub.com/doi/full/10.1177/07439156221103852 >。

這些以快速傳遞真實訊息訊對抗假訊息的作為，在臺灣目前以電視新聞為訊息來源大宗的環境下，以電視傳送正確訊息為對抗認知戰訊息攻擊的傳播，搭配強化記者媒體素養，降低一開始報導錯假消息的機會，顯然是「掌握重點」的防治方式。但其他約四至六成的非傳統媒體，在未有專法管理的情況下，也似乎只能以最快的速度發送正確訊息，打造事實查核的回聲室效應，讓真實的狀況不斷的擴大宣傳與之對抗。[46]

國際上各國國情不同，反制方法異於臺灣可以理解，但以「掌握重點、照顧全般」方式，快速有效的打造真實訊息的回聲室（同溫層）應對，則可視為最有效率的全球反制通則。

第五節　結語

認知戰訊息的分眾攻擊，不斷以回聲室（同溫層）效應極化社會，最終形成以「分進合擊」之勢攻擊對手，企圖達成不戰而屈人之兵結果，幾乎已成為未來認知戰攻擊的重要態樣。

社會學名師瞿海源認為，近年來臺灣社會已朝多元化方向發展，社會經濟結構已逐步從傳統型態社會，發展為多元分殊型態的社會，隨著經濟持續發展，社會的多元化結構將愈益明顯。多元化實含有分殊化、聚合化、理性化、平權化及世俗化等特質。因此，多元化是一組複雜的社會變遷現象的組合，若想以單純的量化方式來測量變化顯然會過於簡化。而現代社會的分殊化直接意味著

---

[46] 戴皖文，〈打造事實查核的回音室〉，《媒體素養教育資源網首頁》，2022 年 4 月 11 日，< https://mlearn.moe.gov.tw/TopicArticle/PartData?key=10912 >。

專業化的趨勢。換言之，社會之所以有分殊化的現象，主要乃在於現代社會亟需專業化之人力，尤其是新開發之專業人才。在多元化的社會裡，人們不再屈從於傳統及獨斷的權威，他們傾向於以平等而被認定之權力從事互動。[47]

質言之，社會多元化就是社會分歧持續的保證，社會多元化因時空環境變遷並無停止跡象，故社會分歧亦將長期存在，在社會維持運作不解組（Disorganization）卻又分歧處處的狀態下，正是提供認知戰訊息分眾攻擊的溫床。臺灣如此，國際社會亦然。

認知戰訊息的攻擊，因為涉及太多主、客觀變數，因此，其效果大致可分為有效果、無效果及反效果三種，[48]但此三種大致的分類，卻面臨攻擊者利用分眾攻擊的狡猾迴避，換言之，某特定的訊息對一般大眾或許無效果，甚至反效果，但卻對特定的群眾具有效果，那麼該如何針對特定群眾進行防治，顯然是認知戰防守者的嚴肅問題。過去研究顯示，面對這些對特定對象的認知戰作為，引入防疫概念無法避免，此概念是將認知戰之訊息視為病毒，因其攻擊分眾與個人如總統、軍隊指揮官、經理人、電廠管理人、……等特性，猶如病毒攻擊特定器官，防守者必須瞭解各「器官」之特性，並了解各種病毒（訊息）對攻擊對象的化學機轉，製作防禦「疫苗」，提高防疫能力。[49]

---

[47] 瞿海源，〈「邁向多元化社會」系列專欄之一多元化社會的意義與問題〉，《瞿海源學術資源網》，< https://www2.ios.sinica.edu.tw/people/hyc/index.php?p=columnID&id=1172> 。

[48] 劉文斌，《習近平時期對臺認知作為與反制》，頁 239。

[49] Corneliu Bjola, Krysianna Papadakis, "Digital Propaganda, Counterpublics, and the Disruption of the Public Sphere,"in Timothy and Robert eds., *The World Information War* (Y.N.: Routledge, 2021), p. 191.

因此，應依據各可能被攻擊分眾需要，分別評估其可能受到攻擊的認知弱點，隨時以正確的媒體，在最快時間內投放正確的訊息予特定的分眾，使產生正確的回聲室（同溫層）效應，方能產生並提升各分眾的「免疫力」，同時在整個社會中，不斷創造更多的正確訊息回聲室（同溫層），驅逐認知戰攻擊者所占據的回聲室（同溫層），以防止對手「分進合擊」；而將真實訊息有效而不斷的傳送予需要的分眾，創造更多正確訊息的回聲室，甚至以設定某種社群平臺，提供各種不同意見交流，以對抗同溫層效應，亦有學者經實驗後認為可行。[50]面對無法避免的同溫層效應，如何依據心理學、傳播學、廣告學或其他相關學問予以破除，是值得研究的挑戰，顯然也是臺灣與國際社會未來面對認知戰攻擊所必須面對的另一個嚴肅問題。

---

[50] Chris Bail, *Breaking the Social Media Prism—How to Make Our Platforms Less Polarization* (New Jersey: Princeton University Press, 2021), pp. 124-126.

第六章　認知戰與孤狼恐攻*

恐怖攻擊是當代國際社會最特殊現象之一,而孤狼式恐怖攻擊(Lone Wolves Terrorism)是恐怖攻擊演化歷史中的第五次浪潮與形式(有研究認為,近代恐怖攻擊已發生不同型態與目的共四波,現在已進入第五波:第一波,19世紀末到20世紀初的無政府主義恐怖攻擊;第二波,1920年代開始的反殖民恐怖攻擊;第三波左派極端主義恐怖攻擊;第四波伊斯蘭教恐怖攻擊;現在是第五波透過網路聯繫的孤狼恐怖攻擊時代)[1],更是當前國際社會所承受最難防範、對社會與國家安全最具挑戰性的恐怖攻擊型態。國際社會幾乎所有安全單位與反恐專家,都意圖了解其形成過程並進行防範,但仍不時發生。恐怖分子的激化過程與特定的資訊傳播有密切關係,而認知戰之核心就是傳播特定資訊,若然,認知戰是否與孤狼恐怖攻擊有關?

這兩個原本不相干,但卻對人類社會極具危害的領域,在過去一直被區隔對待與應處,但在近年,因兩個領域研究的精進,尤其是認知戰研究領域的精進,發現此二領域竟然有著密切的關聯。

兩岸關係對峙的加劇,使臺灣面對不放棄黨的建設、武裝鬥爭與統一戰線為其革命三大法寶的中共挑戰更加嚴峻,縱使臺灣現有社會狀況,不易出現武裝鬥爭,但已在臺灣內部進行黨的建設無

---

* 本文以原刊登於警察大學《國土安全與國境管理學報》(Jurnal of Uomeland Security and Border Management),2025年6月,第43期,題目為〈認知戰與孤狼式恐怖攻擊〉一文改寫而成。
[1] Florian Hartleb, *Lone Wolves* (Switzerland: Springer, 2020), p. 13.

法排除，至於統一戰線的營建，則無時無刻不在進行，而統一戰線的營建與認知戰有密切關係已如前述；認知戰的攻擊與統一戰線的推動，都在以特定訊息改變受眾認知，致有帶動黨的建設可能，而黨的建設與統一戰線、認知戰的推動，至今雖未見衍生武裝鬥爭群體，卻也不排除可能激發個別激進者的盲動。

依此邏輯，若中共等境外敵對勢力基於政治目的，以認知戰散播特定訊息的手法，影響特定群眾或個人，從中挑起具有暴力傾向、反社會人格、仇視現有政治體制、反現狀……的個人（孤狼）或小團體（孤狼群），進行極其隱蔽、極難被外界偵知的孤狼或孤狼群恐怖攻擊，臺灣該如何應處？是本章的問題意識與探索核心。

第一節　孤狼特性

何謂認知戰？各國學者所下的定義並不周延，近年相對完整的歐盟 FIMI 說法，也無法區分國際間善意的訊息流通，甚至無法區分國際間的正常貿易行為，致使各方疲於奔命，而留給更多認知戰攻擊迴旋的空間，已如前述。

基於各方對於認知戰定義的混亂，筆者在彙整各方觀點後，提出認知戰的定義，其中強調「境外敵對勢力」、「為政治目的散播特定訊息攻擊特定群眾或個人」及「從中獲取政治利益」等元素，顯然較 FIMI 完整（請參閱第壹章）。

何謂恐怖主義？依據美國聯邦調查局（FBI）的定義認為：

一、國際恐怖主義：由個人或團體實施的暴力犯罪行為，這些個人和團體受到特定的外國恐怖組織或國家（國家

支援的）的煽動，或與之有關聯。

二、國內恐怖主義：由個人或團體實施的暴力犯罪行為，目的是推進源自國內影響的意識形態目標，如政治、宗教、社會、種族或環境性質等。[2]

在認知戰與恐怖主義兩定義下，境外敵對勢力，是否可能透過認知戰手法，對特定的個人或特定人群進行特定訊息的傳播，終使造成恐怖攻擊？尤其是防制恐怖攻擊中最難應處，含括國境內、外的個人孤狼式，或由少數人所組成的孤狼群式第五波恐怖攻擊，不僅是研究恐怖攻擊主義的新興領域，更是認知戰研究領域中不可或缺、亟待探研的領域。然而遍尋國內、外研究，縱使有研究認知戰者，近期如 Robin Burda 的"Cognitive Warfare as Part of Society: Never-Ending Battle for Minds"，[3]稍早期如 Timothy Clack 與 Robert Johnson 編的 The World Information War，[4] Alexander Kott 出版的 Battle of Cognition [5]等文獻，但卻沒有發現研究認知戰與孤狼恐攻關係者。

檢視對於孤狼式恐怖攻擊的當前研究傾向，發現 2021 年 3 月，在長時間與林林總總有關於孤狼式恐怖攻擊的學術研究，由 Jonathan Kenyona、Christopher Baker-Beallb 與 Jens Binderc 三位

---

[2] "Terrorism," *FBI*, ⟨ https://www.fbi.gov/investigate/terrorism ⟩.
[3] 請參閱 Robin Burda, Cognitive Warfare as Part of Society: Never-Ending Battle for Minds, 2023/6/6, HCSS, ⟨ https://hcss.nl/report/cognitive-warfare-as-part-of-society-never-ending-battle-for-minds/ ⟩.
[4] 請參閱 Timothy Clack, Robert Johnson ed(s), *The World Information War* (N.Y.: Routledge, 2021).
[5] 請參閱 Alexander Kott, *Battle of Cognition* (Westport: Praeger, 2007).

學者綜整歷年 109 份關鍵論文所研究發表的 "Lone-Actor Terrorism - A Systematic Literature Review" 一文，將過去各界對孤狼研究相關論文歸納出十大有關孤狼研究的主題：

一、如何定義及分類獨行恐怖主義（Theme 1: Ambiguity of lone-actor definitions and use of typologies）──這方面的研究對政府內部如何分工及調配資源尤其重要。

二、獨行恐攻者之多相性（Theme 2: Heterogeneity of lone-actor terrorists）──主要協助執法部門加快調查進度，務求盡早找出犯案者。

三、獨行恐攻者的人格障礙或精神健康問題（Theme 3: Presence of mental health issues or personality disorder）──把反恐的防控戰線，拉到公共衛生及社區參與政策的層面。

四、與其他個人模式犯罪的相似之處（Theme 4: Similarities with other lone offender types）──讓執法機關提高監控及偵測的能力，及早識別危機。

五、獨行恐攻者的動機及受哪些理念影響（Theme 5: Motivation driven by personal and ideological influences）──分析個人、家庭、社會、政治、宗教、文化因素之間的關係。

六、網際網路及社交網絡的影響（Theme 6: Increasing prominence of internet use）──研究目標往往旨在釐清科技企業及政府在反恐方面的角色和權責，以及未來如何透過人工智慧及大數據反恐。

七、獨行恐攻者與其他極端組織及社會運動之關係（Theme 7: Ties with other extremists, groups or wider movements）——這類研究經常質疑孤狼式恐攻是否真正存在，又往往認為以現有理論框架足以解釋獨行襲擊，其實是源於更宏觀因素。

八、獨行恐攻的規劃及準備過程（Theme 8: Attack planning and preparation）——透過教育市民理解這個過程，從而提高警惕，以促成全民監察系統。

九、培養出「孤狼」之基本條件及施襲前的導火線（Theme 9: Role of opportunity and triggers）——讓執法單位可採取針對性措施，以更符合成本效益的方式減低恐攻風險。

十、獨行恐攻前的徵兆及消息發布途徑（Theme 10: Tendency towards leakage/attack signalling）——建立長遠監察系統時必須注意的各種通訊及科技平臺。[6]

孤狼恐攻早在1920年代就已經出現，而1970-1980年代，並將之稱為「沒有領袖的抵抗（Leaderless Resistance）」、「自由恐怖主義（Freelance Terrorism）」、「流浪狗（Stray Dogs）」、「自主的恐怖細胞（Autonomous Terror Cell）」等。[7]「孤狼」一詞則是由英文

---

[6] 黃永，〈孤狼式恐襲研究十大課題〉，《信報》，2021年7月6日，< https://reurl.cc/0Kp3Qb >。Jonathan Kenyona1, Christopher Baker-Beallb, Jens Binderc, "Lone-Actor Terrorism - A Systematic Literature Review," *Studies in Conflict and Terrorism*, Vol. 46, No.10, pp. 2038-2065, *Bournemouth University*, < https://reurl.cc/yRrq0y >。

[7] 汪毓瑋，《恐怖主義威脅及反恐政策與作為》（上）（臺北市：元照出版公司，

「Lone Wolf」翻譯而來，孤狼一詞可追溯到白人至上的三K黨（Ku Klux Klan）成員湯姆－梅茨格（Tom Metzger），於90年代中期，在自己的網站上發表了「孤狼法則（laws for the lone wolf）」，其中寫道：「我為未來的戰爭做好了準備。當紅線被跨過⋯⋯我是地下戰鬥人員，而且是獨立的。我在你們的社區、學校、警察局、酒吧、咖啡館、購物中心等地，我是孤狼。」這個名詞及所代表的意義，很快被美國官方所使用並被民眾所了解。[8]進一步發展後，孤狼恐攻逐漸演變成指涉不受恐怖組織指派或協助的個人或小組，透過網際網路或其他途徑接觸到一些極端或恐怖主義的思想而被激化，並策動襲擊的行為態樣。孤狼恐攻的另一個特點是，「孤狼」被激化的過程極其隱蔽及地下化，平時難觀察其端倪，比傳統恐怖組織策劃的恐怖攻擊更難預防，也更加危險，[9]以美國為例，孤狼恐攻雖不是最常見的恐怖活動模式，卻是最易致命的恐怖攻擊手段：由2006年至2017年，美國98%因為恐怖攻擊而死亡者，皆來自獨行攻擊。[10] 911恐怖攻擊後，美國等西方國家陸續加強反恐措施，恐怖團體因具有具體組織與指揮體系，而易成被打擊目標，恐怖組織為求生存，轉以孤狼恐攻延續其恐怖攻擊威脅，孤狼恐攻遂成為新趨勢。[11]國際社會對於恐怖組織凱達（Al-Qaeda）的研究

2016），頁557-558。

[8] Hartleb, *Lone Wolves*, pp. 41, 43.

[9] 蕭景源，〈【特稿】假消息催生極端者 毒媒如另一劊子手〉，《文匯報》，2022年12月8日，< https://www.wenweipo.com/epaper/view/newsDetail/1600549806005161984.html > 。

[10] 黃永，〈孤狼式恐襲研究十大課題〉。

[11] Brian J. Phillips, "Deadlier in the U.S.? On Lone Wolves, Terrorist Groups, and Attack Lethality," in Terrorism and Political Violence (Online: Routledge), 29, 2017, p. 534.

就顯示，該組織為防止追緝，而改變原有的嚴密組織與發展模式，除僅保留少數領導人與部分恐怖分子小團體（cell）外，轉而大力鼓吹支持者，以自行發掘目標、自行決定時機，並以自我為武器發動攻擊（carry out terror on whatever you can find, whenever you can, using yourself as the weapon），[12]而形成孤狼恐攻；九一一事件後，美國司法部對於其境內的孤狼恐攻研究也發現，對 911 後的孤狼恐怖攻擊分子來說，傳統的與激進團體聯繫，已被非正式的虛擬社交網、一般市民工作場合（the civilian workplace）和大眾媒體所取代，且發現孤狼往往有將個人恩怨與政治恩怨結合現象。[13]

各方研究也呈現，孤狼與恐怖組織沒有緊密聯繫，但卻又無法排除接受恐怖主義團體的指導，或接受其各種訊息的藕斷絲連特性，[14]致使有部分研究者，就各方對孤狼恐攻描述提煉，分成三種足以標定孤狼恐攻的指標：

一、孤單的狀態，是個別執行還是有其他人介入；二、指導，是自我決定行動，抑或受到外部指導與控制；三、動機，是基於個人的報復，或是政治、社會、宗教等之其他原因，[15]而偏向個別、不受控制與非個人報復者就屬於孤狼恐攻。更有甚者，是將行動者與恐怖主義關係疏密、訊息交付與接受程度、負責行動人數的多寡，又細分為獨來獨往者（Loner）、孤狼（Lone Wolf）、孤狼群（Lone

---

[12] Gemma Edwards, *Social Movements and Protest* (New York: Cambridge University Press, 2014), p. 201.

[13] Mark S. Hamm, Ramon Spaaij, "Lone Wolf Terrorism in America: Using Knowledge of Radicalization Pathways to Forge Prevention Strategies," p. 7, OJP, 2015/2, < https://www.ojp.gov/pdffiles1/nij/grants/248691.pdf>.

[14] Phillips, "Deadlier in the U.S.? On Lone Wolves, Terrorist Groups, Attack Lethality," pp. 534-535.

[15] 汪毓瑋，《恐怖主義威脅及反恐政策與作為（上）》，頁 562-563。

Wolf Pack）及單獨攻擊者（Lone Attacker）等類型，[16]但都屬於孤狼恐攻的範疇。縱然在孤狼恐怖主義的分類上，學者專家從不同的角度，將孤狼恐怖分子分成多種類型，而研究凱達組織者稱，其中又以「孤狼群」特別值得一提。所謂「孤狼群」與「孤狼」的主要不同點在：他們是一群以凱達意識形態為依歸的小團體，但是，與凱達核心或凱達分支等恐怖組織並沒有正式的連接，行動時仍然是由他們自己一手策劃與執行，[17]雖然孤狼群人數較孤狼稍多，但其行動一樣具有極大的獨立性與主動性，其仍屬於孤狼恐怖攻擊的類型。

美國司法部的研究，則將孤狼恐攻者（Lone Wolf Terrorism）定義為：「單獨行動的個人；不屬於有組織的恐怖組織或網絡；行動者不受領導者或階級制度的直接影響；以及行動者的戰術和方法由個人構思和指導，沒有任何直接的外部命令或指導的政治暴力（Political Violence）實施者。」並舉證分析1940年至2013年間所發現的98個案例，符合此定義，[18]這個分析，使美國司法部對孤狼恐攻下的定義極具說服力。[19]換言之，任何以激進意識形態的單獨或少數幾人組成團體，與任何恐怖組織聯繫不強的恐怖攻

---

[16] 汪毓瑋，《恐怖主義威脅及反恐政策與作為（上）》，頁569-577。lone wolf，作者原譯為獨狼；lone wolf pack，作者原譯為獨狼群。
[17] 張福昌，〈恐怖主義在中國的發展〉，周繼祥主編，《中國大陸與非傳統安全》（臺北市：翰蘆圖書出版公司，2014）， 頁79。
[18] Hamm and Spaaij, "Lone Wolf Terrorism in America: Using Knowledge of Radicalization Pathways to Forge Prevention Strategies," p. 3.
[19] Hamm and Spaaij, "Lone Wolf Terrorism in America: Using Knowledge of Radicalization Pathways to Forge Prevention Strategies," p. 7. 根據此研究，其中一半以上的孤狼都擁護右翼或反政府意識形態，另民族主義運動，如美國白人至上主義運動，往往產生來自下層階級的恐怖分子，而宗教恐怖分子像凱達組織，則來自各個階層。

擊行動,都算是孤狼恐怖主義的類型,不侷限於與凱達恐怖組織有關連的恐怖行動。

臺灣學者在彙整各家定義後,將孤狼恐怖主義定義為:「非屬特定組織的個人,獨自或得到一兩人協助,針對特定標的或民眾聚集場所來使用暴力攻擊的行動,藉此達成個人的政治、社會、宗教或金融目的或是個人的意識或認知的信仰;並造成重大人員傷亡及設施的破壞」,[20]孤狼恐怖主義的類型雖包含:一、世俗型;二、宗教型;三、單一議題型;四、犯罪型;五、古怪型;六、榮譽需求型;七、英雄崇拜型;八、孤獨浪漫型;九、激進利他型等多類,但其成因不外乎:

一、意識形態因素:包括伊斯蘭基本教義派主義、白人至上主義,以及民主分離主義等。

二、政治因素:發動攻擊行動的主要目的是製造政治影響力,藉此發洩對政府的不滿,並希望能夠顛覆政權。

三、社會因素:現代社會存在的技術和經濟問題的壓迫,例如,綽號「大學炸彈客」的卡辛斯基(Theodore Kaczynski),於1978至1996年期間,發送了16個郵包炸彈,造成人員3死23傷,目的是為了改變現代社會的結構及其對技術的依賴。

四、心理因素:少數孤狼恐怖主義分子在實施恐怖襲擊之前,就存在著精神抑鬱、焦慮、失眠、難以集中精力等

---

[20] 洪銘德、張凱銘,〈臺灣孤狼恐怖主義之研究〉,《國會》(臺北市),第44卷第9期,2016年6月,頁12。

問題,例如,考普蘭(David Copeland)因患有精神分裂症,於 1999 年犯下倫敦爆炸案,導致 3 人死亡。

五、經濟因素:認為經濟困頓是受到政府政策失當所造成時,他們會因此發動攻擊行動。

六、個人不滿與道德仇恨(Personal Grievance and Moral Outrage):受到歷史、宗教或政治事件等綜合因素所造成的個人不滿,及道德仇恨所影響而採取攻擊行動。

七、無法成為極端主義團體的一分子(Failure to Affiliate with an Extremist Group):無法成為極端主義團體的一分子,會導致激進者成為孤狼恐怖主義分子;同時會因此而更進一步被孤立,且強化產生暴力是唯一選項的想法。

八、依賴網路上的虛擬社群(Dependence on the Virtual Community of the Internet):他們依賴網路上的虛擬社群,主動地透過社群媒體、聊天室、信件以及推特等來激進化自身的觀點。

九、追求職業目標的挫敗(The Thwarting of Occupational Goals):有些人因為經歷追求職業目標的挫敗,使得他們對於社會秩序的理想破滅,並因此成為孤狼恐怖主義分子。[21]

另如學者許華孚、吳吉裕 2015 年 10 月在《月旦期刊》發表的〈國際恐怖主義發展現況分析及其防制策略之芻議〉一文,所呈

---

[21] 洪銘德、張凱銘,〈臺灣孤狼恐怖主義之研究〉,頁 15-16。

現孤狼恐怖主義的五大特徵及其內外環境成因,也都不脫這些因素與類型範疇,如圖 6-1、6-2:

組織屬性:非屬特定恐怖組織成員
攻擊行動:屬個人或極少數人之獨立行為
行動指揮:非直接受命於特定恐怖組織之控制
行為動機:屬於泛政治性暴力犯罪
資金技術:非受制特定恐怖組織之援助

中心:典型孤狼式恐怖主義 五大特徵

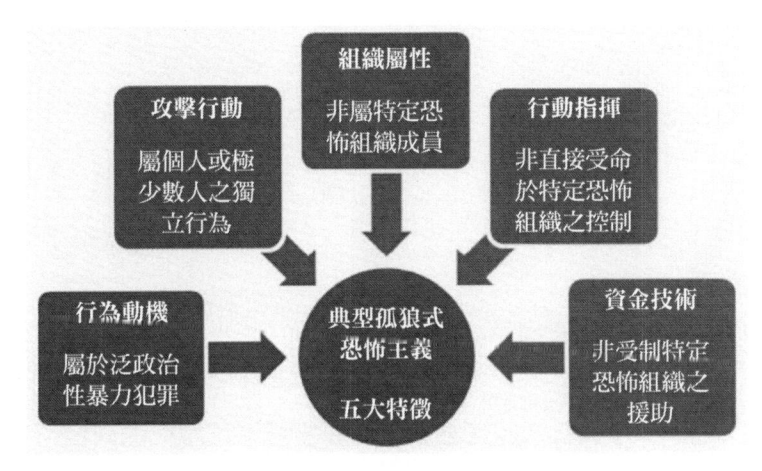

圖 6-1　孤狼恐怖主義的五大特徵

資料來源:許華孚、吳吉裕,〈國際恐怖主義發展現況分析及其防制策略之芻議〉,〈https://www.cprc.moj.gov.tw/media/8509/722116574469.pdf?mediaDL=true〉。

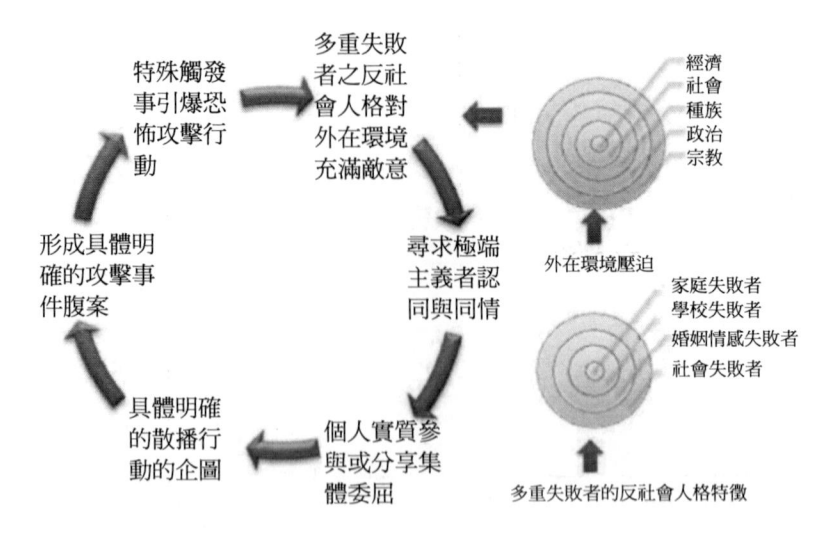

圖 6-2　孤狼式恐怖主義者犯罪生涯歷程型模的成因

資料來源：許華孚、吳吉裕，〈國際恐怖主義發展現況分析及其防制策略之芻議〉，
〈 https://www.cprc.moj.gov.tw/media/8509/722116574469.pdf?mediaDL=true 〉 。

但不幸的是，面對孤狼恐攻，各種學術研究，不論以心理、社會學、精神病學或其他學科觀點，都無法全面解釋其行為，[22]顯然，因為孤狼恐怖分子的各種人格特質、所處環境及時空的不同，使其成因不易定論。但若仔細閱讀孤狼恐攻的案例，扣除精神異常者外，絕大部分都無法脫離受到網路上所散播的「暴力激進化」（Violent Radicalization）思想影響所致的論述。[23]

另一方面，因孤狼恐攻與暴力犯罪，都呈現暴力犯罪的態樣，因此，又面臨孤狼恐攻與犯罪如何區別問題。換言之，單獨個人的

---

[22] 汪毓瑋，《恐怖主義威脅及反恐政策與作為（上）》，頁 587-596。
[23] 洪銘德、張凱銘，〈臺灣孤狼恐怖主義之研究〉，頁 16。

行為到底應該算是一般犯罪,還是特殊的恐怖主義,必須釐清。兩者之間有三個明顯的不同點:第一,一般犯罪的犯罪動機鮮少與宗教、分離主義、民族主義等意識形態有關聯,但孤狼恐攻者則常常受到這些意識形態的鼓舞而執行恐怖攻擊行動。第二,一般犯罪行為,除了政治謀殺案之外,皆少有政治目的,而孤狼恐怖攻擊分子的攻擊行動,通常都有很明顯的政治目的。第三,一般犯罪行為中,作案的人和被害者之間有熟識關係;但在孤狼恐怖攻擊分子與被傷害的人之間,通常沒有任何關係。[24]致使,孤狼恐攻與政治動機幾乎無法分離(縱使是肇因於宗教、分離主義、民族主義的意識形態亦難脫廣義的政治問題範疇),而根據前述美國司法部的定義,也將孤狼恐怖攻擊屬性歸類為「政治暴力實施」者,意指其意識形態上對於特定事物的仇視,很難以理性或感情的觀點預判其行為,而增高了其防不勝防的破壞性與危險性。孤狼恐攻在當前對國際社會的壓力可見一斑。

孤狼恐攻既然與政治問題脫離不了關係,那麼如何才能讓孤狼,認為「暴力激進化」思想是「為所當為」不是犯罪,偏激的政治意識形態是「政治正確」,且可以依循並進行孤狼恐攻,竟變成孤狼恐攻研究的重要關鍵。換言之,孤狼並不認為其恐怖行為是在犯罪。何以致之?尤其是涉及政治意識形態的「犯罪」,顯然又必須進行討論。

違反當地法律的言行,被視為犯罪是基本的認知,但隨著時空環境的改變,是否為犯罪行為則又有不同定義,因此,有學者將犯罪與否的行為關係製圖如下:

---

[24] 張福昌,〈恐怖主義在中國的發展〉,頁 79-80。

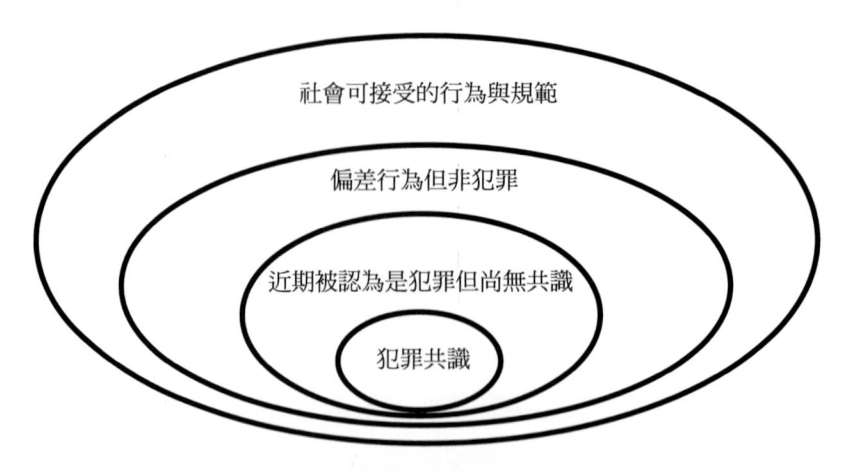

```
           社會可接受的行為與規範
              偏差行為但非犯罪
           近期被認為是犯罪但尚無共識
                 犯罪共識
```

圖 6-3　犯罪與非犯罪定義圖

資料來源：Ray Surette, Charles Otto, "The Media's Role in the Definition of Crime," in John Muncie ed., *Criminology—Volume (1) The Meaning of Crime* (London: SAGE Publications, 2006), pp. 299-300.

依據前圖作者蘇壘（Ray Surette）與奧圖（Charles Otto）的研究，甚麼是犯罪隨時空環境而不同，但因為一般人與罪犯的接觸不多，因此，判定是否為犯罪，變成極度依賴媒體給的定義，且隨著媒體技術的日新月異，媒體對於認定特定行為是否為犯罪的影響力將日益增加，[25]換言之，媒體報導可以在某種程度上影響人們對犯罪的認定標準，那麼孤狼恐攻是否為犯罪的報導或評斷，就具有舉足輕重的決定力量。若有特定媒體不斷傳播孤狼恐攻為政治上的「正義之舉」，並非犯罪，必將鼓勵激進者犯案。近年，大多數

---

[25] Ray Surette, Charles Otto, "The Media's Role in the Definition of Crime," in John Muncie ed., *Criminology—Volume (1) The Meaning of Crime* (London: SAGE Publications, 2006), pp. 310-311.

孤狼恐攻者均受網際網路或社交媒體散播的假消息和極端思想影響，變得自我激化，繼而萌生以極端暴力手段實踐其目標的惡念，[26]或因受所接觸的訊息影響，認為其所從事的暴力行為並非犯罪。尤其是前述美國司法部的研究，也證實 911 恐怖攻擊前的孤狼恐攻源頭為激進團體，犯案者過去與各該激進團體密切聯繫後脫離獨自犯案。而 911 事件後的源頭轉由非正式的線上社群網路、一般民眾工作場合，以及大眾媒體所取代已如前述，更證實以網路等訊息傳播，具有引發孤狼恐攻的可能。

　　孤狼恐怖主義分子的特徵，包含有：一、個人化的意識形態：具有濃厚的意識形態背景，孤狼恐怖分子通常會把極端意識形態與個人的失望、擔憂混合在一起，然後創造出一種個人化的意識形態，雖不易歸類但卻是「政治動機」與「個人動機」兩者的結合。受到某種意識形態的影響，孤狼恐怖主義分子逐漸增強社會責任感，並鼓起勇氣執行他所認為的保護社會之恐怖行動。二、有精神問題或無法融入社會問題。三、擁有良好教育與社會優勢：孤狼恐怖主義分子大多是受過高等教育的知識分子，且擁有不錯的經濟生活。由於受到不同動機或經歷暴力激進化過程的影響，導致他們說服自己必須採取暴力恐怖攻擊行動，為大多數民眾發聲或迫使政府改變某項政策。[27]如 2003 年轟動臺灣的白米炸彈客楊儒門，

---

[26] 蕭景源，〈【特稿】假消息催生極端者　毒媒如另一劊子手〉，2022 年 12 月 8 日，< https://www.wenweipo.com/epaper/view/newsDetail/160054980600 5161984.html> 。Young Voices, "The growing threat of lone-wolf terrorism," ORF, 2022/12/20, < https://www.orfonline.org/expert-speak/the-growing-threat-of-lone-wolf-terrorism> .

[27] 洪銘德、張凱銘，〈臺灣孤狼恐怖主義之研究〉，《國會》，第 44 卷第 9 期，2016 年 6 月，頁 16-17。

輿論認為「楊儒門會當炸彈客，動機全是為了農民，他關心農民」；[28]2011年7月22日發生在挪威首都奧斯陸市的爆炸事件，與數小時後發生在烏托亞島的槍擊事件，總共造成77人死亡的孤狼攻擊者安德斯貝林布雷維克（Anders Behring Breivik），就被伯明罕城市大學犯罪學教授戴維威爾遜（David Wilson）分析稱其動機是：「我猜他之所以惱火，是因為基督教原教旨主義極右翼的觀點認為，挪威開放的文化正受到移民的破壞」；[29]且美國司法部的研究也顯示，無論是孤狼還是有組織的恐怖分子，都視暴力為改變不公義制度的唯一選擇（For both lone wolves and organized terrorists, violence is considered the only alternative to an unjust system）。[30]依據認知戰定義所指涉的境外勢力與政治目的意涵，境外敵對勢力為達成認知戰效果，顯然必須美化其各類訴求（包含政治訴求）為「正義之舉」，極力觸發孤狼恐怖攻擊，顯而易見。

　　行文至此，已將認知戰的訊息傳播可以誘發孤狼式恐怖攻擊的關聯清楚地揭開，此兩個領域盼可受到各界更多的關注。

---

[28] 陳麗如，〈儒門特赦／「炸彈爭農權」　楊：任何事都要代價〉，《TVBS》，2007年6月22日，< https://news.tvbs.com.tw/local/320418 >。

[29] Jamie Doward, "Anders Behring Breivik: motives of a mass murderer," *The Guardian*, 2011/7/23,< https://www.theguardian.com/world/2011/jul/23/anders-behring-breivik-oslo-bombing >.

[30] Mark S. Hamm, Ramon Spaaij. "Lone Wolf Terrorism in America: Using Knowledge of Radicalization Pathways to Forge Prevention Strategies," p. 8, 2015/2, < https://www.ojp.gov/pdffiles1/nij/grants/248691.pdf >.

第二節　孤狼的成因

　　從認知戰的角度觀察，以特定訊息觸發孤狼恐怖攻擊，正符合認知戰定義中，對特定目標群眾或個人散發特定訊息，改變其認知並改變其言、行，尤其是以特定的訊息，促使特定的群眾（孤狼群）或個人（孤狼）發動暴力攻擊，製造混亂，分化社會，而使對認知戰發動者有利。認知戰發動者顯然不會輕縱觸發目標國度遭孤狼或孤狼群攻擊的機會，而認知戰防治者，則必須理解其運作方式與來龍去脈，方可進行有效反制。

　　有研究認為訊息對個人及團體的影響，可以下列兩圖展現：

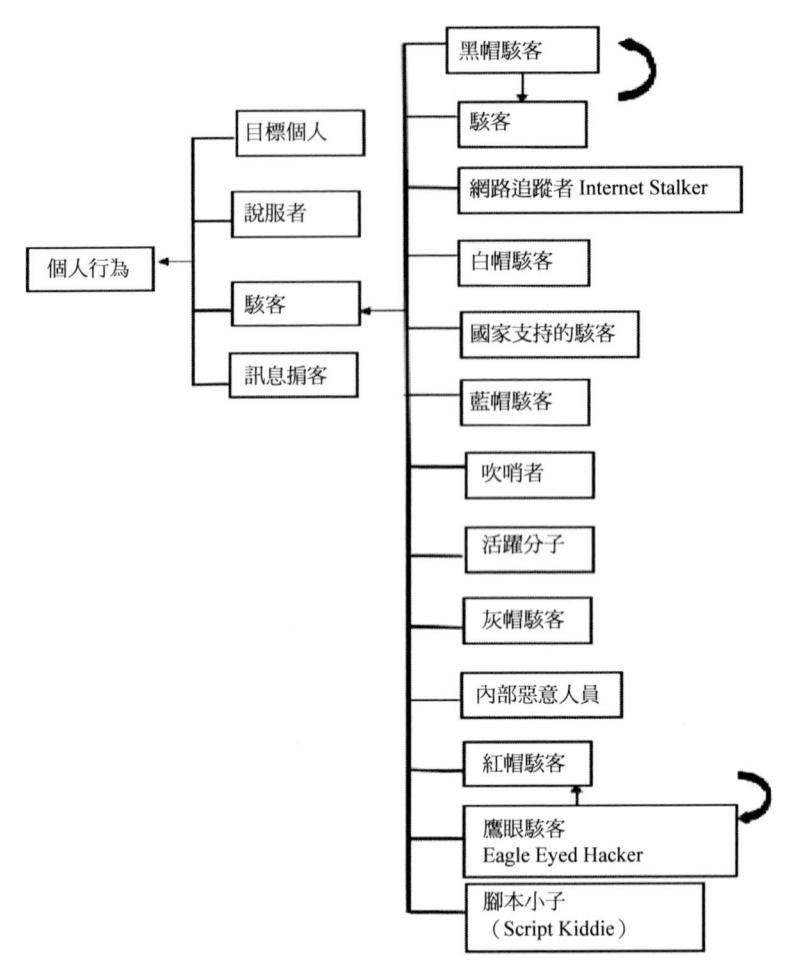

圖 6-4　影響個人行為的可能來源

資料來源：Dean S. Hartley, Kenneth O. Hobson, *Cognitive Superiority* (Switzerland: Springer, 2021), p. 96.

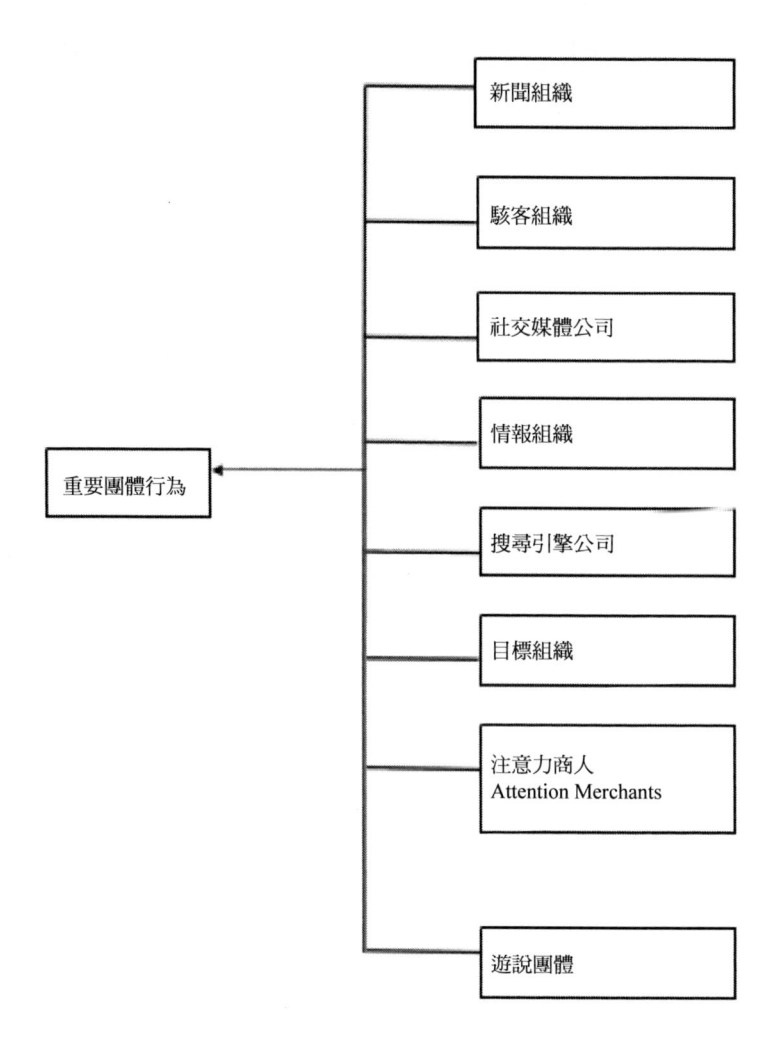

```
                              ┌─── 新聞組織
                              │
                              ├─── 駭客組織
                              │
                              ├─── 社交媒體公司
                              │
                              ├─── 情報組織
    重要團體行為 ◄─────────────┤
                              ├─── 搜尋引擎公司
                              │
                              ├─── 目標組織
                              │
                              ├─── 注意力商人
                              │    Attention Merchants
                              │
                              └─── 遊說團體
```

圖 6-5　影響團體行為的可能來源

資料來源：Dean S. Hartley, Kenneth O. Hobson, *Cognitive Superiority* (Switzerland: Springer, 2021), p. 96.

以上兩圖分別呈現個人與團體受影響而改變行為的各種可能來源，但在經驗上，訊息具有同時影響個人或群體特性，無法如此清楚區隔。但從這些訊息足以改變個人或團體行為的描述，卻可證明訊息既然可以改變個人或特定群體的行為，那麼特定的訊息就可能是促成特定的個人或群體變成孤狼或孤狼群恐怖攻擊的原因。

依據孤狼恐怖攻擊與政治目的有或多或少關聯的特性觀察，臺灣發生過的孤狼恐怖攻擊事件，可以確認並最受關注的有：

一、白米炸彈客（發生時間 2003-2004）

發生於 2003 年至 2004 年間的反自由貿易社運案件，當時臺灣加入世界貿易組織（WTO），因此開放稻米進口，對臺灣稻農的生計構成了短期但劇烈的衝擊，世代務農的楊儒門為此心生不滿，開始以一連串放置炸彈的激進方式，呼籲政府照顧農民。楊儒門也在放置炸彈期間，匿名投書媒體，除承認放置炸彈責任外，也表達「不要進口稻米」、「政府要照顧人民」的訴求。2004 年 11 月間楊儒門自首，最後被以非法製造炸彈、恐嚇等罪名起訴，後被判刑 5 年 10 個月，於 2006 年 2 月 17 日入獄服刑，[31]2007 年被總統特赦。

二、卡車衝撞總統府案（發生時間 2014/1/25）

係由張德正蓄意所為，犯案動機疑似因婚姻不和諧，遭前妻控

---

[31] 王德蓉，〈放 17 顆炸彈！「白米炸彈客」楊儒門獲扁特赦〉，《yahoo 新聞》，2024 年 5 月 17 日，< https://wooo.tw/2mQ2et9 >。

告家暴被判刑。2011 年底，因家暴官司纏身且對司法失望，兩度寫信向總統府陳情，但府方認為不宜干涉個案，委婉覆函僅提供法服機構聯繫方式，協助他保障自身權益。張德正於 2013 年 9 月，寫下以「臺灣的法官」為標題的網誌，控訴司法不公、對政府不滿：

「要想推翻一個爛政府，沒有激烈的動作是沒辦法的，小老百姓請加油，我沒辦法在大白天，車多人多時做這樣的事，所以我選擇一大早，我……好多次在那個地方研究很久。」張德正共涉及 6 項罪名遭訴。[32]

三、槍擊數位部案（發生時間 2024/3/28）

2024 年 3 月 28 日，張姓嫌犯持槍闖入數位發展部辦公室一樓，高喊反政府口號並開槍，造成該部本部大門與一樓牆面損毀。張嫌供稱是從事民宿業，因陸客來臺受限，害他賺不到錢，不滿政府作為，加上認為數發部亂花錢，所以開槍洩憤。[33]

而發生於 2013 年 4 月 12 日的律師胡宗賢指使朱亞東分別於高鐵及時任立委盧嘉辰服務處前置放炸彈案，胡宗賢自稱對社會不滿，企圖製造災難藉此操作放空期貨獲利，案發後，兩人潛逃中國大陸遭逮捕，被押解回臺，受審定讞，[34]此案是否有政治動機，各方多有懷疑；[35]另發生於 2014 年 5 月的鄭捷臺北捷運隨機殺人

---

[32] 〈砂石車司機張德正衝撞總統府事件總整理〉，《關鍵評論》，2014 年 2 月 16 日，< https://www.thenewslens.com/article/2052 >。

[33] 劉煥彥，〈政府機關首被槍擊！數發部驚傳男子對門開 3 槍、還想上樓進辦公室…兇嫌被捕為何犯案？〉，《今周刊》，2024 年 3 月 28 日，< https://www.businesstoday.com.tw/article/category/183027/post/202403280023/ >。

[34] 〈高鐵炸彈客　胡宗賢判刑 20 年定讞〉，《中央通訊社》，2016 年 1 月 27 日，< https://www.cna.com.tw/news/firstnews/201601270271.aspx >。

[35] 筆鋒，〈律師變炸彈客　台恐襲案迷離〉，《亞洲週刊》，2013 年 4 月 29 日，

案，承保臺北捷運的新光產險公司主張是恐怖攻擊，符合合約中的排除條款，拒賠 129 萬元醫療費用，但臺北地院一審認為，鄭捷的目的是宣洩情緒，而不是製造民眾恐慌，並不屬於恐怖攻擊，判新光產險必須賠償，新光產險則回應尊重判決，不再上訴；[36]與發生於 2024 年 5 月 21 日在臺中捷運洪姓嫌犯隨機砍人案，臺中地檢署檢察官偵查終結，認為被告洪姓男子涉犯刑法殺人未遂、恐嚇公眾等罪嫌，向臺灣臺中地方法院提起公訴，並請求法院從重量刑，[37]此三案均無確切孤狼恐怖攻擊的認定或證據，與前述三案具有極為濃重的政治認知傾向不同。被認定具有孤狼恐攻的前三案，所呈現的都是對於當時政治局勢的不滿，其不滿顯然是從各種訊息中發展出對於不照顧農民（白米炸彈客）、爛政府（衝撞總統府案）、爛政策（槍擊數位部案）的認知，遂觸發孤狼恐攻行動，不僅政治動機與孤狼攻擊有密切關連的特性在臺灣被各方接受，而不斷地受負面訊息感染，促使被感染的特定個人進行孤狼攻擊亦有跡可循。這些案例也再一次證明，孤狼恐怖攻擊者犯案動機與自我認定是抗議不公的「正義之舉」有密切關係。

　　各種各樣的對孤狼恐攻研究，都無可避免涉及孤狼逐漸激進，終至發動恐攻的過程，因孤狼的形態形形色色，其中觸發恐攻的理由，可能包括宗教、政治、經濟、文化、性別歧視……等等，不一

〈https://wooo.tw/c9ewZ46〉。孫曜樟，〈炸彈客狡詐　犯案前就為脫罪留退路〉，《ETtoday 新聞雲》，2013 年 4 月 18 日，〈https://www.ettoday.net/news/20130418/194146.htm〉。

[36] 〈鄭捷殺人非恐攻判賠　新光尊重不上訴〉，《yahoo 新聞》，2015 年 11 月 9 日，〈https://wooo.tw/qnypUYN〉。

[37] 歐陽夢萍，〈中捷隨機殺人案偵結　檢方依殺人未遂起訴並求處重刑〉，《中央廣播電台》，2024 年 6 月 26 日，〈https://www.rti.org.tw/news/view/id/2210931〉。

而足，且難以單一理由為孤狼攻擊的成因，[38]因此，對於其逐漸激化成孤狼的過程，就必須化繁為簡，甚至將其理論化，其中就以「浴缸模式」最為傳神與簡潔，浴缸模式認為：

孤狼恐怖攻擊的形成過程，類似於向一個容器（如浴缸）中注水，每種水源都代表著不同的群體和子群體的動機。而浴缸的上限，代表了孤狼自我控制能力的最高水準。[39]換言之，各種動機所代表的「水」聚集超越浴缸最高容量時，則外溢犯案。但注滿「浴缸」的時間卻長短不一，亦不排除突然就填滿，[40]此過程不僅是逐漸的累積，最終激發孤狼攻擊，更不可忽視某個特定的事物，如相機快門般的突然一閃（camera's shutter release），亦可激發孤狼攻擊。[41]

當然，恐怖攻擊是兩個主要變項的產物：（一）發動攻擊的動機和（二）施行攻擊的行動能力。實施攻擊的工具隨手可得，而若無動機，則一切恐怖攻擊都將不可能存在，[42]故動機，更精確的說，觸發動機的緣由從何而來，就變成面對孤狼恐怖攻擊的關鍵。

---

[38] Boaz Ganor, "Understanding the Motivations of "Lone Wolf" Terrorists: The "Bathtub" Model," *PERSPECTIVES ON TERRORISM*, Volume 15, 2021/4, p. 27, 〈 https://www.jstor.org/stable/27007294?seq=1〉.

[39] Ganor, "Understanding the Motivations of "Lone Wolf" Terrorists: The "Bathtub" Model," p. 23.

[40] Ganor, "Understanding the Motivations of "Lone Wolf" Terrorists: The "Bathtub" Model," p. 27.

[41] Hartleb, *Lone Wolves*, p. 48.

[42] Ganor, "Understanding the Motivations of "Lone Wolf" Terrorists: The "Bathtub" Model," p. 24.

第三節　社會氛圍型塑與孤狼

雖然，美國司法部將孤狼恐怖主義定義為「政治暴力實施者」，意指發動恐攻有政治目的，但其成因卻千奇百怪，從來就不限定於特定因素才會促成，只要有激發個人激進行為的因素，就有可能激發孤狼恐怖攻擊，因此，將此激發過程放入認知戰的脈絡中，就可推論出，若以激進的訊息激發目標國度內的個體，採行激進的手段攻擊而達成擾亂其既有社會秩序，甚至引發政治動盪，使發動者獲取政治利益，就算是認知戰攻擊中的勝利。基於此種合理的推論，中共的認知戰攻擊，顯然也不會輕易放過此種機會。其實際作為就是強力宣傳中共的好，及臺灣或其他對手國的壞。

顯然認知戰的目標極為明確，與常被外界混淆的宣傳並不相同，宣傳可以包含自身軟實力的展現，同時排除對他國的攻擊，相對的，認知戰則重在灌輸對象的壞，因此，宣傳的範疇比認知戰要寬廣，但宣傳卻也無法排除認知戰的可能成分夾雜。

對於「宣傳」的詮釋，紐約大學教授 Mark Crispin Miller 於 2005 年重刊愛德華・伯內斯（Edward Bernays）1955 年修訂的經典之作《宣傳學（Propaganda）》[43]導讀中，提綱挈領稱「宣傳是要讓對象依照宣傳的指示行事，且要被宣傳者不自覺的遵守（the propagandized do whatever he would have them do, exactly as he tells them to, and without knowing it）」，[44]雖短短數語，卻完全呈現「宣傳」在現代社會的重要性與弔詭性。當代的威權體制對於利用強力

---

[43] Edward Bernays, *Propaganda* (New York: Ig Publishing, 2005)，該書於 1928 年首次出版。
[44] Miller , "introduction," in Bernays, *Propaganda*, p. 20.

且全面的宣傳或教育以鞏固其執政合法性者所在多有，其中，北韓的金氏家族曲解歷史，甚至假造歷史，宣傳金日成的抗日史蹟，金正日、金正恩領導北韓抵抗隨時可能爆發的外國（尤指美國帝國主義）入侵；俄羅斯普丁強調二戰時俄國戰勝納粹的精神應該用於收復「納粹化的烏克蘭」，及習近平將中國對日抗戰由 8 年延伸為 14 年（目的將大陸東北地區的各種不具實力的反日行動也算成是中共領導的抗日行動，藉以稀釋蔣介石國民黨領導的抗日功勳），[45] 強調「抗美援朝」的長津湖戰役等等，目的就在壓迫人民屈從其史觀，絕不容許其他意見的出現，而習近平更認為對中國共產黨領袖、歷史地位、中國歷史人物，以及唯物史觀、社會主義制度等持否定的歷史虛無主義，[46] 應予以堅決反對，[47] 日久形成眾口鑠金、曾參殺人的社會氛圍，目的就在對內創造無人敢反抗氛圍，對外創造各方遵循其認知，甚至無人敢提出異議，以提高其政權合法

---

[45] 索菲，〈抗戰八年變十四年：中共修史壯威〉，《rfi》，2017 年 1 月 14 日，< https://reurl.cc/dn4NO6 >。

[46] 中共第一代、第二代領導人毛澤東和鄧小平都沒有明確提過歷史虛無主義問題。據中國知名歷史學者章立凡考證，中共現在這種特定意義的反歷史虛無主義始於 1989 年天安門事件，事件後不久，中共高層就明確提出必須反對歷史虛無主義。當年 12 月，中共第三代領導人江澤民提出，「資產階級自由化」導致「民族虛無主義」和「歷史虛無主義」泛濫，是搞亂黨內思想的因素之一。學界也普遍認為，這是作為中共最高領導人的總書記第一次明確提出反對歷史虛無主義。自那以後，凡是與中共正統史觀有出入的觀點，都隨時可能會被扣上虛無主義的帽子。2013 年 1 月 5 日，習近平在新進中央委員會委員學習貫徹十八大精神研討班上發表講話，將歷史虛無主義稱為前蘇聯解體的主要原因，還稱國內外敵對勢力「攻擊、醜化、污蔑」中共歷史，根本目的就是要推翻共產黨的領導。〈中共建黨百年：「虛無主義」陰影下剪不斷、理還亂的中共歷史〉，《BBC 中文》，2021 年 6 月 28 日，< https://www.bbc.com/zhongwen/trad/chinese-news-57581184 >。

[47] 請參閱：Katie Stallard, *Dancing on Bones* (New York: Oxford University Press, 2000).

性的效果。

個體在群體一致氛圍壓力下形成從眾效應（請參閱本書第參章相關論述），不敢於表達自身的異議，或在群體中學習模仿強化特定意見與特定行為，並視不同於團體的意見與行為是偏差行為的現象，使北韓、俄羅斯及中國大陸的前述作為，目的在其境內、外壓制對其政權質疑的聲浪就被凸顯。這種群體氛圍的出現對個人行為的影響，在諸多研究中呈現。臨床心理學家、心理健康從業者和社會心理學的研究顯示，群體對個人的影響有如下特性：

一、群體產生一致性

當人們在群體中，很容易遵守該群體的規範，是為「從眾」。透過「從眾」，個體表明願意成為團體的一員，從而增加團體保護個體的可能性。若從眾衝動過強，亦可能壓倒個體的判斷力，而隨團體做出明知錯誤的行為。

二、團體警察行為

團體經常使用排斥或威脅排斥，來迫使每個個體遵守團體的規範。使個體因害怕被排斥而「從眾」。

三、團體規範行為

大量研究發現，個體經常根據周圍人們的行為來決定自己該如何行動。

四、群體強化態度

個體加入一群體觀點相似的組織，個體的觀點可能會更加強

烈。社會科學家稱這種為「極化」（Polarization）現象，如具有相似政治觀點的人聚在一起，將使個體更加確定自己的觀點是正確的，並在團體中不斷被強化，而忽視其他不同意見。

五、領導者有所作為

大多數群體都有領導者，領導者可以帶領團體朝正向或負向表現，領導者，則利用團體的影響力推進社會的良善或邪惡。[48]

有論者整理 1950 年代著名社會學者布魯默（Herbert George Blumber），提出社會運動由個人的不滿，逐漸形成有組織的行動的幾個層次如下：

表 6-1　社會運動發展歷程表

社會運動的階段 stages in the career of a social movement	發動機制 mechanisms by which the development occurs
1. 社會不安（social unrest）	煽動（agitation）
2. 群眾騷動（popular excitement）	精神政變（development of esprit de corps）
3. 公式化（formulization）	團體士氣發展（development of group morale）
4. 制度化（institutionalization）	意識形態與策略發展（development of ideology and tactics）

資料來源：Gemma Edwards, *Social Movements and Protest* (New York: Cambridge University Press, 2014), p. 26.

---

[48] "Why Do People Act Differently in Groups Than They Do Alone?", *Walden University*, ＜ https://www.waldenu.edu/online-masters-programs/ms-in-psychology/resource/why-do-people-act-differently-in-groups-than-they-do-alone＞.

其中，1.社會不安階段在於鼓動人們對現狀不滿，讓原本安於現狀或接受不公平現狀的人們，驚覺於受到不公待遇，而感知道德衝擊（Moral Shock）。2.群眾騷動階段，凝聚騷動起來的人們，並形成共同目標，此一階段具有「精神政變」特質，其中又有三個重要步驟：

（1）標定共同敵人，同時展現對我群忠誠；
（2）建立團體中成員相互建立友情；
（3）發展出團體的儀式性活動，如開會、集會、遊行、示威，使成員對團體具有承諾，且可以共同追求更宏偉的目標。

3.公式化階段與 4.制度化階段，則是逐步成為有正式組織，具有自主的規矩、政策、信仰與策略，且必須維持這種團體「道德」與目標追求，為達此目的，自然必須發展出如宗教信仰般的政治意識形態（Political Ideology），讓追隨者形塑幾乎盲目的信仰。而維持行動的意識形態，更包含有「變革的必然性」、「無堅不摧的行動」、「神聖的理由」、「無可懷疑的目標」，[49] 目的就在由淺入深，激發社會運動氛圍，使參與者下堅定不移、向前奮進的決心。

換言之，不論是從宣傳或從認知戰的角度出發，讓目標對象長期瀰漫特定訊息，形成「從眾」氛圍，最終讓其中的個體不敢提出異議，以免違反「從眾」的壓力，更進一步，在「從眾」的氛圍中，可能觸發身在其中具有特定意識形態、心理異常或有各種不滿的個體進行激進的孤狼恐怖攻擊；筆者的研究也顯示，特定的訊息於特定情況中，可能讓受眾或個體難以做出理性的判斷，於短期內形

---

[49] Gemma Edwards, *Social Movements and Protest* (New York: Cambridge University Press, 2014), pp. 25-29.

成特定的行為，使社會遭受傷害，而呈現「認知突變（Cognitive Mutation）」現象，[50]已如前述。所有偏激訊息，讓個人或少數人浸於從眾氛圍中，或直接遭受激進訊息攻擊，不論長期進行攻擊或短期突擊，都有可能觸發孤狼恐怖攻擊，是面對孤狼攻擊不可忽視的關鍵。

第四節　遏止

改變特定個人的認知，從而改變其言行，是從認知戰角度研析孤狼恐攻的重要觀點，是為由外形塑的作為，但有部分社會學家認為，社會群體的集體行動，可形成裹脅（sanction）、激勵（selective incentives）的社會氛圍，使個人在理性的析辨後，仍相繼投入特定群體、支持其主張或從中獲取利益，[51]最終在此氛圍中，享用所帶來的利益；在對中共對臺認知戰研究中，也有學者研究認為，在享有利益後，會促使受眾轉為自發性地宣傳中共黨的政策和思想，而成為自發性的傳播者，[52]是為內部的自發行為。

以孤狼恐怖攻擊主要呈現個體暴力行為的特點看，若未達暴力攻擊則難謂孤狼恐怖攻擊，但從另一角度，若自發性的應和中共認知戰行為，並從中獲得實際的利益或精神上的滿足，則雖未達到恐怖攻擊的程度，但個體在特定氛圍中，引發自發性附和行為的特點，卻又正是特定訊息對特定個人可以觸發其孤狼恐怖攻擊事件

---

[50] Wen-Ping Liu, "The CNN Effect in Cognitive Warfare - Cognitive Mutation," *Defense Security Brief* (Taipei), Volume 13, Issue 1, 2024/3, pp. 9-18.
[51] Edwards, *Social Movements and Protest*, pp. 52-55.
[52] 陳穎萱，〈「2035 去台灣」？中共的病毒行銷〉，《國防安全研究院》，2021 年 11 月 29 日，＜https://indsr.org.tw/focus?typeid=15&uid=11&pid=221＞。

的反證，如長期在臺利用抖音發表武統臺灣言論終遭驅逐出境的陸配事件，就是意圖利用其在臺灣的特殊地位，以「愛國流量」從中帶貨或粉絲捐錢等方式獲利，就是明證，[53]在各種案例中，又以2024年臺灣總統大選期間的「疑美論」最具代表性。

專事假訊息查核的臺灣非政府組織「台灣資訊環境研究中心（IORG）」，對疑美論的研究，認為可將「疑美論」定義為認為「臺灣應遠離美國」或「臺美應保持距離」的不合理或帶有操弄特性論述集合，而疑美論的操作，是逐步將事態升高，從「不平等交換」到「掏空」，從「棄臺」到「毀臺」，充分反映中共宣傳戰術及策略目標優先順序。資料顯示，2021至2023年6月間，在84項疑美論述之中，44項係由在臺行為者發起。[54]84項論述，其中為中共發起或放大的論述有70項，[55]換言之，有過半的疑美論，竟然是由臺灣本土所產生，部分再經由中共加工利用，意圖造成臺美之間的分化。

而本書所定義的，認知戰必須與境外敵對勢力相關聯方被認可，那麼44項論述先起於臺灣本土，是自發性的反美式言論自由？還是遭受社會氛圍影響而觸發反美動機？

---

[53] 施郁韻，〈下一波限3/31前離境！陸配小微武統非真心話？老公現身吐內幕：只為賺錢〉，《三立新聞網》，2025年3月26日，<https://www.setn.com/News.aspx?NewsID=1629653>。徐全，〈愛國的亞亞，何以在中國成為過街老鼠〉，《Rti》，2025年3月26日，<https://insidechina.rti.org.tw/news/view/id/2243273>。〈中配網紅亞亞限制離境　武統言論遭炎上　靠社群賺政治紅利　流量經濟引起政治言論激化　娛樂糖衣包裝統戰訊息　粉絲也成為審查和統戰一環？〉，《yahoo新聞》，2025年3月25日，<https://reurl.cc/1K2kMW>。

[54] 游知澔，〈疑美論和它們的產地〉，《IORG》，2023年8月8日，2023年11月8日更新，<https://iorg.tw/a/us-skepticism-238>。

[55] 李佳穎，〈過半疑美論來自台灣　中共最愛說美國是「假朋友」〉，《yahoo新聞》，2023年9月24日，<https://reurl.cc/NQKv39>。

若依前述「社會群體的集體行動可形成裏脅（Sanction）、激勵（Selective Incentives）的社會氛圍，使個人在理性的析辨後，仍相繼投入特定群體、支持其主張或從中獲取利益，最終在此氛圍中，享受所帶來的利益等因素，促使受眾轉為自發性地宣傳黨的政策和思想，而成為自發性的傳播者」觀點，也無法排除是受社會疑美論氛圍影響，而自發性發動對美國的攻擊的可能。

這種現象，凸顯社會的特定氛圍將引發特定的個人行動，換言之，若社會氛圍被引導為激進反對現有社會秩序，可能引發孤狼恐怖攻擊當無疑義。

美國聯邦調查局對於恐怖攻擊型態的轉變，提出警告：

> 網際網路和社交媒體：國境內、外的暴力極端分子透過資訊平臺和線上圖片、視頻和出版物，在網際網路上廣泛開展活動。這些都為極端組織激進化和招募接受極端主義資訊的個人提供了便利。[56]凸顯隨著通訊產品的日新月異，今日社會中足以激發孤狼恐攻行為的材料、文章，隨便點擊即可獲得，並可隨手散播，而公開言論的野蠻化，也導致兇殘襲擊恐怖主義的孳生。[57]

由孤狼恐攻研究與案例推論，造成原因絕不脫離特定訊息對特定人員影響所致，而就特定的個體而言，政府有限的防制力量，顯然無法一一監控所有可能因特定訊息刺激而變成孤狼恐攻者，

---

[56] "Terrorism".
[57] Hartleb, *Lone Wolves*, pp. 150-151.

但對於訊息的掌控與防制，顯然比監控特定個人容易，然何種訊息會刺激特定個人引發孤狼式攻擊顯然亦不易辨識，但若是從「從眾」角度觀察，卻也可以發現大量特定的偏激訊息散播於社會，將是激發孤狼恐攻的前奏；以認知戰角度看，具有「境外敵對勢力發動」、「具有政治目的」、「引發後果對境外敵對勢力有利」等幾個面向，隨時偵測、隨時蒐集、隨時向大眾釋疑說明真相、關注群眾動態與民意走向，將對防治該等訊息傳播並減少孤狼攻擊有極大幫助。如，2023年10月初，以色列與哈瑪斯爆發衝突，哈瑪斯前領導人呼籲全球穆斯林走上街頭支持巴勒斯坦人，並將10月13日定為「聖戰日」（Day of Jihad），因此，包括美國紐約在內等主要城市，針對以哈衝突所引發的示威活動，加強警戒並部署更多警力，以防範任何暴力活動。時任聯邦調查局（FBI）局長雷伊（Chris Wray）於同年10月14日公開表示，FBI接獲的恐攻報告已經增加，並表示隨著以哈衝突擴大，美國國內恐攻威脅升高，呼籲民眾提防「孤狼攻擊者」（Lone Actors）的攻擊行動。[58]顯然FBI是從國際衝突事件中，發現可能引發孤狼恐怖攻擊的訊息，並要求所屬及全民提高警覺。

《孤狼（Lone Wolves）》一書開宗明義說：21世紀是孤狼恐怖攻擊的世紀，他們當前的政治動機是「在自家生成的（home-made, homegrown）」，這不能歸因於伊斯蘭教基本教義，而是極右派想推翻現有秩序，並根據他們自認為的標準建立新秩序，且是幾乎沒有組織、自發而難以預測的。[59]其實更精確的說法，應該不僅是極

---

[58] 俞仲慈，〈FBI：美國遭恐怖攻擊威脅升高　提防「孤狼攻擊者」〉，《聯合新聞網》，2023年10月16日，< https://udn.com/news/story/6813/7508353 >。
[59] Hartleb, Lone Wolves, p. v.

右派足以引發孤狼恐攻,而是所有極端意識形態都可能引發孤狼恐攻。

依據美國 911 恐攻前後的孤狼攻擊研究比較,認為各種因素促成孤狼恐怖攻擊的成形與出現如下圖:

```
個人與政治怨懟 (personal and political grievance)
  → 與線上同情者或激進團體聯繫 (Affinity with on line Symphatizers or Extremist Droup)
    → 逐漸激進 (Enable)
      → 抒發恐攻意向 (Broadcasting intent)
        → 觸發事件 (Triggering Event)
          → 恐怖主義 (Terrorism)
            → 個人與政治怨懟
```

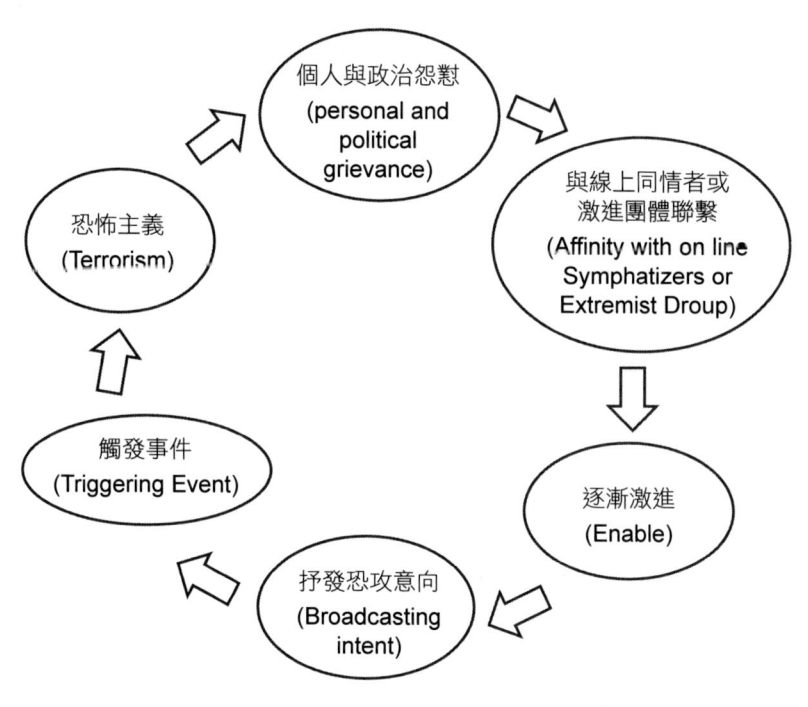

圖 6-6　孤狼恐怖攻擊的激進化模式

來源:Mark S. Hamm, Ramon Spaaij, "Lone Wolf Terrorism in America: Using Knowledge of Radicalization Pathways to Forge Prevention Strategies," p. 26, *OJP*, 2015/2, < https://www.ojp.gov/pdffiles1/nij/grants/248691.pdf> .

說明:由個人與政治怨懟,經由與網絡與同情激進團體的接觸、再經由推動者的鼓動、對外抒發恐攻意向(Broadcasting Intent)、觸發事件(Triggering Event)、執行恐怖行動(Terrorism)。

一連串的事件堆疊，促使孤狼恐怖主義者的認知日益激進，最終出現了恐怖主義攻擊，從其中的流程，明顯的看出，懷有特定的政治怨懟個體，在充滿怨懟的訊息環境中，極可能激化孤狼恐攻的意向，並訴諸行動，因此，遭受訊息的影響成為孤狼恐攻不可或缺的因素。也因此，對於特定訊息的掌握甚至制止，執法與情報機關實責無旁貸。

　　研究顯示，孤狼的形成，似乎無法脫離政治暴力因素的特質，[60]若中共利用臺灣依舊分裂的國家認同政治環境，以認知戰的手法散播特定訊息攻擊（影響）特定個人，使其成為孤狼，或攻擊（影響）特定群眾，使其成為孤狼群，並發動孤狼恐怖攻擊，其後果難以想像。這種推論的支持基礎，顯示在有相關研究結果認為，會成為極端主義者，緣起於其在社會中不被重視、無價值感、邊緣化、孤單等情緒，卻可在社群媒體中尋回這些價值，而這些極端主義者在社群媒體的「扭曲折射」（Prism）中，益增激進的兩個相互糾纏途徑是：

一、把極端思想逐漸視為正常，因為極端主義者與其他極端主義者交往密切，以致於認為其極端主義思想應為社會的普遍共識。

二、視不同觀點者為敵，在社群媒體中更容易恣意的極端攻擊，進而引發被攻擊者的恣意反擊，惡性循環無法避免。[61]

---

[60] Hartleb, *Lone Wolves*, p. 45.
[61] Chris Bail, *Breaking the Social Media Prism—How to Make Our Platforms Less Polarization* (New Jersey: Princeton University Press, 2021), pp. 66-67.

不論偏激訊息是造成全面氛圍的改變，讓其中個人或特定群體因從眾而激化，改變認知並進行恐攻，或偏激訊息直接攻擊個人或特定群體甚至形成同溫層效應使其激化，都具有足以引發孤狼或孤狼群攻擊的可能。

認知戰的定義無法排除「境外敵對勢力」與「為政治目的」兩項重要因素，而完全符合這兩項因素的中共，若對臺不斷發出認知戰的相關訊息，對特定群眾或個人展開一定程度的「洗腦」工作，甚至因此創造出臺灣整體社會的特定認知氛圍，則可能激化我國社會中諸多不滿政治、經濟、文化……等現狀者，在社群媒體中相互激盪後，最終引發孤狼恐攻事件，且可以預判的是，若面對這些認知戰訊息無法防微杜漸，則自發性孤狼恐攻將可能因此被觸發，對於整體社會的安全威脅將防不勝防。

第五節　結語

縱使有論者認為，比較全球孤狼恐攻事件，在亞洲除俄羅斯外，數量相對少，可能與文化特性如不強調個人主義等有關；縱使如此，在全球化過程中，西方價值觀與生活方式已廣泛侵入，[62]是否意味亞洲包含臺灣也將逐漸面臨孤狼恐攻增多的壓力？防範孤狼恐怖攻擊是即將面對的更嚴肅課題。面對此情勢，早有學者認為，臺灣形成孤狼恐攻的成因可以概分如下：

---

[62] Hartleb, *Lone Wolves*, p. 174.

一、外在的威脅

我國隨著國際化及多元化的發展，國際人士進出臺灣旅遊或短期工作的人數持續成長，其中可能隱藏著恐怖組織分子或思想極為偏差的激進分子，這些人士可能散播激進的思想，甚或從事破壞的活動。再者，兩岸持續政治與軍事對立，一旦兩岸關係緊張時，不無可能運用孤狼恐攻以進行破壞活動。

二、內部的隱憂

臺灣長期存在兩岸關係及國家認同議題。臺灣受到兩岸特殊關係的影響，國內一直處在統獨兩極的衝突中，一旦激進分子受到鼓動或個人思想過於偏激，將可能產生激烈的恐怖行動。[63]

由本章論述中發現，過去各自獨立的認知戰與孤狼恐攻竟然可有密切關聯，因此，在面對此兩領域的攻擊，就可合併考量加以防範甚至反制：

依據認知戰研究，訊息的傳播，必然經過特定節點，因此特定訊息的節點，如偏激社群媒體、特定訊息散播的在地協力者等，必須監控與偵辦，就成為防範孤狼恐攻的重要作為，也因必須防微杜漸，那麼對於認知戰中協助境外敵對勢力（尤指中共）的節點進行防範甚至消除，就必須越早越好。換言之，如何運用認知戰的理論、技巧與知識，[64]阻斷足以煽動孤狼恐攻的訊息傳播（如 2025 年初，因驅逐鼓吹武統臺灣陸配所引發輿論對「仇恨言論阻絕法」

---

[63] 邱吉鶴，〈獨狼式恐怖主義興起與因應策略之探討〉，《健行學報》，第三十五卷第二期，2015 年 4 月，第 91 頁。
[64] 請參閱，劉文斌，《習近平時期對臺認知戰作為與反制》一書。

的反思,討論以法律面阻斷這些足以引發仇恨的訊息傳播),[65]讓「浴缸的水位」不斷降低,將是減少孤狼恐攻的重要舉措。

　　反之,在攻勢認知戰的形態下,若我方也以友我節點,散播對我方有利訊息,廣傳對敵方不利的訊息,是我方面對中共認知戰可以思考的反制選項。

---

[65] 江玉敏,〈從國際案例看亞亞事件:仇恨言論或是叛國罪?言論自由的邊界問題〉,《聯合新聞網》,2025 年 3 月 26 日,< https://global.udn.com/global_vision/story/8663/8633745> 。

第七章　認知戰負面效果與因應
　　　　——傳播阻礙與訊息詮釋*

　　認知戰的基礎是訊息的傳送，並引發特定群眾或個人的特定反應，使認知戰發動者獲取政治利益，此特性貫穿於統戰、情報、反情報、認知突變、分眾攻擊到孤狼攻擊的激化等領域。

　　然訊息傳送過程因有無數障礙攔阻，及訊息傳送者與接收者的主、客觀因素作梗，使訊息能否被接收者精確理解，並做出認知戰訊息發送者所冀望的反應，早被各種理論證實不易達成。在認知戰過程中，為達成訊息儘可能既廣且深的影響特定群眾或個人，自然無法將所傳遞訊息完全封鎖，不讓非目標對象知悉，致使在訊息漫射（diffuse Reflection）、散射（Scattering）情況下，許多不在認知戰傳送攻擊目標範圍的對象（旁觀者），都可能接收到相關訊息，並進行有意、無意、善意、惡意……的詮釋，同時又將詮釋結果以訊息方式傳送給其他人，如此周而復始，使得必須綜合所有訊息詮釋結果，方能成為認知戰訊息發送後的最終結果，也因此提升了認知戰發動者達成目標的難度。

　　換言之，認知戰的執行，因訊息發動者、接收者及各方能接受到訊息者的詮釋後再發送，使認知戰的攻擊並非無往不利、所向披靡，除可能造成「殺敵一千自傷八百」結果，更可能因主、客觀及能接受到訊息的圍觀者情況不同，而變成「殺敵八百自傷一千」負

---

* 本文原刊登於：《南華社會科學論叢》期刊第 16 期，頁 69-94，題目名稱為〈認知戰負面效果與因應研究——傳播阻礙與詮釋〉，經增補資料改寫而成。

面效果，甚或更糟。

　　訊息傳播的受眾是否明確接收訊息、反應與否，其過程必然與受眾對訊息認知與所處環境等有密切關係，絕非如膝跳反射（Knee-jerk reflex）那麼直接與必然，[1] 因此，認知戰訊息傳送後可粗略分為：「有效果」、「無效果」與「反效果」三種結果，若然，負面效果如何出現？可能發生甚麼狀況？攻、守雙方又該如何進行「反反應」？此即本章的問題意識所在。

第一節　訊息詮釋中的傳播網絡

　　不論利用哪種方法影響對手的決斷使對己有利，其精髓都在改變對方的認知。為改變對手認知，就必須發送特定的訊息影響對手。而認知戰的核心當然就是訊息的傳播，以影響對手改變行為的過程與各種現象。[2]

　　何謂訊息（Information）？依據劍橋網路字典的解釋，訊息是指「情況、人物、事件的事實」（Facts about a Situation, Person, Event）。[3] 美國空軍將包含心理戰（Psychological Operations, PSYOP）、軍事欺敵（Military Deception）、作戰安全（Operations Security, OPSEC）、反情報、公共事務戰、反宣傳作戰、實體攻擊等支持性活動等統稱為「影響力行動」，其目的在影響對手領導人與群眾的認知、心理、意識形態與行為；智庫蘭德公司（RAND）則將「影

---

[1] 劉文斌，《習近平時期對臺認知戰作為與反制》（新北市：法務部調查局，2023），頁202。

[2] 劉文斌，《習近平時期對臺認知戰作為與反制》，頁19。

[3] "information," *Cambridge Dictionary*, < https://dictionary.cambridge.org/dictionary/english/information >.

響力行動」定義為「一國於平時、衝突時、後衝突時期,整合外交、資訊、軍事、經濟等力量,以形塑他國態度、行為及決策,並增進國家利益的活動」。[4]

若然,則影響對手的訊息包羅萬象,早已跳脫傳統上的文字、聲音、影片等認知,進而蛻變成包含姿態(如倨傲、謙虛)、表情、語調(嚴厲或溫和)、行動(軍演或外交結盟)……等意思表達,致使訊息變成無所不包的意思傳達。這種對訊息已跳脫傳統文字、聲音、影片等的認知,不僅逐漸被認知戰研究領域所關注,其實際效果亦正被各方更進一步研究中。

對於社會網絡的研究,早被社會學、心理學界等學科所重視,這種社會網絡圖,確實有助於人們對社會上個體與個體間關係的理解,依據圖 1-3 顯示大節點有許多小節點依附的情景。節點不僅是代表訊息傳播的中心,更依據其大小,代表對其他追隨者的影響力大小,而點與點之間的線條粗細長短,則代表著不同的訊息流量與傳播遠近。[5]以圖 1-3 為基礎的研究,若將其逐漸擴大,將會發現整個社會網路的聯繫如天羅地網般籠罩整個社會、甚至全球人類社會,呈現人類社會關係網絡如圖 7-1,其中又有兩個重要特徵,一是連結的平均長度,二是集群節點在一起的緊密程度:

---

[4] 林柏州,〈從美國《2019 年中國軍力報告》觀察中國影響力作戰的意涵〉,《國防安全研究院》,2019 年 5 月 27 日,< https://indsr.org.tw/respublicationcon?uid=12&resid=703&pid=2551> 。

[5] Martin Buoncristiani, Patricia Buoncristiani, "A Network Model of Knowledge Acquisition," *ResearchGate*, < file:///C:/Users/m22205/Downloads/A_Network_Model_of_Knowledge_Acquisition%20(3).pdf>.

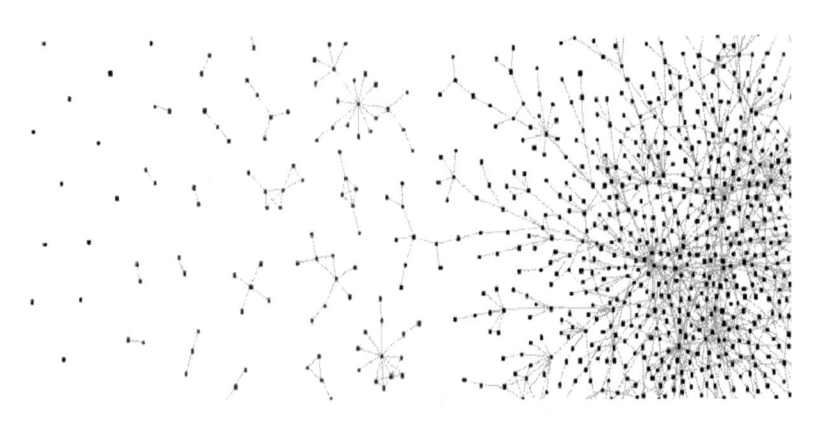

圖 7-1　疏密不同的社會網絡分布

資料來源：Martin Buoncristiani, Patricia Buoncristiani, "A Network Model of Knowledge Acquisition,"ResearchGate, 〈 file:///C:/Users/m22205/Downloads/A_Network_Model_of_Knowledge_Acquisition%20（3）.pdf〉.

由圖 7-1 所顯示的狀況，表示社會中除極少數離群索居者外，幾乎每一個個體都被訊息網絡所包含，換言之，社會上任何人都會接受到從各種不同來源的訊息，而為理解所接收到的訊息都必須進行詮釋，以判斷所接收訊息的真假、有用或無用，並做為下一步行動的參考。若將訊息傳遞中的點與點間的聯繫成為分析單元，則可更清晰的看出訊息傳播的各種現象，將更有利於我們理解訊息的傳播與影響，而其中就涉及訊息傳播的阻礙及訊息被如何詮釋與理解的問題，也因此，點與點之間訊息傳播的阻礙問題，與訊息傳抵對象後受各種干擾對訊息的詮釋問題，就成為認知戰訊息傳播是獲得正效果、反效果與無效果的重要決定因素之一。也因此，本章將聚焦「訊息傳播阻礙」所造成的「各方詮釋攻防與因應」為探討軸心。

第二節　訊息傳播阻礙

　　對於訊息的傳播與理解，在過往的溝通理論中，早就被心理學家關注，有關溝通理解的論述不勝枚舉，甚至認為早在德國哲學家康德（Immanuel Kant, 1724-1804）時代就認為詮釋訊息是了解訊息的基礎，後經多個世代心理學家的研究，所關注的都集中在對於訊息的理解，不僅與訊息接受者所處環境有關，更與過去經歷有關，致使訊息接收者對於訊息的詮釋與理解，是現在環境與過去經歷影響下的總體表現。而傳播訊息的媒體效果，也被受眾過去經驗、信仰體系（belief system）、文化觀點（culture aspect）、不同的年齡、性別、過往經驗、人格特性、個別差異及媒體所傳達訊息的態樣、感情、可辨認的事實等深深影響。[6]以研究中小企業對於能源效率提升問題為例，研究者就坦率綜合各家之言，認為中小企業能否節省能源，其中相關知識溝通至關重要，必須應用相關知識的傳遞才能達成，並認為知識是經驗、價值觀、背景資訊和專家見解的流動組合。知識並不是一成不變地在發送者和接收者之間「流動」。而是需要各相關者之間以對話的形式進行社會互動。而知識應被視為由兩部分組成：顯性知識和隱性知識。顯性知識也被稱為訊息，通常在報告或文件中，以正式的方式用文字和符號表達或編纂，很容易在參與者之間傳播，而隱性知識涉及適用於特定工作的技能和訣竅，因此，這類知識具有實踐性或邊做邊學的特點。更稱知識是動態的、相關的，並以人的行為為基礎；它取決於情境和環

---

[6] Navin Kumar, *Media Psychology—Exploration and Application* (New York: Routledge, 2021), pp.15-16, 218.

境，不是絕對真理或人工製品。當人們學習時，他們所處的環境是他們學習經歷中不可或缺的一部分，影響著所學到的東西。[7]

依此，訊息的傳遞與結果不能完全依賴有形的顯性知識，並單單依據顯性知識就判定訊息接收者可能的反應，而是必須結合訊息接收者所具備的各種隱形知識對訊息進行詮釋，訊息接收者才能總結出該訊息最後的意識。換言之，就是訊息接收者在接收訊息後，必須依賴其已具有的知識基礎，對新接收的訊息進行詮釋，才得出該訊息的最終意思。

著名的協助工作媒合與職場發展的 Indeed 公司，也提出職場工作常見的溝通障礙問題，認為：

將資訊從一個地方、一個人或一個群體傳遞到另一個地方、另一個人或一個群體的行為稱為溝通。每一次溝通都有三個組成部分：發送者、資訊和接收者。無法完成真切的意思傳達，就形成溝通障礙，而過程中常見的溝通障礙有：

一、語言障礙：
因不同語言使用而產生的障礙。
二、心理障礙
指發送者或接收者的情緒。
三、物理障礙
任何阻礙有效溝通的實物或聲音都是物理障礙。如距離遠近、背景雜音等。

---

[7] 請參閱：Jenny Palm & Fredrik Backman, "Energy efficiency in SMEs: overcoming the communication barrier ," *Energy Efficiency*, 13, 2020, pp. 809–821.

四、文化障礙

不同的文化有自己傳達訊息的方式。除了語言之外,人們還依不同的文化使用不同的手勢和符號來傳達訊息。當這些手勢和符號成為溝通的一部分時,不同文化的接收者可能無法解讀訊息。同樣,也可能無法向發送者提供有意義的回饋,而可能進一步影響溝通。

五、組織障礙

組織內部的溝通是否順暢。

六、態度障礙

性格差異,如消極、積極等也可能妨礙有效溝通。

七、感知障礙

當人們對事物的認知與相互不同時,就會對雙方有效溝通造成障礙。

八、生理障礙

某些生理問題也會限制有效溝通。如聽力、語言疾病等。

九、缺乏信任

值得信賴,可以幫助他人相信你所傳達的資訊,反之則否。

十、工作場所衝突

雖然有些衝突是建設性的,但未解決的衝突會阻礙有效溝通。[8]

美國明尼蘇達大學改編自 2010 年出版商根據知識共享授權(CC BY-NC-SA)製作和發行的《管理原理》(Principles of Management)

---

[8] Indeed Editorial Team, "What Are Communication Barriers? (And Ways to Overcome Them)," *Indeed*, 2022/11/17, < https://ca.indeed.com/career-advice/career-development/communication-barriers >.

一書，在第十二章第四節「溝通障礙」中，開宗明義提及，「溝通可能比您想像的更具挑戰性。這些包括過濾、選擇性感知、資訊超載、情感脫節、缺乏來源熟悉度或可信度、工作場所八卦、語義、性別差異、發送者和接收者之間的含意差異以及有偏見的語言。」其重點顯示：

一、過濾（Filtering）

　　過濾是扭曲或隱藏訊息，尤其是壞消息，在管理學領域所稱的下屬對上級的訊息傳達中更為顯著。而個人在決定是否過濾訊息或傳遞訊息時可能使用的一些標準：
　　（一）過往經驗：過去發送此類訊息的人是否受到獎勵，或是否受到批評？
　　（二）知識、說話者的看法：接收者的直接上級是否明確表示「沒有消息就是好消息」？
　　（三）情緒狀態、對主題的參與、注意力程度：發送者對失敗或批評的恐懼是否會妨礙他傳達訊息？該主題是否在他的專業領域內，從而增加了他對自己解碼該主題的信心，或者在評估消息的重要性時他是否超出了自己的舒適區？個人關切是否會影響他判斷資訊價值的能力？

二、選擇性感知（Selective Perception）

　　選擇性感知，是指過濾我們所看到和聽到的內容以滿足我們自己的需求。這個過程往往是無意識的。因受到太多刺激的轟炸，無法對所有事情給予同等的關注，所以根據自己的需求進行挑選；

選擇性感知可以節省時間，是複雜文化中的必要工具。但也可能導致錯誤。

三、資訊超載（Information Overload）

接收到的信息超出了我們所能處理的能力，就會發生資訊過載。資訊超載是高科技時代的症狀，資訊的來源無所不包，如電視、報紙和雜誌以及各種郵件和傳真等等，對工作效率、創造力和精神敏銳度產生顯著的負面影響。

四、情感脫節（Emotional disconnects）

情緒低落的接收者往往會忽視或扭曲發送者所說的話。情緒低落的訊息發送者可能無法有效表達想法或感受。

五、缺乏來源可信度（Lack of Source Credibility）

缺乏對消息來源的熟悉度或可信度可能會破壞溝通，如果訊息發送者缺乏可信度或不值得信任，則訊息將無法暢通（Get Through）傳送。接收者也可能會懷疑發送者的動機。

六、語意學（Semantics）

詞語對不同的人可能有不同的意義，或對其他人可能沒有任何意義。

七、性別差異（Gender Differences）

男女性別溝通方式不同。

八、不良傾聽和積極傾聽（Poor Listening and Active Listening）

發送者可能會努力清晰地傳遞訊息。但接收者有效傾聽的能力對於有效的溝通同樣重要。但傾聽並不能在所有情況下都能帶來理解。聽力需要練習、技巧和專注。甚至發展出「以人為本」心理學方法的積極傾聽五規則：（一）傾聽訊息內容，（二）傾聽感受，（三）回應感受，（四）注意所有提示，以及（五）釋義和重述。[9]

前述這些觀點在訊息傳播中常被提及，顯示，訊息的傳遞過程，由出發到目標，必須經過如信噪比（Signal to Noise Ratio）、[10] 受眾本身狀況、環境狀況等等許多的障礙，而抵達目標後，又有主、客觀的因素影響目標的反應。

若將前述訊息傳播及反應，更細緻至個人對個人的傳播過程，就呈現如專門教導人們與陌生人溝通的網站 *Omegle* 所彙整訊息在交流中的走向一般，認為任何訊息在發送者將訊息編碼，並經過媒介傳送至對象，由對象解碼的過程中，訊息經發送者與接收者的各種喜怒哀樂等七情六慾情緒的詮釋，並對訊息理解而後回饋，如此反覆不斷才能達成溝通，過程如圖 7-2：

---

[9] "12.4 Communication Barriers," *LIBRARIES*, 2024/1/22, ＜ https://open.lib.umn.edu/principlesmanagement/chapter/12-4-communication-barriers/＞.
[10] Robert Sheldon, John Burke, "signal-to-noise ratio (S/N or SNR),"*TechTarget*, ＜ https://www.techtarget.com/searchnetworking/definition/signal-to-noise-ratio＞.

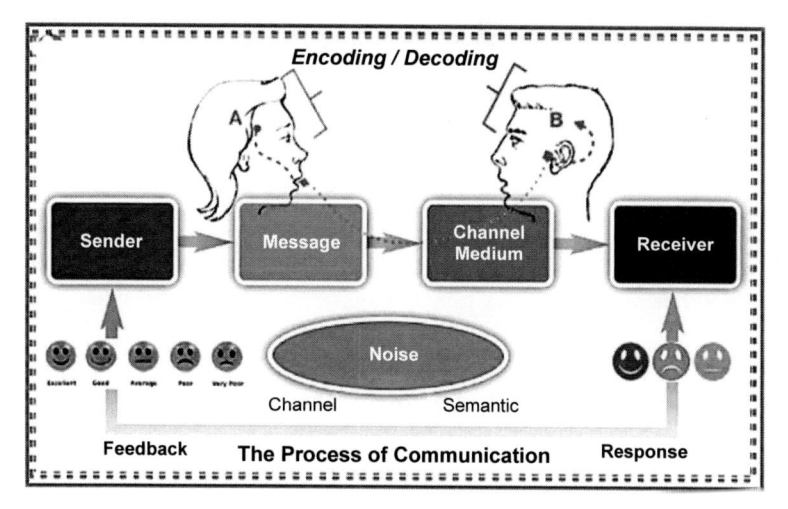

圖 7-2 訊息發送與接收者的解讀與反應

資料來源：Kyle, "Explain The 8 Process of Communication With Definition, And Diagram," *Omegle*,〈 https://learntechit.com/the-process-of-communication/〉.

依圖 7-2 的溝通架構，顯然溝通過程必須由四個重要部分組成：編碼、傳輸媒介、解碼和回饋。此外，還有另外兩個因素，即發送者和接收者本身。而整個溝通過程可能發生被干擾處包括：

一、發送者

發送者產生資訊並將其傳遞給接收者。發送者是傳播過程的第一個源頭。

二、訊息

訊息是指由發送者產生並計畫進一步傳播的資訊、觀點、話題、想法、情感、敏感性等。此外，訊息還包括一些主題，如導言、意義和引導的重要性、基本方向、領導力、激勵機制等。

三、編碼

發送者在生成資訊後,要對其進行編碼,如以圖片、手勢、文字等形式進行編碼。

四、媒介或管道

這是溝通過程的中間部分。傳播媒介包括互聯網、電話、電子郵件、郵寄、傳真……等。

五、接收者

訊息透過通道由各種方式發送,最終到達接收者。接收者接收到資訊,並以適當的方式對資訊進行處理。

六、解碼

解碼是對發送者編碼的信號進行調整解碼的過程。

七、回饋

當接收者向訊息發送者確認他已經收到並認真理解了訊息內容時,實際上,溝通過程就完全結束了。

八、噪音

噪音是指在溝通過程中各種各樣的干擾,如電話連接不良、編碼錯誤、接收者注意力不集中、資訊理解不清、網路連接負載、偏見等都是。[11]

任何處所發生被干擾現象,都可能損及訊息的完整傳送。

這些論述,顯示訊息的傳遞,因主、客觀干擾因素太多,致不易完全依據訊息發送者的設計達成目標,若然,則認知戰訊息的發

---

[11] Kyle, "Explain The 8 Process of Communication With Definition, And Diagram," *Omegle*, < https://learntechit.com/the-process-of-communication/ > .

送,對攻擊方而言,因涉及到發送者與接收者的主客觀因素,及訊息傳遞中的各種干擾、減損或增強等,致使認知戰訊息傳播的結果無法依據發送方的原始設定,經由順暢的程序毫無干擾的傳抵接收方,並完全可以預測接收方的主觀判斷與解碼結果產生預期的效應,因此,在諸多無法預估的主客觀干擾中,認知戰訊息的傳播結果必然如本文開頭所述,具有「正效果」、「無效果」、「反效果」的大略概分(對被攻擊者而言,其認知正好相反)。

所謂「正效果」係指依據發送者的預設結果反應,「無效果」則根本無反應,「反效果」則是出現與發送者所預設結果完全相反的結果,且正、無、反三種效果的程度,亦因主客觀因素的強弱、影響力大小等變數干擾而無法掌握。而在前述所述的溝通障礙,包含諸多無法掌握的主客觀因素中,有關接收者對訊息的解碼結果,卻占有極為重要的位階,並足以引發各方關注。

依據俄羅斯對烏克蘭認知戰的實戰經驗顯示,在認知戰訊息的傳播中,具有四個重要的元素組成,包含:編寫扭曲訊息(Disinformation)、哏圖(Cartoon)、評論(Commentary)及上傳(Post),[12]其中「評論」具有帶風向的意味,亦可稱為對訊息的解碼或稱對訊息的詮釋,並將其對外傳揚造成特定效果的過程。

有社會學者在研究人類集體行動(Collective Behavior)時提出,「沒有理念就沒有革命」凸顯認知對行動的重要,這種論述提醒我們社會問題的存在不會激發人類的行動,人類也不會對問題的存在做出膝跳式反應,而是在理解處境(interpret their lives),

---

[12] David Patrikarakos, "Homo Digitalis Enters the Battle," in Clack and Johnson ed(s), *The World Information War* (N.Y.: Routledge 2021), pp. 35-36.

並創造出遭受不公平不公義的共同理念、標定威脅、敵人及同謀者、誰該被責怪及思考怎麼應對後才會進行反應；或說，人類只有對於問題的解釋或具有一定的認知後，才會促成行動。[13]

　　換言之，各種各樣的問題始終存在於人類的世界中，但這些問題的存在不會激發人們的應對行為，只有在人們對這些存在的問題進行一連串的詮釋理解，並從中獲得必須反應的認知及如何反應的結果後，才會開始行動。這種詮釋理解當然無法脫離人類與生俱來的七情六慾與人性好惡，甚至因七情六慾與人性好惡的影響，而無中生有的創造出「問題」並據以行動，[14]這種因對訊息詮釋並據以採取與訊息傳播者意圖完全相反行動的案例多如牛毛，如美國兒童節目芝麻街，以主角厄尼（Ernie）與其塑膠鴨玩具，不會因意外被吸入浴缸排水管拍攝宣導影片，意圖平息兒童害怕被吸入浴缸排水管的恐懼，但在播出之後，卻意外引發全美兒童擔憂被意外吸入浴缸排水管而拒絕洗澡，使得原本意圖消滅恐懼的宣導影片，收到反效果。[15]

　　在認知戰過程中，發動者拋出的訊息也必須經由目標受眾接收、解碼、詮釋理解，方有反應的可能。但訊息發送者對於受眾如何解碼、詮釋與理解，無法掌握。訊息發出後，若接收方的主事者（如握有媒體力量的訊息節點或政府單位等）將訊息加以詮釋成對發送者不利的意象，並轉知受眾，將可能引發對認知戰發動者不利的結果。而形成「撿到槍（Jiǎn Daò Chiang）」效應。

---

[13] Gemma Edwards, *Social Movements and Protest* (New York: Cambridge university press, 2014), p. 37.
[14] 劉文斌，《習近平時期對臺認知戰作為與反制》，頁 38。
[15] Brian A. Primack, *You Are What You Click* (California: Chronicle Prism, 2021), p. 60.

「撿到槍」在臺灣是極為流行的俚語，依據教育部線上國語辭典的解釋，所謂「撿到槍」的意思是：「某人突然講話變得很嗆，行為很強勢，彷彿撿到槍一樣。上世紀末，持有槍枝的人會用『撿到槍』來脫罪，當時此詞具有撒謊之意。此詞沉寂多年後，最近突然翻紅，卻衍生出另一個意思：形容某人的言行舉止突然變得很衝，好像撿到槍似的」。[16]將此概念用於認知戰研究領域，就成了在認知戰過程中，訊息被接收、解碼詮釋後，可能使受眾反將訊息作為攻擊訊息發送者的有力武器。

更具體的說，就是認知戰發動者發出的訊息，經由受眾的主動詮釋理解，或受對手主政者的各種代為詮釋理解等重重阻攔，最終變成負面效果，對此結果，發動者必然要繼續再詮釋以爭取訊息主導權，否則亦僅能徒呼負負，莫可奈何。

因此，形成認知戰的訊息傳遞，除將訊息上傳各種媒體、訊息本身的真假及以特定的哏圖形成刻板印象，加深傳播效果外，對於訊息的評論、詮釋、解碼也極為重要。也因此，如何理解訊息詮釋對認知戰效果的影響，也是必須釐清的重要課題。

第三節　各方詮釋攻防

如前述，認知戰的訊息攻擊，對於受眾的反應，經常與預期不相符，其原因不僅是主客觀因素干擾，更無法忽視在訊息傳播中各方對訊息的解碼或詮釋，以通俗說法，可說各方對訊息「帶風向」

---

[16] 「撿到槍」，《教育部線上國語辭典》，< https://dictionary.chienwen.net/word/53/fa/87f564-%E6%92%BF%E5%88%B0%E6%A7%8D.html >。

最為貼切。

　　不僅被攻擊者具有詮釋認知戰訊息，使其攻擊訊息轉為「反效果」的可能，不是當事人的旁觀者，亦可以從事相類似的工作，如：大陸國務院前總理李克強，於2020年5月28日在13屆全國人大三次會議閉幕後的記者會中稱「我們人均年收入是三萬元人民幣，但是有六億人每個月的收入也就一千元（約合新臺幣4,200元）」，還補充說，「一千元在一個中等城市可能租房都困難，現在又碰到疫情」。[17]此事的緣起，是2020年5月28日「兩會」（大陸全國人民代表大會、中國人民政治協商會議全國委員會）閉幕當天，李克強在中外記者會上回應《人民日報》記者提問脫貧攻堅任務時，為了告誡各級政府「民惟邦本、本固邦寧」，政策推展要考慮民生，期「以萬家疾苦為重」，[18]顯然其目的並不在於以認知戰訊息攻擊大陸境外的任何目標，亦無絲毫攻擊臺灣的意涵，但卻被國際社會，包含臺灣，詮釋或擴大詮釋認為，大陸貧困人口巨大，[19]連大陸內部學者也進行許多解讀，如大陸《第一財經周刊》刊登經濟學者李迅雷，引述北京師範大學「中國收入分配研究院」在2021年發表的民眾月收入調查數據評析稱，其實「全大陸有9.64億人口的月收入在人民幣2千元以下」，而中國大陸旅美經濟學者李恆青

---

[17] 自由亞洲電台，〈李克強不小心說漏嘴？「中國有六億人月收入也就一千元」，習近平的脫貧夢尚待努力〉，《新新聞》，2020年6月1日，< https://www.storm.mg/article/2712235 >。

[18] 〈李克強示警「六億人月收入1000人民幣」，揭露「厲害了我的國」的真相〉，《關鍵評論》，2020年7月13日，< https://www.thenewslens.com/article/137313 >。

[19] Sun Yu, "China faces outcry after premier admits 40% of population struggles," *Financial Times*, 2020/6, < https://www.ft.com/content/6e248944-8395-45ae-9008-a86e4ee40eee >.

認為，改革開放四十年的積累，造成中國巨大的貧富差距，到了習近平當政時期，差距持續加深，99%的中國人只共同得到中國財富總額的一成，其他九成全掌握在1%的富人手中，習近平華而不實，李克強「洩漏了國家機密」，預期中國的貧富差距還會繼續擴大云云。就是明顯的例證，[20]各方甚至詮釋認為李克強利用此言論攻擊習近平，是變相揭穿習近平聲稱全面脫貧的謊言，[21]尤其在此事件中幾乎完全無關的臺灣，也加大力度宣傳大陸的貧富差距，如臺灣的《自由時報》就以〈打臉習近平「全面脫貧」陸委會：6億中國人月入不到千元〉為題報導該事件，並摻雜陸委會的詮釋稱：

> 大陸官方宣布，大陸832個國家級貧困縣完成「全部脫貧」摘帽，這個成果舉世矚目，國台辦更說，在這個過程中，廣大臺胞臺商踐行「兩岸一家親」理念，臺商積極參與；我陸委會發言人邱垂正反問，中共官員特別強調有將近6億中國老百姓，每個月收入不到1千元人民幣，「這樣算是完成小康社會嗎」？我們注意到非常多專家學者提到，中國的低收入戶群體仍然接近多數，貧困地區發展仍屬落後，且極有可能返貧，將持續關注狀況。[22]

---

[20] 程寬仁，〈辛酸！近10億中國人月收低於2千　富人擁9成中國財富〉，《洞察中國》，2024年1月2日，< https://insidechina.rti.org.tw/news/view/id/2191649 >。

[21] 〈李10年總理路　與習內鬥頻傳〉，《世界新聞網》，2023年10月27日，< http://www.udnbkk.com/article-352138-1.html >。

[22] 陳鈺馥，〈打臉習近平「全面脫貧」　陸委會：6億中國人月入不到千元〉，《自由時報》，2020年11月2日，< https://news.ltn.com.tw/news/politics/breakingnews/3363545 >。

李克強出發點是持續努力照顧民眾，經與此事件基本上無直接關係的臺灣與國際社會不斷詮釋，卻變成凸顯大陸貧富差距巨大、脫貧說謊與習、李鬥爭的結果，這顯示，詮釋訊息、帶風向最終對訊息發送者的傷害，是訊息發送者始料未及的結果。

再如時任我國防部長的邱國正，於 2024 年 3 月 7 日在回答立委質詢時表示，考量敵情威脅，目前狀況嚴峻，「就軍方著眼來講的話，這已經瀕臨（動武）這狀況，兩岸的狀況是很嚴峻的，我每天提心吊膽的，我睡得不好。」並表示，雖然一再克制，但萬一擦槍走火，兩岸（不）動武誰都不敢保證，[23]引發各方關注，甚至民眾恐慌。

隔日，邱國正赴立法院院會備詢，會前受訪時強調，考量事情不會考量政治層面，要看徵候可能狀況往下推展，要料敵從寬，國防部對兩岸情勢是從軍事角度說明，不要造成誤會。[24]而總統府為因應邱國正言論所引發的恐慌，也對外稱，邱國正旨在強調軍方對任何情勢都需料敵從寬；此外國安、國防部門對兩岸情勢的研判並無二致，臺海局勢可控，外界無須過度擔心。[25]

就此事件，立場偏統的前立委邱毅，於其臉書上稱「邱國正給島內支持臺獨的人提出警告。在民進黨不斷挑釁引戰，愚弄人民下，很多年輕人真的把戰爭當成兒戲，當成平日玩耍的遊戲，殊不

---

[23] 張彤、林秉州，〈憂兩岸擦槍走火！邱國正坦言：每天提心吊膽「睡不好」〉，《臺視新聞網》，2024 年 3 月 7 日，< https://news.ttv.com.tw/news/11303070031800N > 。

[24] 金大鈞，〈兩岸瀕臨戰爭邊緣？邱國正：軍人不干預政治　再問今天更睡不好！〉，《Newtalk 新聞》，2024 年 3 月 8 日，< https://newtalk.tw/news/view/2024-03-08/911436 > 。

[25] 周佑政、蔡晉宇，〈新聞幕後／防長語言引發恐慌　府急滅火〉，《聯合新聞網》，2024 年 3 月 9 日，< https://udn.com/news/story/10930/7818970 > 。

知真實的戰爭是多麼的慘烈。最近臺灣有個熱門的話題，委屈的和平究竟是不是和平，答案是在現實的環境下『當然是』。何況，本來連委屈都不需要，可以尊嚴的進行政治對話，共謀和平統一，民進黨卻選擇一條對臺灣人民最不利的路，還裹脅著臺灣人民走向戰爭，走向慘烈的修羅場。」進而引發讀者向《Cofacts 真的假的》舉報為假新聞，並稱「邱毅將自己的想法偷渡進去，營造成是國防部長意見的假象，要小心這樣的資訊操弄」。[26]

2024 年 3 月 11 日，國安局長蔡明彥應邀列席立法院外交及國防委員會，以〈因應中共兩會召開及年底美國總統大選，就國際及兩岸局勢發展之研析〉為題進行專案報告時表示，國安局和國防部嚴密監控臺海情勢，尤其軍事動態，透過各項情監偵系統，針對中共現階段會否武力犯臺，與國際盟友密集討論，目前沒有任何情資顯示臺海緊張情勢持續升高，或有任何違常狀況。[27]對於同樣的兩岸情勢，卻出現各種不同版本的詮釋，又因此引發輿論「到底該聽誰的」爭議。[28]

3 月 13 日，大陸國台辦也加入「睡不好」事件詮釋，其發言人陳斌華稱唯有執政當局放棄臺獨分裂立場，才能讓軍人過安寧日子。[29]

同樣是軍事議題，距離臺灣僅 200 公里的菲律賓巴丹群島

---

[26] 《Cofacts 真的假的》，< https://cofacts.tw/article/3g1y0k33sqlkh >。
[27] 洪哲政，〈國安局長蔡明彥：未見台海緊張情勢持續升高或違常〉，《聯合報》，2024 年 3 月 11 日，< https://udn.com/news/story/10930/7822383 >。
[28] 陳舜協，〈新聞眼／國安首長各自表述…該信誰？恐怕輸人民睡不好了〉，《聯合報》，2024 年 3 月 12 日，< https://udn.com/news/story/10930/7824405 >。
[29] 李映儒，〈「睡不著」驚擾國台辦 邱國正：未盡責任會對不起國人〉，《CTWANT》，2024 年 3 月 14 日，< https://www.ctwant.com/article/323816 >。

（Batanes）省長凱柯（Marilou Cayco）在 2024 年 3 月 9 日證實，當地正計劃於巴丹群島建設一個由美國資助的民用港口，一旦臺灣有事，港口可接收菲律賓勞工。而菲律賓國防部長鐵歐多洛（Gilberto Teodoro）2 月曾表達渴望加強巴丹群島的「軍事存在」。菲律賓海軍 3 月 9 日在巴丹群島省舉行儀式，宣布該省將成為菲律賓與美國 4 月、5 月舉行年度聯合軍事演習地點之一，菲律賓海軍司令阿達奇（Toribio Adaci）同日演講時亦稱，菲律賓需要進一步改善自身國防能力，加強防禦一旦出現的征服或入侵威脅。[30] 菲律賓建港一事，是為接收菲律賓旅臺勞工而建？若是，則對於臺海和平抱持悲觀態度；或是為美、菲合作抵近臺灣建設軍事基地？若是，則又表現出美、菲可能共同協防臺灣的隱喻，顯然不同的詮釋，有不同的認知戰效果。

連簡單的錯認，都可以做為攻擊對手的訊息：時為美國共和黨總統參選人的川普在造勢活動上，不止一次將黨內對手、前駐聯合國大使海理（Nikki Haley）錯當成前眾院議長裴洛西（Nancy Pelosi），指其該為 2021 年 1 月 6 日國會暴動案負責，指責海理拒絕政府支援，且「銷毀所有證據」，而海理根本無此權限，川普的指責係因錯把海理當成斐洛西所致，外界認為這讓海理「撿到槍」，可以順勢質疑川普精神狀況不適合再當總統。[31]

更如我行政院於 2023 年 12 月間公布了 2022 年疫情期間，國

---

[30] 劉詠樂，〈因應台灣有事！美出資在菲巴丹群島建港口 距台不到 200 公里〉，《中時新聞網》，2024 年 3 月 10 日，< https://www.chinatimes.com/realtimenews/20240310002302-260408?chdtv> 。

[31] 盧思綸編譯，〈撿到槍！川普錯把海理當裴洛西 遭嗆精神狀況不適合再當總統〉，《聯合新聞網》，2024 年 1 月 21 日，< https://udn.com/news/story/6813/7723692> 。

內出現貧富差距擴大的數據，此消息被大陸央視轉報，指稱臺灣 408 萬名低薪族的月薪不到 4.3 萬元新臺幣，最高薪 10% 與最低薪 10% 的薪資差距擴大為 4.12 倍，批評民進黨政府不作為，只會吹捧高科技產業，卻不提貧富差距擴大，結果不僅沒有引發大陸網民的共鳴，卻因大陸國家統計局 2023 年 1 月公布的數據顯示，大陸全境平均年薪為 36,883 元（新臺幣 16 萬 2337 元），相當於月薪約為 3,074 元（新臺幣 13,529 元）；另一方面，根據大陸金融公司（CICC）數據指出，中國大陸民眾收入分為 11 個等級，其中月收入 5 千元人民幣（新臺幣 22,000 元）以下就有 13.28 億人口，占總人口的 97.87%，兩相比較反遭大陸網友諷刺：「4.2 倍算啥，咱們這邊小幹部退休就十倍起步，這僅僅是知道的，所以根本就不能財產公開，否則大眾看到數據必定要反」、「央視一本正經的胡說八道，新聞越來越沒有底線，這樣的宣傳只能讓人愚蠢，李總不是說咱 6 億人人均不足 1,000 元嗎？最高底薪標準的上海也僅僅是 2,590 元人民幣，臺灣最低工資標準卻折合人民幣 9,000 元，臺灣二十年前就已經是全球最發達地區之一」云云，[32] 顯然大陸有意的認知戰攻擊，收到了反效果。

　　訊息發出，面臨包含「自己人」與敵方在內的各方詮釋，可能使訊息收到原攻擊計畫的反效果，在認知戰攻防中，攻守雙方必須隨時注意訊息是否遭詮釋帶風向成對發送者不利，更要隨時因應各方的詮釋進行再詮釋，而形成相互攻防，甚至「潑婦罵街」讓「街坊鄰居」──國內國際社會都來評理的現象。

32　〈央視報導台灣低薪族『月收不到 4.3 萬』！反遭中國網友嘲諷：好意思講？〉，《民視新聞網》，2023 年 12 月 6 日，< https://www.ftvnews.com.tw/news/detail/2023C06W0344?utm_source=Line&utm_medium=Linetoday >。

這種有趣的現象,顯示出任何訊息不論是否具有認知戰意圖,都可能給予相關或不相關者「撿到槍」攻擊特定對象的機會,而旁觀者的詮釋與攻擊現象,或可稱為「旁觀者效應」,而對手、旁觀者及自家人(如前述大陸學者自身對大陸收入的詮釋)都對各種訊息進行各式各樣的詮釋並發送,對手、旁觀者及自家人間,亦可能相互攻擊或協助,造成各方詮釋可能對原訊息發送者(如李克強、邱國正、川普、央視)構成殺傷,所凸顯的是,在認知戰攻防中的任何訊息傳送,都可能變成敵對方的武器,或促使旁觀者,甚至是自家陣營者加入戰局,而造成「言者無心聽者有意」、「公親變事主」情況;其關係或可以圖形表示如下:

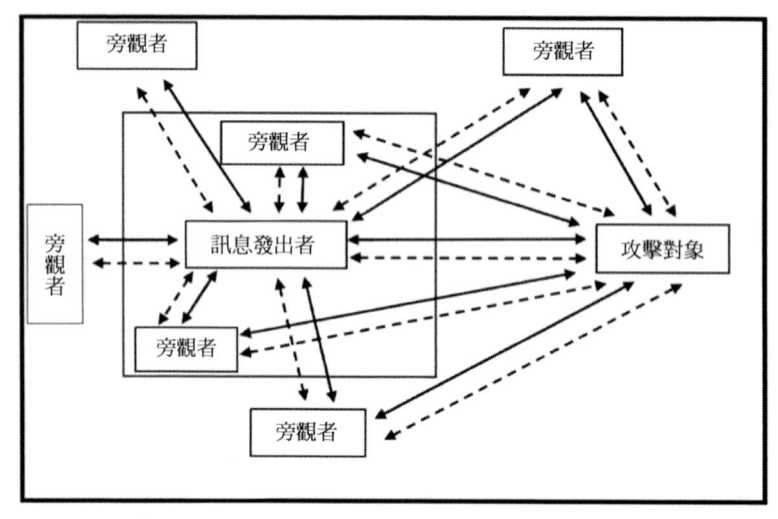

圖 7-3　訊息發送與既存及潛在反擊者關係圖

來源:作者自行繪製
說明:1. ◆————▶ 實線箭頭代表攻擊　◆ — — ▶ 虛線箭頭代表詮釋
　　　2. 訊息發送者所在方格為其所能控制的勢力範圍(如國境)

這種訊息被攻擊者、防守者、旁觀者，被周邊任何對象有意或無意的、正確或扭曲的詮釋，而陷入讓敵人「撿到槍」回頭攻擊的機會極大，尤其是在當前各國雖普設事實查核機構，但在防治認知戰虛假訊息攻防中，只能檢查其是否為事實，卻難以對訊息的「評論」置喙，尤其夾雜政治因素，更使對如何評斷「評論」有巨大的挑戰，縱使有專家學者對各種偏激「評論」的糾正機制，[33]但也難以禁絕，甚至可能涉及言論自由的干涉。尤其在 Meta 等大公司拒絕再做事實查核，及美國川普政府攻擊訊息查核政策後，更加造成認知戰不論攻、守雙方，甚至無直接關係者，只要發出任何訊息，都可能必須面臨多面作戰、四面楚歌、殃及池魚的結果。那麼，除非完全禁絕訊息的發出，否則就有隨時被敵人或旁觀者以各種方式「撿到槍」對己方攻擊的可能，而當前為政治目的，不論是對內指令或對外宣傳，完全不發出訊息已絕無可能，因此，既然認知戰攻、防雙方，甚至旁觀者，任何一方都可能遭受預料之外的攻擊，面對無所不在的可能潛在攻擊來源，本身心防的建立便極為重要，而我國國防體系亦不斷地對加強心防提出研究與呼籲。[34]

---

[33] Robert Ackland and Karl Gwynn, " Truth and the Dynamics of News Diffusion on Twitter," in Rainer Greifeneder, Mariela E. Jaffé, Eryn J. Newman and Norbert Schwarz ed(s)., *The Psychology of Fake News—Accepting, Sharing and Correcting Misinformation* (New York: Routledge, 2021), p. 33.

[34] 請參閱：張玲玲，〈【全民國防】鞏固心防　洞悉中共認知作戰〉，《青年日報》，2023 年 11 月 3 日，< https://www.ydn.com.tw/news/newsInsidePage?ChapterID =1626744&type=forum>。沈明室、董遠飛，〈從國土防衛作戰析論全民國防教育〉，《國防雜誌》，23 卷 2 期，2008 年 4 月，頁 79-92。

第四節　因應

　　訊息傳播阻礙與各方詮釋，使認知戰攻、防雙方可能隨時易位。更通俗地說，這些現象將交由所有圍觀者評斷是非，對何方有利，在最終結果未出現前無法確定，因此，訊息的攻擊與反擊或詮釋，都將成一片混戰，如何定出勝負極難定論。更何況還有訊息發送者發出前後矛盾、相互衝突訊息，亦可能成為潛在與現存攻擊者蒐集反擊的依據。如時任中共中央統戰部副部長冉萬祥，認為大陸民營企業近兩千五百萬戶，對大陸經濟的貢獻，可以「56789」來概括，「5」是民營企業對國家的稅收貢獻超過 50%，「6」是國內民營企業的國內生產總值、固定資產投資以及對外直接投資均超過 60%，「7」是高新技術企業占比超過了 70%，「8」是城鎮就業超過 80%，「9」是民營企業對新增就業貢獻率達到了 90%。冉萬祥認為，非公有制經濟作為社會主義市場經濟的重要力量，非公有制經濟人士作為中國特色社會主義事業建設者，是統一戰線的重要成員，也是統戰工作的重要對象。非公有制經濟統戰工作的主題是促進「兩個健康」，即促進非公有制經濟健康發展，促進非公有制經濟人士健康成長；[35]面對經濟下滑及美國川普政府可能對大陸經濟的持續打擊態勢，習近平於 2025 年 2 月 17 日，召開 5 年以來最高規格的民營企業座談會，並宣稱「民營經濟發展前景廣闊大有可為」、「民營企業和民營企業家大顯身手正當其時」，[36]其目的顯然

---

[35] 〈冉萬祥：民營企業的作用和貢獻可以用「56789」來概括〉，《新華網》，2017 年 10 月 21 日，< http://www.xinhuanet.com/politics/19cpcnc/2017-10/21/c_129724207.htm > 。

[36] 〈習近平：民營經濟發展前景廣闊大有可為　民營企業和民營企業家大顯身手正當其時〉，《新華網》，2025 年 2 月 17 日，< http://www.xinhuanet.com/

是對內、外拉攏民營企業投資，以提振大陸經濟。

這種對於民營企業的讚賞，卻又面臨中共資產國有特質，將國企視為「國有企業正發揮著『頂梁柱』作用，有力推動中國經濟強勁前行」的挑戰，[37]因此，「國進民退」亦或「國退民進」爭議四起亦屬自然，[38]致使民企、國企孰重孰輕的爭論，[39]成為對手或旁觀者「詮釋」後攻擊的環節，也灼傷民營企業投資大陸、提振經濟的意願。

認知戰訊息發送後，可能引發包含目標對象及其他所有旁觀

---

politics/20250217/95359f85c30d4591b0deecf36f2457cd/c.html〉。

[37] 李婕，〈國企，經濟發展的「頂梁柱」〉，《人民網》，2019 年 9 月 26 日，〈http://finance.people.com.cn/BIG5/n1/2019/0926/c1004-31373421.html〉。

[38] 德國之聲，〈中國再度「國進民退」，偏偏民營企業承擔著解決全社會就業的重大任務〉，《關鍵評論》，2023 年 6 月 6 日，〈https://www.thenewslens.com/article/186549〉。程寬厚，〈中國打壓民企 受害者海外組聯盟打國際訴訟討公道(影音)〉，《洞察中國》，2024 年 3 月 3 日，〈https://insidechina.rti.org.tw/news/view/id/2197633〉。〈中國接連出招救經濟 促民企發展 28 條支持投資 AI〉，《中央通訊社》，2023 年 8 月 1 日，〈https://www.cna.com.tw/news/acn/202308010119.aspx〉。

[38] 林上祚，〈「假訊息」平均領先 6 小時！「真相」追趕不及 政委要求官員 1 小時內澄清處理〉，《風傳媒》，2018 年 12 月 13 日，〈https://today.line.me/tw/v2/article/nYQgYo〉。

[38] 李欣芳，〈反擊假訊息！蘇內閣限各部會 1 小時內澄清 逾 4 小時令改善〉，《自由時報》，2019 年 5 月 25 日，〈https://news.ltn.com.tw/news/politics/breakingnews/2801861〉。

[38] Dorthe Bach Nyemann, " Hybrid warfare in Baltics," in Mikael Weissmann, Niklas Nilsson, Björn Palmertz, Per Thunholm ed(s)., *Hybrid Warfare: Security and Asymmetric Conflict in International Relations* (London: Bloomsbury, 2022), pp. 196-197.

[39] 程寬厚，〈中國打壓民企 受害者海外組聯盟打國際訴訟討公道(影音)〉。陳鎧妤、呂佳蓉，〈中國接連出招救經濟 促民企發展 28 條支持投資 AI〉，《中央通訊社》，2023 年 8 月 1 日，〈https://www.cna.com.tw/news/acn/202308010119.aspx〉。

者帶風向詮釋而造成反效果，因此，認知戰發動者迅速回應相關訊息，以避免訊息被不友善詮釋是面對認知戰的重要一環，甚至可藉快速回應反擊而成為認知戰的攻擊者，因此，行政院屢次要求各級政府必須快速回應的要求，如2018年12月13日，面對網路假訊息快速傳播情勢，對於訊息的回應不應停留在傳統的紙媒體時代反應緩慢，故時任政務委員羅秉成要求各部會，在假訊息發酵後1個小時內澄清。[40]2019年5月25日，鑑於假訊息透過網路到處流竄造成危害，行政院展開具體的反制作為，不僅要求各部會，針對假訊息要在1小時透過臉書等社群平臺上架反擊或發布新聞稿澄清，時任行政院長蘇貞昌也要求加強各部會臉書小編的聯繫與整合，規定回擊速度若逾4小時，將要求部會改善，[41]甚至有政府回應虛假訊息，必須是「標題在20字內、內文200字內、附上2張照片」的222原則規定，[42]以利快速、方便閱讀而為對抗的要求，雖這些限時回應的規定並未見諸正式法令，但在實務上，可能因事件的特殊性質，上級單位以行政權力要求下屬相關單位更加迅速回應，亦非罕見。

　　縱使縮短反應時間，也不一定可以防堵訊息被持續惡意詮釋的可能，但卻可以收及時以正視聽的功能，至少增加不友善詮釋的難度。

　　為及時反應各種不友善訊息攻擊或不友善詮釋，以因應對手

---

[40] 林上祚，〈「假訊息」平均領先6小時！「真相」追趕不及　政委要求官員1小時內澄清處理〉，《風傳媒》，2018年12月13日，< https://today.line.me/tw/v2/article/nYQgYo >。

[41] 李欣芳，〈反擊假訊息！蘇內閣限各部會1小時內澄清　逾4小時令改善〉。

[42] 鄭舲，〈「222原則」防堵假新聞　綠委肯定政院做法〉，《中央廣播電台》，2019年7月22日，< https://www.rti.org.tw/news/view/id/2028237 >。

「撿到槍」困境，下列有兩種因應原則：

一、攻擊方（者）必須事權統一

目的在於可以釐訂訊息的發送及評估，並隨時詮釋敵方攻擊訊息做為反攻能量,同時更要蒐集各方對敵我訊息的詮釋，從中選擇對我有利訊息並傳送。認知戰訊息的傳遞與預期結果，因干擾變數太多而無法掌握，因此，在認知戰攻防中，攻擊者事權統一，精確計算以減少無法預期的反效果出現，顯然比各自為政的效果要佳。

在研究認知戰或混合戰（Hybrid Ward/Threat）的領域中，常不自覺的認為協同（Coordinated）、同時（Synchronized）、規則與不規則的攻擊效果最好，[43]而協同的攻擊更包含軍事與非軍事的政治、經濟、文化……等等，但攻擊者可能訊息不一而導致效果相互掣肘，最明顯的例證就是，中共一方面對臺以「兩岸一家親」、「融合發展」等類似的訴求進行對臺統戰，但卻一方面以軍機、軍艦威懾臺灣，以混合戰的角度似乎能達成協同、同時、規則與不規則的攻擊效果，但以認知戰的角度看，拉攏與威懾相互掣肘，而以防守方臺灣的角度看，軍艦、軍機繞臺成為反制中共一系列統戰作為的有利反面教材，臺灣就成為「撿到槍」效果的獲利者。

---

[43] Dorthe Bach Nyemann, " Hybrid warfare in Baltics," in Mikael Weissmann , Niklas Nilsson, Björn Palmertz, Per Thunholm ed(s)., *Hybrid Warfare: Security and Asymmetric Conflict in International Relations*(London: Bloomsbury, 2022), pp. 196-197.

二、防守方（者）必須分兵把守

防守方不論面臨的是對方的原始訊息攻擊，或是任何發送的訊息被不友善詮釋後的攻擊，都必須迅速回應，以減低訊息發酵成不利防守方的程度，因此，迅速回應是不可或缺的選擇，而對於訊息的回應，必然以真確為基礎，然最了解狀況可以做出真確且精確反應的，也莫過於各被訊息攻擊的單位，其他單位受限於無法掌握真確狀況，實難越俎代庖代為澄清，因此，依據訊息內容由被攻擊單位迅速回應是最佳的選擇，故對於認知戰訊息攻擊的防守，因應各方需求不同、實際狀況不同、權責不同，分兵把守最利於快速因應或澄清，達成「以快制快」目的。

依前述訊息傳播阻礙及詮釋攻防論述基礎，此兩原則的運用，應可將訊息失真的機率降低，同時又足以防止各方不友善詮釋的攻擊，是為當前面對認知戰攻防中，爭取正面效果的有效手段。

第五節　結語

在訊息傳遞過程中，因遭受各種阻攔、詮釋、再詮釋……，而無法確保訊息傳遞者目標是否達成被扭曲的現象，不僅在短期訊息傳遞中出現，甚至也有主政者有計劃的扭曲相關訊息以利其統治，如前述普丁，扭曲烏克蘭與克里米亞的歷史，以利其發動兼併甚至戰爭；金正恩家族扭曲誇大其先人在二戰的貢獻及與西方世界的關係，使有利於統治；中共扭曲抗日戰爭由 8 年至 14 年，以表彰中共的貢獻，並將反對者標定成「歷史虛無主義」而嚴加打擊等，讓過去為現在服務；普丁、金正恩、習近平等人為統治合法性而曲解史實，甚至被西方學者諷刺為「在骨頭上跳舞

（Dancing on Bones）」，這種依據詮釋「訊息」改變群眾認知，以獲取政治利益的現象，不僅在威權國家如此，在民主國家亦同，目的都在合法化統治者的言行，並降低被統治者的抵抗，[44]因此，對於訊息的詮釋，顯然不能侷限於短期，而必須包含長期現象方能更加全面。換言之，訊息出現後可能具有在長時間內（如歷史）被各方詮釋（如史觀變化與偽造史料等）以作為認知戰攻擊訊息之可能，因此「撿到槍」效應的研究，除關注短期內訊息發送、接收、解碼、詮釋的攻防效果，更不應忽視在一段不算短的時間內發生的現象，必須隨時牢牢掌握關注這種攻防，才能掌握訊息發出後的最終成效。

筆者認為，這種現象雖可用認知戰的負面效果或相類似話語形容，但以「撿到槍」形容更為貼切。「撿到槍」是典型的臺灣俚語，甚至顯得粗俗，與嚴肅的學術概念研究格格不入，但「撿到槍」卻可以明確描繪認知戰訊息攻防中，稍有不慎即能被對方將訊息意涵轉化為攻擊己方的能量，不得不慎。

再就國際各界對於認知戰的研究，臺灣因面臨大陸的狂暴壓迫，其成就也因此凸出，不僅不落後於國際社會，甚至大幅領先國際社會，而「撿到槍」豐富的臺灣本土意念，更讓國際社會記得此概念起於臺灣。在橫掃國際社會，並對人類基本權利構成威脅的認知戰研究上，以「撿到槍」為新概念之名，不僅足以傳達此概念的真實意義，更可讓國際社會知悉臺灣認知戰研究的重要成就。

---

[44] Katie Stallard, *Dancing on Bones* (New York: Oxford University Press, 2022), pp. 5-8.

第八章　認知戰攻擊下的韌性

應對氣候變遷所引發的國際社會韌性（Resilience）提倡，已成當前國際焦點之一，而韌性亦受認知戰訊息的無情攻擊。

韌性不僅僅是基礎建設韌性，更是攸關全社會每個人民的心防建設，若全社會因認知戰攻擊而喪失維持正常生活意願與意志，整體韌性亦難維持。其中維持韌性運作人員遭受攻擊亦無從避免，而維持韌性運作的人員韌性，卻又恰恰是韌性維持不可或缺的一環，該如何保護卻未見具體。維持全民韌性與維持建設韌性運作人員的韌性，是互為因果、相輔相成的問題。

我國行政院《國家關鍵基礎設施安全防護指導綱要》稱：「耐災韌性：係指能夠降低運作中斷事故的影響程度與時間之能力。關鍵基礎設施是否具備有效的耐災韌性，端視其對於運作中斷事故的預防、容受、調適與快速復原的能力」；[1]而聯合國為因應氣候變遷提出國家基礎建設韌性報告，明確將國家基礎建設定義為：「國家基礎建設是一個開放式的複雜相互依存的系統，包括：一、有形基礎建設網路、建築物和資產；二、治理結構；三、法規；四、與六個經濟基礎建設部門相關的管理流程包括（能源、運輸、水、廢水、廢棄物及數位通訊）；五、上述各產業內部及相互之間的相互依賴關係；六、上述各項內部及相互之間的相互依賴關係，及與所在環境的互動關係；七、控制和提供輸出的系統和技術；八、人為

---

[1] 〈關鍵基礎設施防護〉，頁 4，《行政院國土安全政策會報》，< https://ohs.ey.gov.tw/Page/E09D4EC20A2D078A > 。

因素，例如技能、知識」；以及「九、為人類和組織提供關鍵服務的自然環境資源和特性。」[2]不論臺灣與國際社會對於國家基礎建設韌性的觀點，絕不僅是有形的基礎建設，更包含無形的管理法規與人的控制、操作，如聯合國為因應氣候變遷所提的韌性，就包括「八、人為因素，例如技能、知識」，臺灣所提耐災韌性的八大類：能源、水資源、通訊傳播、交通、金融、緊急救援與醫院、政府機關、科學園區與工業園區，[3]都責成「主管機關應透過規劃、訓練、評估，執行正確行動，給予高階主管和人員持續營運概念，以及執行持續營運管理方案之職責及任務」，[4]致使韌性除實體的維護與維持運作外，相關人員面對維持實體韌性運作的心理、態度亦不能忽視。換言之，若相關人員因認知戰攻擊而喪失維持實體韌性運作的決心，將使韌性毀於一旦。

　　維持基礎建設的韌性操作人員若遭受認知戰攻擊，是否喪失維持各種基礎建設韌性運作的意願？如何保護這些人員，就成為本章的問題意識與論述核心。

---

[2] Sendai Framework, "Principles for Resilient Infrastructure," p. 14, *UNND*, < https://www.undrr.org/media/78694/download?startDownload=20241016 >.

[3] 〈關鍵基礎設施領域分類〉，《行政院國土安全政策會報》，2023年10月25日，< file:///C:/Users/User/Downloads/%E5%9C%8B%E5%AE%B6%E9%97%9C%E9%8D%B5%E5%9F%BA%E7%A4%8E%E8%A8%AD%E6%96%BD%E9%A0%98%E5%9F%9F%E5%88%86%E9%A1%9E_1121025%E4%BF%AE%E6%AD%A3%20(2).pdf >。

[4] 〈國家關鍵基礎設施安全防護指導綱要〉，《行政院國土安全政策會報》，2014年12月29日函頒，2018年5月18日訂正，< file:///C:/Users/User/Downloads/%E5%9C%8B%E5%AE%B6%E9%97%9C%E9%8D%B5%E5%9F%BA%E7%A4%8E%E8%A8%AD%E6%96%BD%E5%AE%89%E5%85%A8%E9%98%B2%E8%AD%B7%E6%8C%87%E5%B0%8E%E7%B6%B1%E8%A6%81%20(4).pdf >。

第一節　人員韌性

　　有關韌性概念的研究與運用，已從早期生態學或工程學的「系統所能吸收或承受外在擾動衝擊及之後回復至受擾動前之狀態」的關注，移轉至更關注「系統在受衝擊後的學習與再組織，並從中轉化至另一種更新狀態的能力」，[5]換言之，韌性的概念，已經從指涉基礎建設工程強韌足以抵抗外界的衝擊，並從遭受衝擊後恢復功能的能力，轉變成不僅恢復，還要從傷害中學習改進，使更加強韌。當然其中也包含操作與維護基建工程的人員認知強韌足以抵抗衝擊，從衝擊中恢復與學習更加強韌認知的過程。而部分研究認為俄羅斯入侵烏克蘭，和中共不斷升級使用武力吞併臺灣的威脅，凸顯了在容易受到擴張主義勢力影響的小國中建立抵禦能力的重要性，儘管學者和實務工作者重新關注建立有韌性的社會，但也認為目前對民眾捍衛和加強主權所需的心理韌性的理解存在差距。[6]若是全民都有此差距，那麼，這種差距也必然存在於維持各種韌性，包含維持基礎建設韌性人員的群體中，這個心理韌性的研究，是目前有關韌性研究的重要待補強領域，故有學者以面臨中共與俄羅斯雙重壓力的蒙古研究為例，認為蒙古以歷史、文化、民主的集體記憶與認同，克服那些試圖利用修正主義歷史挑戰蒙古政治、文化和領土主權的人，為所需的心理韌性奠定了堅實的基礎，呼籲

---

[5] 潘穆縈、林貝珊、林元祥，〈韌性研究之回顧與展望〉，《防災科學》（桃園市），第 1 期，2016，頁 56。< https://dm.cpu.edu.tw/var/file/40/1040/img/737/123170876.pdf > 。

[6] Shannon C. Houck, "Building psychological resilience to defend sovereignty: theoretical insights for Mongolia," *frontiers*, 2024/11/14,< https://www.frontiersin.org/journals/social-psychology/articles/10.3389/frsps. 2024.14097 30/full> .

以此為基礎，應將心理韌性建設的研究，擴展到其他面臨更直接的主權喪失威脅的民主國家，例如臺灣、波羅的海和巴爾幹半島國家，以及喬治亞（Georgia）等地區。[7]然而臺灣所需要的不僅是抵抗境外敵對勢力所亟欲摧毀的維護民主生活制度韌性，也需要維護境外敵對勢力冀望於短時間內摧毀維持韌性的臺灣基礎建設運作，其關鍵就是摧毀維持基礎建設運作人員的韌性。

前述聯合國為因應氣候變遷、全球流行疾病等的衝擊，集合超過一百個國家、專家、學校、研究機構……等，所提為2015-2030年人類福祉的韌性的建議報告中，特別統合認為基礎建設的韌性，必須經由六項相互關聯的原則：「持續學習」、「主動保護」、「環境整合」、「社會參與」、「共同承擔責任」、「適應性轉型」，[8]相互支援以提升韌性，如圖8-1。

圖8-1雖未獨立標明人在其中的地位，但從頭至尾無法脫離相關人員於其中運作的認知變化，以及其對於維持甚至提振各類韌性行為的影響。

---

[7] Houck, "Building psychological resilience to defend sovereignty: theoretical insights for Mongolia".
[8] Sendai Framework, Principles for Resilient Infrastructure, p. 23, *UNND*, < https://www.undrr.org/media/78694/download?startDownload=20241016 >.

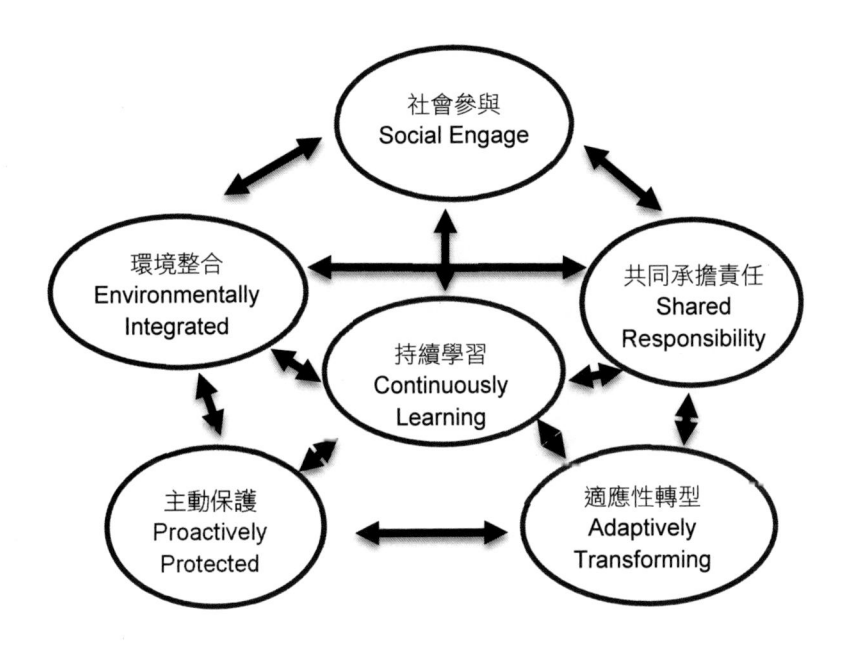

图 8-1　韌性建構方式

資料來源：Sendai Framework, Principles for Resilient Infrastructure, p. 23, *UNND*, < https://www.undrr.org/media/78694/download?startDownload=20241016 >.

　　國立臺灣大學的研究指出，近年在國際政治經濟秩序、公共衛生、地緣政治風險等層面，頻繁出現系統性風險與危機，衝擊國家社會的運作，甚至威脅到民主自由體制。一個具有韌性的社會，能夠在受到外來衝擊時維持既有秩序不致崩壞、做出快速調整以為適應、改變系統制度作為轉化，並從中掌握發展契機。為因應這些狀況，遂成立「臺大韌性社會研究中心」，結合社會科學領域的多數專業（政治、經濟、社會、社工、新聞、公共行政等），以「鉅變時代下臺灣的社會韌性與發展契機」為研究主軸，指出臺灣社會

在未來十年內面對的主要風險與挑戰,並提出政策建議,希望藉此強化組織與機制,掌握新的發展契機,打造具有韌性的社會。[9] 該中心設定的韌性指標如下:

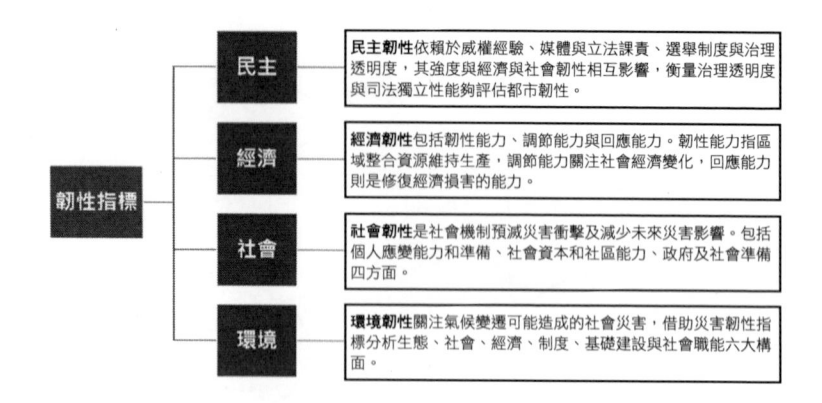

韌性指標
- 民主：民主韌性依賴於威權經驗、媒體與立法課責、選舉制度與治理透明度,其強度與經濟與社會韌性相互影響,衡量治理透明度與司法獨立性能夠評估都市韌性。
- 經濟：經濟韌性包括韌性能力、調節能力與回應能力。韌性能力指區域整合資源維持生產,調節能力關注社會經濟變化,回應能力則是修復經濟損害的能力。
- 社會：社會韌性是社會機制預滅災害衝擊及減少未來災害影響。包括個人應變能力和準備、社會資本和社區能力、政府及社會準備四方面。
- 環境：環境韌性關注氣候變遷可能造成的社會災害,借助災害韌性指標分析生態、社會、經濟、制度、基礎建設與社會職能六大構面。

圖 8-2　韌性社會研究中心「韌性指標」

資料來源:〈中心簡介〉,《臺灣韌性社會研究中心》,< https://tsrrc.ntu.edu.tw/web/about/about.jsp?lang=tw&cp_id=CP1702629799729 >。

前述研究中心並提出以「韌性指標」為核心的五個子計劃及其重點:

一、地緣風險與全球化(研究重點:國際秩序變動與威權韌性的挑戰、歐盟研究與區域整合的典範效應、全球化下的臺灣)。

二、政策及市場機制對風險的因應(研究重點:公衛危機與環境衝擊下市場機制之調整與因應、韌性的分析與檢驗－實驗與理論、淨零轉型路徑之政策、制度比較與實踐)。

---

[9]〈中心簡介〉,《臺灣韌性社會研究中心》,< https://tsrrc.ntu.edu.tw/web/about/about.jsp?lang=tw&cp_id=CP1702629799729 >。

三、人口與家庭轉型（研究重點：跨國遷移的邊界政治與族群關係、多元家庭與人口轉型的挑戰、數位時代下高齡社會的挑戰、包容性發展與政策創新）。

四、不平等與政府治理（研究重點：司法正義與行為健康、所得不平等、臺灣永續治理與良善政府研究、民主韌性與公眾溝通）。

五、民主韌性與公眾溝通（研究重點：分裂社會的公民團結、全球化下臺灣的民主韌性與危機、假訊息與社會因應）。[10]

其中第五項內容，凸顯韌性的建構與假訊息的因應有密切關係。簡言之，若認知戰攻擊成功，則韌性將嚴重受損無庸置疑，而不論民主、經濟、社會與環境四大韌性指標，也一樣無法承受維持韌性運作人員遭受認知戰攻擊失敗的結果。該中心所提韌性的範疇，已然超越有形的基礎建設韌性維護，更擴及無形的民主、經濟、社會、環境，已幾乎等同於全社會民心士氣，在遭受攻擊時的維持。

就臺灣當前維持韌性政策方向而言，總統賴清德於 2024 年 9 月 26 日主持「全社會防衛韌性委員會第 1 次委員會議」，說明為強化建構「全社會防衛韌性」，要進行全方位的積極整備，讓國家

---

[10] 〈子計畫說明〉，《台灣韌性社會研究中心》，< https://tsrrc.ntu.edu.tw/web/about/about.jsp?lang=tw&cp_id=CP1680771015586 >。其中第五項中的子議題，包含「假訊息與社會因應」，並論述其重點為：從大數據的視野，就線上社群與新聞來觀測個人、政府、媒體、或跨國的訊息操弄如何挑戰臺灣社會的民主韌性，進而探究在大數據與數位媒體的環境下，數位政府利用網路進行政策溝通時所應具有的責任、媒體在追求收益過程所應有的基本新聞倫理、和民眾應有的數位韌性。

力量更堅實，人民信心更堅定；並持續精進臺灣各種應變量能，擴大政府與民間合作，凝聚全民共識，提升國家整體國防、民生、災防、民主四大韌性。其致詞內容展現：

第一點是「居安思危、有備無患」。要進行全方位的積極整備，在面臨災難或緊急狀況時，政府和民間都能夠即時發揮力量，維持社會的正常運作。

第二點是「強化應變、有恃無恐」。要擴大民力訓練及運用，並且加強戰略物資的盤整與維生配送，強化能源及關鍵基礎設施的維持運作，健全社福醫療和避難設施的整備，以及確保資安、運輸和金融網絡的安全，持續精進臺灣的應變量能。

第三點是「按部就班、有條不紊」。從中央到地方政府，要進行全方位的驗證和演練，也要擴大跟民間團體和社會力量的連結，彼此攜手合作，以系統性、專業性方式找出問題、擬定對策、落實執行，才能夠解決問題。「全社會防衛韌性」要應對的有緩也有急，不只是國家災害緊急狀況，還有臺灣長期遭受的灰色地帶侵擾、以及認知（作）戰等挑戰。[11]

2024 年 10 月 10 日總統賴清德，在就任以來的第一次國慶講話中，再一次強調表示：「要提升國家整體的『國防』、『民生』、『災防』、『民主』四大韌性」。[12]

賴清德總統又於 2024 年 12 月 26 日主持「全社會防衛韌性委員會第 2 次委員會議」（該會議係依據上一次會議結論，進行桌上

---

[11] 〈總統主持「全社會防衛韌性委員會第 1 次委員會議」〉，《中華民國總統府》，2024 年 9 月 26 日，< https://www.president.gov.tw/News/28745 >。
[12] 〈賴總統首次國慶演說：中華人民共和國無權代表台灣【致詞全文】〉，《中央社》，2024 年 10 月 10 日，< https://www.cna.com.tw/news/aipl/202410105002.aspx >。

推演，驗證政府各單位面對極端情境的應對準備），並於會議中稱，委員會的目標是透過「民力訓練暨運用」、「戰略物資盤整暨維生配送」、「能源及關鍵基礎設施維運」、「社福醫療及避難設施整備」及「資通、運輸及金融網絡安全」等五大主軸，全面提升國防、民生、災防、民主四大韌性。面對威權主義的擴張持續威脅區域的穩定與秩序，在第一個情境中，假想發生「高強度灰色地帶行動」；在第二個情境中，假想發生「瀕臨衝突狀態」。在這些推演中，維持國人的日常生活、確保社會的正常運作，是首要的核心目標。[13]而不論是「高強度灰色地帶行動」或是「瀕臨衝突狀態」階段都無法排除認知戰訊息的攻擊。致使，此次會議中，由委員會委員進行閉門桌上推演，想定狀況也加入了網路攻擊及認知戰等複合性施壓。[14]

這些會議內容或總統政策宣示，凸顯在維持韌性領域，認知戰訊息的攻擊也被各方所逐漸重視。

另近期諸多兵棋推演開始強調虛假訊息的攻擊，如與歐盟關係密切，計有 36 國參與的 Hybrid CoE 組織所舉行的兵推就是如此；[15]再以美國保衛民主基金會（Foundation for Defense of Democracies；FDD），為跳脫傳統上兵棋推演以武力為基本想定的窠臼，改以「最

---

[13] 〈總統主持「全社會防衛韌性委員會第 2 次委員會議」〉，《中華民國總統府》，2024 年 12 月 26 日，< https://www.president.gov.tw/News/28987 >。
[14] 陶本和，〈總統府桌上推演反制認知戰　國防部：任何稱台灣投降的都是假訊息〉，《ETtoday 新聞雲》，2024 年 12 月 26 日，< https://www.ettoday.net/news/20241226/2881350.htm >。
[15] "Western Balkans in focus at countering disinformation wargame and conference in Vienna," Hybrid CoE, 2024/10/14, < https://www.hybridcoe.fi/news/western-balkans-in-focus-at-countering-disinformation-wargame-and-conference-in-vienna/ >.

有可能」的情況為想定，與臺灣銀行金融研訓院（TABF）相關專家（主要為銀行與金融專家）所做兵棋推演為例，該兵棋推演結果於2024年10月初公布，認為中共對臺的戰略思維可能會集中在以下幾個方面：

> 政治槓桿：利用經濟和網路行動破壞臺灣政治環境的穩定性，並削弱公眾對政府的信任。
>
> 心理戰：向臺灣民眾和政府灌輸恐懼和不確定性，削弱大眾對臺灣自衛能力的信心，從而使臺灣更容易受到中國統一敘事的影響。
>
> 經濟擾亂：以關鍵部門和基礎設施為目標，立即造成重大擾亂，從而削弱臺灣長期抵抗中國壓力的能力。
>
> 隱藏和公開策略：採用隱蔽網路行動和公開經濟措施相結合的方式，來維持看似合理的推諉，同時使臺灣和國際社會的有效應對能力複雜化。
>
> 靈活性和升級控制：維持升級或降級行動的能力，並根據臺灣的反應和國際社會的反應，根據需要調整策略。
>
> 展示和完善能力：展示中國大陸先進的網路和經濟戰能力，以阻止外部對臺灣的支持，特別是來自美國的支持，並在區域和全球投射力量。[16]

這些兵推想定，大部分集中討論人民或相關人員，甚至維持韌

---

[16] Craig Singleton, Mark Montgomery, Benjamin Jensen, "Targeting Taiwan--Beijing's Playbook for Economic and Cyber Warfare," *FDD*, 2024/10/4, < https://www.fdd.org/analysis/2024/10/04/targeting-taiwan/ >.

性相關人員，面對各種攻擊的韌性反應。

依據賴清德總統與美國 FDD 的政策制訂與兵棋推演，可見未來的臺灣，面對國際社會尤其是中共的入侵威脅，必然加重如下領域的韌性，而呈現如下的面貌：

一、以國防、民生、災防、民主為韌性追求的標準。
二、防範假訊息或認知戰訊息攻擊，貫穿四個韌性工作的部署與作為，其中賴總統於「全社會防衛韌性」一節，主張關注「臺灣長期遭受的灰色地帶侵擾、以及認知（作）戰等挑戰」更具有政策指示性的效果。
三、FDD 的兵棋推演，認為「中國大陸將集中精力吸引菁英和轉變公眾輿論」、「假訊息活動試圖煽動銀行擠兌、資本外逃和股市不穩定」，在資訊戰方面則強調：「（一）假訊息活動：透過社群媒體和受控媒體傳播有關政府腐敗、經濟不穩定和公共安全問題的虛假訊息。（二）深偽（Deepfake）技術：使用深偽視訊和音訊來創建關鍵政治人物和事件的令人信服但虛假的敘述。（三）影響力運作：利用社群媒體影響者（influencers）和付費內容農場（Trolls）放大分裂問題並製造社會動盪。（四）駭客攻擊和洩密：醜化（Dox）政府和媒體機構，以破壞公眾信心。」[17]

---

[17] Singleton, Montgomery, Jensen, "Targeting Taiwan--Beijing's Playbook for Economic and Cyber Warfare".

上述威脅的重點，都與人員是否可以「明辨是非」，抵禦認知戰訊息攻擊，展現應有韌性有關。顯然，臺灣面對中共的各種威脅，都無法脫離認知戰訊息的攻擊，且在賴政府四年或更多年，都將成為臺灣的重要施政重點，面對無所不在的認知戰攻擊，更顯其必要與獨特性。

前述不論總統政策指示或是臺灣政府權責單位的災害衝擊韌性要求，或聯合國為氣候變遷而提出國家基礎建設韌性報告，或相關的兵棋推演，都專注於在「應變」，但認知戰攻擊目的在讓被攻擊對象轉變認知，進而轉變其言、行，使對認知戰發動者有利，在韌性的議題領域中，基礎建設、全民強力維持既有生活秩序、基礎建設的恢復或正常運作上，都必須依靠「人」對於維持韌性與否的認知並產生行動，縱使實體的基礎建設有足夠應變能力，足以應對外來威脅並保持應有功能，但基礎建設操作者，若因認知戰訊息攻擊，喪失正常操作基礎建設的應變意願，甚至有意破壞，而使社會混亂、國不成國，或在基礎建設被衝擊後的恢復過程中，相關應處人員卻因認知戰的攻擊而喪失應處意願，致使基礎建設無法恢復功能或延後恢復功能，也必然帶來災難性的結果。

顯見在危機衝擊下，相關人員甚至是全民韌性提升，不被天災人禍事件擊倒，有無法被忽視的地位。因此，國際社會就直指以認知戰攻擊可以直接衝擊目標國家的基礎建設運作人員，而無須攻擊基礎建設本身，也可以使其喪失災後韌性，甚至是無致災因素，亦可能喪失基礎建設功能。不僅有形的基礎如此，無形的民主、經濟、社會、環境亦復如此。

由世界經濟論壇所發布的趨勢預判，未來十年，虛假訊息將橫掃全球，成為人類經濟發展的重大威脅，其重要性比近期國際政治

經常提及的地緣政治風險排名更前（請參閱表 1-1，1-2）。[18]換言之，韌性中「人」的因素，也將持續曝險於橫掃全球的假訊息風暴中，而持續威脅韌性的維持。但這些示警，只提出威脅可能，卻未能提出對全民韌性，尤其是維持各種韌性運作人員的保護、教育、支持……等具體內容。維持韌性的人員該如何面對認知戰攻擊，是維持韌性的重要環節，若不加理解與防範，必將成為維持韌性的「罩門」。

第二節　認知戰攻擊示警

應對各種衝擊的韌性展現，在人的層面上，美國心理學協會對於韌性的內涵認為：「成功適應困難或具有挑戰性的生活經驗的過程和結果，特別是透過心理、情緒和行為的靈活性，以及對外部和內部需求的調整。許多因素影響人們適應逆境的能力，包括個人看待和參與世界的方式、社會資源的可用性和品質以及具體的應對策略。而心理學研究表明，與韌性相關的資源和技能是可以培養和練習的。」[19]那麼，訓練民眾，尤其是維持基礎建設韌性操作人員抵抗認知戰攻擊，就成為可能，然在訓練之前，顯然必須明確知悉認知戰訊息攻擊的標的。

韌性維護人員在訊息攻擊中的保護作為，必須極度依賴心理學的反應架構，因此，就認知戰訊息攻擊而言，必須關注如下無可

---

[18] 〈Global Risks Report 2024〉, *World Economic Forum*, 2024/1/10,〈https://www.weforum.org/publications/global-risks-report-2024/digest/〉.

[19] "Resilience," *American psychological Association*, 2024/10/16,〈https://www.apa.org/topics/resilience〉.

避免的情勢：

一、隨機事件與認知戰攻擊密不可分

　　任何隨機事件均可能引發認知攻擊，是認知戰研究領域中的基礎（請參閱圖 4-1）如：中共「聯合利劍-2024B」軍演（2024 年 10 月 14 日）落幕。陸委會副主委梁文傑於 2024 年 10 月 15 日，參加「行政院處理試辦通航事務馬祖行政協調中心」揭牌儀式，在馬祖對媒體稱，大陸對臺倡「促融促和」，但於 2024 年初開始，不時派海警船擅闖馬祖禁限制水域，政策前後矛盾，只會讓兩岸愈來愈遠。[20]而臺灣民眾對於中共軍演的反感，[21]凸顯中共軍演，一邊拉攏一邊推拒的作法，對兩岸關係的發展，並無法依據中共的設定逐漸融合。臺灣輿論所呈現的現象，也有部分呼應梁文傑的說法，如媒體報導認為，共軍聯合利劍 2024-B 軍演，主軸在於隔離臺灣，正面挑戰社會韌性。不過，或許是威脅情勢已經緊繃多年，國內社會氛圍，顯然對於中共的軍事動作，越來越無感。狀況反應在「國防安全研究院」相近民意調查，顯示只有 24.3%的受訪者，認為中

---

[20] 張淑伶，〈中共邊喊促融邊軍演　陸委會：政策矛盾應有節制〉，《中央社》，2024 年 10 月 15 日，< https://www.cna.com.tw/news/aipl/202410150135.aspx >。

[21] 劉庭宇，〈民調／中共軍演！近 8 成台人不贊成統一　近 96%對中共無感或反感〉，《yahoo 新聞》，2024 年 10 月 15 日，< https://reurl.cc/36YK3O >。有關對中國共產黨的感情溫度，民調詢問：「如果用 0 到 100 度來表示對政黨的好感與反感，0 度表示最冷，最強烈的反感；而 100 度表示最熱，最強烈的好感；50 度表示沒什麼感覺，既無好感也無反感。」結果發現，4.1%對中國共產黨的感情溫度高於 50 度，71.1%低於 50 度，16.2%剛好 50 度，8.6%不知道、拒答。從平均溫度看，整體臺灣人對中國共產黨的感情溫度是 17.31 度，那是一種極端冰冷的狀態，若扣除 8.6%對政治完全冷漠的人，在今日整體臺灣人中，高達近九成六對中國共產黨不是反感就是無感，只有 4.5%對中國共產黨有好感。

共可能在五年內發動武統,不相信的人則多達六成,更有多達 67.8%的受訪者表示,如果真的面臨中共武力犯臺,將有意願挺身而出;中共視臺海為內海,在對我離島「加強執法」同時再懷柔攏絡,非典型武力威嚇,恐怕才是中共對臺聯合利劍 2024-B 軍演真正用意。[22]中共的軍演,雖然臺灣多數民眾,並不受恐嚇,但卻也顯示有 24.3%的民眾對此抱持戒慎恐懼態度,換言之,目前中共以軍演威嚇,也可以影響或強化 24.3%的臺灣民眾對中共武嚇感到懼怕的認知,依此推論,以天災、人禍等隨機事件進行認知戰攻擊,使部分民眾受影響,就可達成其分眾攻擊的目的。

二、分眾攻擊必須分眾應對以為因應

分眾攻擊是認知戰的必然現象,其基礎是社會分歧,但社會分歧多如牛毛,致使認知戰分眾攻擊亦可見縫插針,若分眾攻擊成功,逐漸形成同溫層,並逐漸走向極端,中間意見將無立錐之地,[23]社會的極化現象將越趨強烈,最終無法一致對外,是可預見的結果。尤其各類維持韌性運作人員的分眾可能遭受到攻擊,如攻擊護理人員,使渠等在災難或戰爭時期,放棄救護傷病,其對前述賴清德總統政策的「社會」韌性,或臺灣大學韌性社會研究中心所提韌性指標的「社會」韌性衝擊,可以想像。其他種類韌性維持人員若遭攻擊而拒絕維護韌性運作,可能危及其他態樣韌性,因此,面對各類分眾,尤指各類韌性維護人員分眾的防護,就成為維持社會韌

---

[22] 葉郁甫,〈軍演亮「劍」白忙?國防院民調:逾六成民眾不信解放軍五年內進犯〉,《TVBS》,2024 年 10 月 15 日,< https://news.tvbs.com.tw/ politics/ 2652283>。

[23] Chris Bail, *Breaking the Social Media Prism—How to Make Our Platforms Less Polarization* (New Jersey: Princeton University Press, 2021), pp. 79-83.

性的重點。

面對認知戰訊息無所不在，且巨量存在的現實，有限的防治能量，應如何依據輕重緩急篩選回應就變成核心議題。如西班牙極右政黨 VOX，在推動加泰隆尼亞（Cataluña）獨立時，就利用新興的傳播工具，如 Tweeter、YouTube、Instagram、WhatsApp 等等，讓自己的訴求看來獲得各方支持，與各方相互團結，[24]讓聲勢看來比實際的實力更為巨大，目的當然是要蒙蔽旁觀者，並依據相關的心理反應，如從眾效應（Bandwagon）等，使加入並支持其政治訴求，雖然其成功與否，受時空環境的變化影響極大，但一時之間，卻可以讓被此種訊息攻擊群眾難辨真假；認知戰攻擊訊息，常用這種虛假壯大自身，企圖讓政治訴求達成的手段。以有限的防治能量，面對各種各樣的訊息攻擊，如何辨別出真正的危害並做出適切的反應，就變成認知戰攻防中成敗的重要環節，更是保護維持韌性運作人員抵抗攻擊的重要環節，然而篩選回應認知戰訊息的嚴重與輕重緩急程度，顯然與政權的抉擇有密切的關係，因此，行政院有惡、假、害的定義，[25]但也不斷被在野黨人士攻擊處置不公的「查水表」行事，[26]因此，面對認知戰訊息的攻擊，判斷何種訊息必須

---

[24] Anne Applebaum, Twilight of Democracy—The Seductive Lure of Authoritarianism (New York: Anchor Books, 2020), pp. 122-123.
[25] 〈政院：不可傷害言論自由　三重機制防制「惡、假、害」不實訊息〉，《行政院》，2018 年 12 月 10 日，< https://www.ey.gov.tw/Page/9277F759E41CCD91/a87eb5ee-9466-438a-a6fe-a8570db6ab1a >。
[26] 〈查水表是什麼意思？如何衍生出的網路流行語？〉，《yahoo 新聞》，2020 年 12 月 18 日，< https://reurl.cc/EgRQ61 >。「查水表」原意是指自來水公司人員進入民眾家中查錄用水量，有一說法是出自中國大陸《派出所的故事》電視劇中，警察辦案為隱藏身分而謊稱「查水表」意圖使嫌犯打開家門。後被引申為因言論或參與活動，遭警察無故調查、上門找麻煩的網路流行語；也能擴大解釋為意指政府公權力干預言論，網友常以「小心被查水表」等語句在網路上

回應?如何回應?是在民主法治國家所必須謹慎面對的課題。而回應的取捨,就可概分為主、客觀因素;主觀因素,因政治需求認為必須應處,如該訊息直接衝擊到執政者的政治地位,當然必須運用其政治權柄要求相關機關進行應對,此類應對因政治因素的考量,已跳脫客觀標準評價,也脫離本書討論範疇,故暫予以擱置;客觀因素,則必須以一定的客觀標準,估量訊息的攻擊傷害程度,並依據對韌性維持人員的可能傷害程度做出應處,而輿情分析技術於焉登場。

認知戰訊息是否具有危害顯然是就被攻擊群眾或個人對於該訊息的言、行反應,是否危及被攻擊國家的社會秩序與國家安全為標準,那麼客觀地隨時掌握民意走向必然是唯一方法,而掌握民意走向,傳統慣用的民意調查雖不失為有效方法,但在訊息萬變的認知戰攻擊中,緩不濟急;而諸多檢測方法,如訊息被分享數量的測量等於焉出現,其中新興的電腦科技:以「聲量」檢查的方式更被各方普遍運用,其重要性就變得極為突出。

常見的網路輿情分析包含下列重要觀測指標:

一、聲量分析:聲量數(聲量占比)即分析各族群討論主題的網路輿論聲量,提供特定族群區隔的聲量數,藉以了解討論最多該主題的族群區隔為何。透過語意分析自動擷取與該主題相關關鍵字分析,讓使用者掌握該主題的重點議題。

二、情緒分析:使用正負面情緒詞庫輔以文章長度、字詞

提醒言論。

出現占比等概念，透過機器學習機制，進行正面／負面／中立三個類別的自動分類學習，產出單篇文章的情緒分類判讀，呈現正負情緒比（如 P/N 比＝正評數／負評數），其趨勢圖可用於檢視每天情緒聲量之消長變化。

三、來源分析：針對主題（即眾多關鍵詞組之組合），根據來源占比呈現聲量分布狀況，用於比較主題輿情分布之特性，區分重要來源，按照每日時間趨勢呈現，可參考聲量高峰，解讀不同來源組成聲量之原因。

四、趨勢分析：趨勢圖可選擇一個或多個主題，將聲量依日期呈現其趨勢變化，可用於呈現主題間聲量消長狀況，或事件發生前後聲量差異等，掌握聲量變動趨勢。針對以上不同的分析，進行結果的詮釋與解讀，以全面瞭解不同世代網民對於論述、傳播途徑、情緒、立場、聲量、關鍵詞、討論趨勢之差異。[27]

聲量分析是當前對於輿情分析的重要工具，如目前盛行的 OpView 與 LOWI 等眾多民間公司所提供之服務，[28]均利用 AI 爬梳大量重要社群媒體平臺內容，並對其內容進行聲量與情緒分析，這種趨勢已經是過去依民意調查了解民意所無法比擬：

---

[27] 蕭乃沂、郭毓倫，〈循證分析：關注議題、情緒與好感度之外──整合網路輿情分析於公共政策分析的初探〉，《循證尋政》，< https://reurl.cc/qnd6Oq >。
[28] 〈OpView 簡介與教學〉，《Opview》，< https://www.opview.com.tw/wp-content/uploads/2019/05/OpView%20Insight%20Introduction.pdf >。《LOWI AI 大數據》，< https://lowibigdata.com/> 。

表 8-1　大數據與傳統調查之比較

	社群大數據	傳統調查
原理	非介入式的內容分析法 智慧語意技術 大數據下直接觀察母體	設計問卷後抽樣調查 存在抽樣及干擾誤差
準確性	高	高
時效性	高，可連續追蹤比較	低　◀ 週變小時 快100倍
資料量	龐大	1068份樣本　◀ 千到千萬份 大1萬倍
觀點形成	意見可深入分析	量化成選項
應用領域	廣，有數據內容即可	廣

資料來源：〈OpView 簡介與教學〉,《Opview》,〈 https://www.opview.com.tw/wp-content/uploads/2019/05/OpView%20Insight%20Introduction.pdf〉。

　　這些分析涉及訊息消費者對相關議題的反應是支持或反對，及研究者的道德限制（隨意引用社交網路資料卻未經資料發送者的同意）、資料代表性（網路上的資料是否足以代表全民）、可靠性（資料發送者是否真心誠意地在網路上表達出實際感受）等，甚至還會受訊息出現平臺演算法的干擾，讓所擷取的網路訊息偏誤，讓分析資料也有因此偏誤的隱憂。縱使有這些可能的隱憂，但在各方警覺與努力克服下，[29]至目前為止，仍不失為從社群媒體中崛起相關訊息，以評估訊息散發後效果的重要依據。

　　認知戰攻、防雙方顯然都必須謹慎面對這些資料，以求取最真切情況，再以自身立場，衡量所發出或接受到的訊息，是對己方正面或負面結果作為反應的依據，因此若將聲量數、情緒反應及可能

---

[29] Stefano M. Lacus, Giuseppe Porro, *Subjective Well-Being and Social Media* (Boca Raton: CRC Press, 2021), pp.34, 40-43, 121.

進行的分眾攻擊作為變數衡量反映，就具有如下各種選項：
一、聲量巨大、情緒對己不利，必須積極防治。
二、聲量巨大、情緒對己有利，理應積極替對方宣傳，擴大對己方有利對敵方不利氛圍營造，但必須避免協助宣傳反而造成分眾攻擊效果。
三、聲量不足，無人關心，則無須應對以節省有限防治能量，但仍必須留意雖聲量微小但卻蠶食小眾，最終造成分進合擊「積小勝為大勝」局面，而一發不可收拾。

為維持被攻擊者各方面的韌性，尤其是維持韌性運作人員的韌性，隨時關注訊息的聲量及引發的效果，是重要的因應策略。但如此因應，顯然必須等待攻擊者訊息散發，我方接受，並對我方民眾反應進行評測，再依據評測結果進行應對，顯然難收制敵機先效果。在認知戰領域中，若造成傷害將極難彌補或根本無法彌補，因此，如何搶占機先防治認知戰攻擊，以維護全社會各方面的韌性，便成為認知戰攻防中的重要關鍵之一。

第三節　韌性檢查

對於關鍵基礎建設韌性的防護，我國國土安全會報所提關鍵基礎設施領域分類計有：電力、石油、天然氣、供水、通訊、傳播、陸運、海運、空運、氣象、銀行、證券、金融交付、醫療照護、疾病管制、緊急應變、機關場所與設施、資通訊系統、科學與生醫園

區、軟體園區與工業區，[30]卻缺乏對人員認知戰防護的項目，而其對關鍵基礎建設韌性的檢查表臚列：一、強化保全或駐警人員防護工作，二、強化全體員工防護工作，三、廠（場）區防護裝備、能量，四、強化警民聯合防護工作，五、應變機制，六、（特種）防護團運用，[31]亦全屬於基礎建設運作維持正常的檢查，同樣欠缺對運作人員防治認知戰訊息攻擊檢查。但「經濟合作暨發展組織（Organisation for Economic Cooperation and Development；OECD）」卻對假訊息可能傷及韌性提出了警告，其 2024 年的 *Facts not Fakes: Tackling Disinformation, Strengthening Information Integrity* 報告就稱，結合各方力量打擊虛假訊息是建立社會韌性的重要手段（Countering disinformation and strengthening information integrity require concerted efforts to build societal resilience），[32]這些努力當然無法自外於以正確訊息快速反制、與民間組織及國際社會合作等回應，而 OECD 的報告介紹了全球重要國家，主要是歐洲重要國家努力對抗虛假訊息攻擊的方法，同時認為，快速的真實訊息提

---

[30] 〈關鍵基礎設施領域分類〉，《行政院國土安全辦公室》，2023 年 10 月 25 日，〈 file:///C:/Users/User/Downloads/%E5%9C%8B%E5%AE%B6%E9%97%9C%E9%8D%B5%E5%9F%BA%E7%A4%8E%E8%A8%AD%E6%96%BD%E9%A0%98%E5%9F%9F%E5%88%86%E9%A1%9E_1121025%E4%BF%AE%E6%AD%A3%20(1).pdf〉。

[31] 〈關鍵基礎設施自我防護作為檢核表（範例）〉，《行政院國土安全辦公室》，2021 年 5 月 11 日，〈 file:///C:/Users/User/Downloads/%E9%97%9C%E9%8D%B5%E5%9F%BA%E7%A4%8E%E8%A8%AD%E6%96%BD%E8%87%AA%E6%88%91%E5%AE%89%E5%85%A8%E9%98%B2%E8%AD%B7%E6%AA%A2%E6%A0%B8%E8%A1%A8.pdf〉。

[32] OECD, "Facts not Fakes: Tackling Disinformation, Strengthening Information Integrity," (Paris: OECD Publishing, 2024), p. 74, *OECD iLibrary*, 〈 https://www.oecd-ilibrary.org/docserver/79812dd0-en.pdf?expires=1734073959&id=id&accname=guest&checksum=1648DB4625A2A559527D16B41FB3A2FA〉.

供可以抑制虛假訊息的流行，下列九種做法可以維持民主社會的運行：

一、結構與治理

（一）制度化：各國政府應以官方傳播和資料政策（Data Policy）、標準和指導方針指導下，將干預措施整合為一致的方法。公共傳播辦公室（Public Communication Offices）應給予充足人力、財力資源、國家和各級政府間也應良好協調。

（二）以公眾利益為導向：公共傳播應獨立於政治的干預，以抵制錯誤資訊和虛假資訊。公共傳播應獨立於黨派和選舉宣傳，並採取措施確保明確論述者（Authorship）、公正、問責和客觀性。

（三）面向未來和專業化：公共機構應投資於創新研究，並運用策略前瞻性來預測技術與資訊生態系統的演進，並為可能的威脅做好準備。反虛假資訊干預應設計為開放的、適應性，並配合職能專業化的努力，建立公務員的能力，以應對不斷變化的挑戰。

二、提供準確且有用的資訊

（四）透明度：政府應努力以誠實、明確的方式進行溝通，讓機構在相關法律法規的允許下，全面公開資訊、決策、流程和資料。透明，可以減少謠言的空間。

（五）及時：公共機構應意識到虛假資訊的傳播速度，建立協調與核准機制，透過識別和回應新出現的敘述，及時採取行動，回應以正確、相關且具說服力的資訊快速介入。

（六）預防：政府干預的目的應該是預防謠言、謊言和陰謀，以

阻止錯誤和造謠的敘述擴大其影響力。注重預防就要要求政府識別、監控並追蹤有問題的內容及其來源；辨識並主動填補資訊和資料缺口，以降低對猜測和謠言的敏感度；瞭解並預測常見的假消息策略、弱點和風險；並確定適當的行動，例如「事先揭穿」(Prebunking)。

三、民主參與、更強大的媒體與資訊生態系統

（七）以證據為基礎：政府干預應該根據可信賴的可靠的數據、測試、受眾和行為洞察力。研究、分析和新的洞察力可以持續收集，並應該用於改進方法和實踐。政府應專注於識別新興的敘述、行為和特徵，以瞭解其進行溝通和回應的環境。

（八）包容性：干預應該設計成多樣化，以涵蓋社會上的所有群體。官方資訊應力求相關且易於理解，並針對不同的大眾量身定造訊息。溝通管道、訊息和傳達者應適合預定的受眾，且進行溝通活動時，應尊重文化和語言差異，並注意接觸不參與活動、代表性不足或邊緣化的群體。充足的資源和專心致志的努力，可以支援回應性的溝通，並促進雙向對話，以抵制錯誤和誤導的內容。

（九）全社會：政府為對抗資訊失序所做的努力應與相關利害關係人合作，包括媒體、私營部門、民間社會、學術界和個人。政府應促進公眾防禦，並促進公眾對於錯誤和不實資訊的適應力，以及一個有利於獲取、分享和促進建設性參與的環境。在相關情況下，公共機構應與非政府合作夥伴協調合作，以在全社會和全國各地建立起相互信任關係。[33]

---

[33] OECD, "Facts not Fakes: Tackling Disinformation, Strengthening Information Integrity," pp. 88-89.

OECD 的方法，顯然是以全體社會民眾韌性維護為著眼點，但維持韌性運作人員亦被包含在內。OECD 的方法，雖不一定能完全適用於諸多不同國情的國度，但仍具有相當程度的代表性。我國面對中共的認知戰虛假訊息攻擊最為激烈，政府曾通令「222 原則」,[34] 以快速、簡單、明確為對抗認知戰攻擊的依據，但綜觀各國，包含臺灣的反應，大部分都是事後的回應，係屬事後防範（Debunking）性質，以溯源查找假訊息後，再依據相關情況進行澄清、下架虛假訊息、依法律懲處等方式應對，顯然仍難免除一定程度的傷害，更有甚者，諸多研究都顯示，當受眾接受到虛假訊息後，縱使給予正確訊息讓其跟上訊息的最新發展，以糾正其因虛假訊息所造成的認知偏差也非易事，在政治領域訊息方面更是如此。[35] 近期國際社會提出面對認知戰虛假訊息「事先揭穿」的策略思維，意在虛假訊息出現前做好提醒民眾等預防準備，那麼事先揭發該如何進行？

　　在臺灣，對於事先揭穿，先防治認知戰虛假訊息的做法，可以中央選舉委員會為 2024 年總統大選所提〈7 類常見選務錯假訊息，請提高警覺！〉為例，該 7 類包含當時所預判 2024 年總統大選可能的虛假訊息，以提醒民眾注意：

一、電腦計票會造假（錯誤）。
正確：計票系統每筆資料都由全國各選務作業中心直接回傳，與
　　　全國各地投開票所計票結果相同。

---

[34] 「222 原則」,指「標題在 20 字內、內文 200 字內、附上 2 張照片」。
[35] Sander van der Linden and Jon Roozenbeek, "Psychological Inoculation Against Fake News," in Rainer Greifeneder, Mariela E. Jaffé, Eryn J. Newman and Norbert Schwarz ed(s)., *The Psychology of Fake News—Accepting, Sharing and Correcting Misinformation* (New York: Routledge, 2021), p. 151.

二、投票所內外都可以錄影監控（錯誤或部分錯誤）。

正確：為保障選舉人投票秘密，投票所內外不得窺視、錄影；至開票過程則可全程參觀並錄影。

三、選務工作人員不公正（錯誤）。

正確：選務工作人員三分之一以上為公教人員，且各政黨或候選人亦推薦監察員監督投開票作業。

四、紙製票箱會藏票（錯誤）。

正確：投票前、開票結束時都會讓民眾與監察員檢查確認投票匭或紙製票箱。

五、開票前不宣布領票人數（錯誤）。

正確：開票前會宣布領票人數，且開票後會將「投開票報告表」公開張貼，供監察員與民眾檢視。

六、隱形墨水在作票（錯誤）。

正確：印刷廠在選票印製過程中，需按照選票規範為之，不可能有污點、戳印或有隱形墨水等，且印製過程皆有監察小組委員、警察在場監印。

七、太早投票會被動手腳（錯誤）。

正確：不論任何時段投票，只要符合選票圈選規定，都會被計算為有效選票。絕無早上投票就會被動手腳這件事！[36]

---

[36] 中央選舉委員會，〈7 類常見選務錯假訊息，請提高警覺！〉，《中央選舉委員會》，2023 年 12 月 12 日，< https://2024.cec.gov.tw/article/content/?id=NEWS&target=%2Farticle%2FA0172 >。

事後證明，確實出現與預判相類似的虛假訊息，[37]就實際觀察，民眾所受的影響似乎並不顯著。雖至今並未發現相關研究證明，臺灣民眾對這些虛假訊息的反應冷靜，與這類事先揭穿的通報有因果關係，但卻也無法排除。西方亦有諸多類似的做法，其中以英國劍橋大學（University of Cambridge）、英國之音慈善組織 BBC Media Action 及谷哥事先揭穿研究單位 Jigsaw 所做報告可為代表，該三個單位聯合出版的網路書籍 A Practical Guide to Prebunking Misinformation 表明，事先揭穿的重點是在於提醒人們如何被操縱和誤導，而不是直接挑戰虛假訊息，或告訴人們必須相信什麼。[38]以主動（提供面對訊息必須維持警醒的資訊）、被動（提供資訊）等方式，利用遊戲、解說提醒民眾對於虛假訊息必須保持警戒，[39]事先揭穿更要注意，由於群眾已接受虛假訊息後，要更正他們的見解並不容易，因此必須以特殊方式面對，有效的方式必須考慮：一、錯誤資訊的敘述和技巧，經常在不同的時間和主題中重複出現。二、針對虛假訊息可能攻擊的內容及受眾進行相關的預防，[40]可為「事先揭穿」工作方向的參考，以逐步教育糾正接受虛假訊息民眾的觀念，並預防其他民眾被虛假訊息污染，而在執行事先揭穿的工作上，更要做如下之檢查：

---

[37] 〈2024 總統大選不實訊息〉，《台灣事實查核中心》，< https://tfc-taiwan.org.tw/topic/9640> 。
[38] "A Practical Guide to Prebunking Misinformation," p. 6, < https://prebunking.withgoogle.com/docs/A_Practical_Guide_to_Prebunking_Misinformation.pdf> .
[39] "A Practical Guide to Prebunking Misinformation," pp. 11-12.
[40] "A Practical Guide to Prebunking Misinformation," p. 19.

表 8-2　事先揭穿部署檢查表

事先揭穿設計
☐ 選擇您的主題 您想要排除哪些錯誤資訊？
☐ 選擇您的受眾 您的目標對象是誰？
☐ 定義您的目標 您希望取得什麼成果？
☐ 選擇方法 您是針對錯誤資訊內容還是策略運用？
☐ 選擇一種形式 哪種形式最適合您的介入？（文字、資訊圖表、視訊等）。
☐ 設計您的訊息 根據文化、戰術和受眾的提示，建立您的介入方式。
☐ 部署訊息 在指定平臺上分享
☐ 成效評量 哪些指標符合預期結果？

資料來源："A Practical Guide to Prebunking Misinformation," p. 32,〈 https://prebunking.withgoogle.com/docs/A_Practical_Guide_to_Prebunking_Misinformation.pdf〉.

　　這些維持民主社會的運行、事先揭發、檢查，除運用於全社會的保護，顯然，也可用於保護韌性維護者的分眾，為維持韌性的實體或非實體韌性維護操作人員的韌性，更應該著重引用。

　　認知戰中，訊息的來源是否可信，是判斷訊息是否可信的關鍵，因此，攻擊者為提高攻擊效率，自然必須隱藏其真實身分，致生諸多手法，這些手法有學者以「洗訊息」（Information Laundering）加以形容，其意如「洗錢（Money Laundering）」一般，[41]無法判斷訊息的真假，甚至無法追蹤訊息的起源，以逃避查緝；就信息消費

---

[41] Philip Seib, *Information at War—Journalism, Disinformation, and Modern Warfare* (Cambridge: Polity Press, 2021), p. 169.

的群眾或個人而言，在面對諸多虛假訊息的環境，群眾與個人都不可能具有全面的專業知識判定訊息真假，而必須極度依賴權威（Authority）與專家意見，[42]但權威與專家，卻也無法面面俱到，隨時隨地提供諮詢，因此，受訊息攻擊者自行以訊息來源判定訊息真假變成極端重要，而「洗訊息」則足以混淆訊息來源，將因此更加無法判定訊息的真假而增加遭訊息殺傷的可能。故縱使有如Opview、LOWI 這類可以追蹤訊息來源、散播與各方反應狀況的民間公司誕生，以超強電腦技能分析提供客戶相關資料，但這些公司的功能僅止於提供現實狀況，以供相關人員判斷使用，判斷認知戰訊息來源、意圖與可能傷害，電腦技術也力有未逮。因此，以「事先揭穿」認知戰防治的思維，就韌性維護單位與運作人員特性，事先釐清可能攻擊方向與內容，標定危害韌性運作可能訊息來源，提高警覺，並隔離或教導韌性維持運作人員防範，是為提高韌性的重要舉措，對於韌性的維護，方不流於片段、隨機。

瑞典隆德大學（Lund University）於 2024 年所發表的《韌性與心理防禦建構（Building Resilience and Psychological Defence）》工作手冊，針對混合攻擊，包含認知戰攻擊，指出人們在面臨可能被攻擊時，如何預判敵情、檢視本身現況。書中提出相關因應作為，以簡單明瞭的檢查表標定；如何將此表格轉化適用於臺灣當前遭受認知戰攻擊，尤其是分別保護一般民眾與依各單位特性之韌性維護人員，值得參考：

---

[42] Renee Hobbs, *Media Literacy in Action* (London: Rowman & Littlefield, 2021), pp. 225-226.

表 8-3　威脅評估

一、威脅評估	步驟 1 分析	步驟 2 影響評估	步驟 3 建議採取的行動
1. 境外攻擊行動的發動者是誰？			
2. 發動者有哪些具體策略，技術和工具可用？			
3. 威脅的程度和模式及長期以來的演變情形？			
4. 國家預期哪些新興或未來的威脅並應該做哪些準備？			
結論（威脅評估）			

資料來源：Björn Palmertz, Mikael Weissmann, Niklas Nilsson, Johan Engvall, Building Resilience and Psychological Defence--An analytical framework for countering hybrid threats and foreign influence and interference (Lund: Lund University, 2024), p. 17.

表 8-4　脆弱性評估

二、脆弱性評估	步驟 1 分析	步驟 2 影響評估	步驟 3 建議採取的行動
1. 是什麼政治、社會和經濟因素造成國家面對外敵干涉時脆弱？			
2. 國家的那些治理結構和民主進程影響面對外國干涉的脆弱性？			
3. 有沒有特別的社會裂隙、問題、社會團體或組織在有意無意間被外敵放大並進而操縱公眾意見？			
4. 外敵干涉國家技術基礎設施及連帶影響的脆弱性？			
結論（脆弱評估）			

資料來源：Björn Palmertz, Mikael Weissmann, Niklas Nilsson, Johan Engvall, Building Resilience and Psychological Defence--An analytical framework for countering hybrid threats and foreign influence and interference (Lund: Lund University, 2024), p. 18.

表 8-5　防禦機制評估

三、防禦機制	步驟 1 分析	步驟 2 影響評估	步驟 3 建議採取的行動
1. 現存哪些策略、政策和機構，可用於抵禦外敵干涉？			
2. 如何有效地運用這些防禦機制，偵測、預防和減輕敵國干涉？			
3. 防禦機制有哪些弱點需要解決？			
4. 如何提高媒體素養、批判性思維，以及人民的韌性，以應對敵國干涉？			
結論（防禦機制）			

資料來源：Björn Palmertz, Mikael Weissmann, Niklas Nilsson, Johan Engvall, Building Resilience and Psychological Defence--An analytical framework for countering hybrid threats and foreign influence and interference (Lund: Lund University, 2024), p. 19.

表 8-6　協調與合作評估

四、協調與合作	步驟 1 分析	步驟 2 影響評估	步驟 3 建議採取的行動
1. 政府相關機構、情報部門、執法機構等，如何協調解決境外勢力干涉？			
2. 政府聯合各單位是否發展出識別、分析和反擊能力？			
3. 市民社會組織、媒體機構和其他非政府組織是否支援反對敵國干涉角色？			
4. 國家與國際合作夥伴和盟友如何從事國際合作交流、交換實際作為、訊息和情報共享？			
結論（協調和合作）			

資料來源：Björn Palmertz, Mikael Weissmann, Niklas Nilsson, Johan Engvall, Building Resilience and Psychological Defence--An analytical framework for countering hybrid threats and foreign influence and interference (Lund: Lund University, 2024), p. 20.

表 8-7　法律與政策框架評估

五、法律與政策框架	步驟1 分析	步驟2 影響評估	步驟3 建議採取的行動
1. 有哪些法律框架和法規可以對抗敵國干涉並保護國家安全？			
2. 面對伴隨科技進步的敵國干擾，這些法律和政策效果如何？			
3. 是否有任何立法及彌補政策不足的作為？			
4. 這些政策與法律強力執行的有效性如何？			
結論（法律和政策框架）			

資料來源：Björn Palmertz, Mikael Weissmann, Niklas Nilsson, Johan Engvall, Building Resilience and Psychological Defence--An analytical framework for countering hybrid threats and foreign influence and interference (Lund: Lund University, 2024), p. 21.

表 8-8　影響與效力評估

六、影響與效力	步驟1 分析	步驟2 影響評估	步驟3 建議採取的行動
1. 留意國家政治穩定、公眾輿論和民主進程是否衍生出意想不到的影響？			
2. 如何具體回應敵國干預，及學到什麼教訓？			
3. 防禦機制是否已到位並證明可有效對抗外國干預？			
4. 國民感知防禦的有效性及對政府能力是否具有信心？			
結論（影響力和有效性）			

資料來源：Björn Palmertz, Mikael Weissmann, Niklas Nilsson, Johan Engvall, Building Resilience and Psychological Defence--An analytical framework for countering hybrid threats and foreign influence and interference (Lund: Lund University, 2024), p. 22.

第四節　結語

　　前述聯合國對於基礎建設韌性的報告，開宗明義稱：「國家基礎設施通常具有歷史與文化價值，其標誌性元件（Iconic Components）可能會限制為提高韌性而進行的改變」，[43]即指不同國度對於基礎建設的韌性提升，具有不同的阻礙因素，換言之，前述有關韌性的檢查表格，必須依據國情轉換成各國適用的內容，因此，臺灣若需要檢驗承受認知戰攻擊時的韌性，尤其是維持韌性操作人員的韌性，亦必須依各單位特性將其轉換成最適用內容，方可盡其功。更或說，韌性的維護或提升，除相關的軟硬體設備的改善外，對於維護韌性的操作人員之認知戰防護，顯然也必須依據臺灣的特有環境與需求設法提升，而認知戰攻擊所散播的訊息，又是必須防範的重點，對於這些訊息的防範，有研究認為必須由四個面向著手：

一、運用演算法避免虛假（特定）訊息的傳送。
二、隨時查核糾正錯誤訊息。
三、以相關法令保護防衛。
四、求助心理學，預防被攻擊。[44]

　　前述四種方法必須同時合作方可更加周延，然在力求周延的過程中，面對認知攻擊必須提升韌性卻無適當檢查標準的狀況下，依據前述檢查表為基礎，並依國情進行增刪，是值得依恃且可行的

---

[43] Sendai Framework, "Principles for Resilient Infrastructure," p. 14.
[44] Linden and Roozenbeek, "Psychological Inoculation Against Fake News," pp. 150-151.

方法。但不論如何修定檢查表格,最終目的都在維持現有的生活制度,絕不接受境外敵對勢力惡意的以認知戰訊息破壞,是在韌性維護上,面對認知戰攻擊的基本訴求。換言之,目前全世界所提倡關注的韌性議題,不僅是廣義的全社會民心安定,更要關注關鍵的、狹義的有形基礎建設與無形民主、經濟、社會、環境韌性維護人員的韌性維持。

過去面對認知戰的攻擊所憑藉的是事後追緝懲戒(Debunking)的思維,但事後追懲的做法,對於傷害已經造成的結果不易平復,是其最被詬病之處,更是對韌性維護最大的短板。隨著時空環境的改變,選擇以事先揭穿方式,提早告知境外敵對勢力可能的攻擊,讓境外敵對勢力所發動之訊息攻擊無效,甚至根本無從發動攻擊,必是未來面對認知戰訊息攻擊發展方向的必然。現行的「事後防範(Debunking)」思維與方法,與「事先揭發(Prebunking)」思維與方法,可視為防治認知戰虛假訊息攻擊光譜分析的兩端,如圖:

◀┄┄┄┄┄┄[先發制人]┄┄┄┄┄┄[事後防範]┄┄┄┄┄┄▶

圖 8-3　防治發動時機落點圖

資料來源:作者自行繪製

落於兩端中的各類防治方法,不僅有其必要,更是值得各方加強研究的區塊。而隨著時空環境改變與科技進步,越過事先揭穿的更新進方式,如使用 AI 預判境外敵對勢力可能發動的訊息攻擊內容,將是未來的防治方向,而越過事後防範端,雖看似「落伍」卻

可彌補過去不足,更落實防治方法,如落實網路實名制,或修改法令使更加周延,或有新的心理學等知識,足以糾正被誤導的認知使其轉趨正常等等,都是未來值得深思強化研究的區塊。

第九章　結論

　　由於通訊科技的不斷進步，與 AI 技術的出現，使過去古老的心理戰、輿論戰、宣傳戰，逐漸蛻變成為「認知戰」，其核心就是境外敵對勢力，以特定的訊息改變特定目標群眾或個人的認知，並因此改變其言、行，終使境外敵對勢力獲得利益。這種為達成不戰而屈人之兵，將訊息武器化的趨向，已改變過去戰爭存在於陸、海、空、太空、網際網路五個場域的認知，而逐漸將「認知戰」納入未來戰爭的第六個場域；在認知戰成為戰爭場域過程中，馬上就涉及「認知戰」是否為「戰爭」的問題。[1]

　　戰爭有一定的定義，但不論如何定義，都必然有暴力形式的出現，因認知戰無暴力的形式，至目前為止，不能被當前國際社會認定為「戰爭」，認知戰若無法被認定為戰爭，則國際社會就難有國際法的正當立場全面予以封殺。但認知戰雖無暴力形式，卻藉由通訊科技日益發達之便，展現如傳統戰爭般極大殺傷力的結果。國際社會包含臺灣在內，該如何趨吉避凶、有效防治，顯然是極大的考驗。

第一節　新型態的戰爭

　　聯合國憲章序言，開宗明義就稱「欲免後世再遭今代人類兩度身歷慘不堪言之戰禍」，[2]也因此才有聯合國的設立，如今面對無日

---

[1] Lea Kristina Bjørgul，"Cognitive warfare and the use of force," *STRATAGEM*, 2021/9/3, < https://www.stratagem.no/cognitive-warfare-and-the-use-of-force/ >.

[2] 〈聯合國憲章〉,《聯合國》,< https://www.un.org/zh/about-us/un-charter/ full-

無之的認知戰訊息肆虐，聯合國若依戰爭所帶來禍害而設立的制止初衷，幾無防治的依據，近期幾個重要案例正說明面臨新戰爭，幾乎陷入束手無策的窘境：

2024年12月3日晚間，南韓總統尹錫悅突然宣布戒嚴，震驚國際社會，尹錫悅於電視講話中，陳述反對派如何試圖破壞政府，表示戒嚴是為了「鎮壓造成嚴重破壞的反國家勢力」，但在各方壓力下，於16小時後又宣布解嚴，之後風波延燒難於一時平復。[3]隨著事件的發展，2025年1月4日，美國《紐約時報》報導稱：

過去一週的每一天，數以千計的人一起聚集在韓國被彈劾總統尹錫悅住所附近，以「太極旗部隊」態勢保護尹錫悅，他們在集會上高唱愛國歌曲，揮舞韓國和美國國旗，支持南韓與華盛頓的同盟關係，對左翼政治人士進行猛烈抨擊，他們擔心這些左翼人士會把自己的國家交給中共和朝鮮，此舉被認為是川普「美國再次偉大」的韓國版。尹錫悅支持者經常舉著寫有「停止偷竊」的標語，這也是借用了一些美國人的說法。在他們看來，是反對派發動了叛亂，濫用其在議會的多數權力，一再阻撓尹錫悅的政治倡議。認為2024年4月的選舉是被操縱的，反對派在議會中的多數席位無效。保護尹錫悅被他們認為等同於保護韓國不受已在韓國社會各個角落紮根的「朝鮮追隨者」侵害。韓國人通常認為這種陰謀論不過是YouTube右翼用戶，藉助社群媒體演算法在網上傳播的煽動言論，但在韓國根深蒂固的政治極化情況下，它們加劇了尹錫悅問題所

---

text〉。

[3] 毛遠揚（Frances Mao），權赫（Jake Kwon），〈韓國總統尹錫悅為何突然宣布戒嚴又在幾小時後解除？當晚發生了什麼？〉，《BBC》，2024年12月4日，〈https://www.bbc.com/zhongwen/articles/cjwld1n61gqo/trad〉。

引發的動盪，驅使大批狂熱信徒走上街頭，呼籲總統復職。這些Youtube用戶（其中一些擁有約 100 萬訂閱者）要求尹錫悅復職，並直播支持尹錫悅的集會，在這些集會上，演講者稱罷免尹錫悅的企圖是朝鮮授意的「政變」。分析人士擔心，演算法正在助長國家的分裂。尹錫悅更公開地與激進的政治右翼結盟，他指責不友好的記者傳播「假新聞」，稱政敵是「共產主義極權主義」的擁護者。他甚至任命了一名 YouTube 右翼用戶擔任政府官員培訓中心的負責人。一些 YouTube 右翼分子還暗示中國大陸是韓國國內政治（包括選舉）的秘密操縱者。尹錫悅支持者在集會上經常高喊「驅逐中國人」的呼聲。尹錫悅在為自己的戒嚴令辯護時，也提出了對中國間諜的擔憂。[4]此案，最終導致尹錫悅於 2025 年 4 月 4 日，遭南韓憲法法院宣判彈劾案成立而下臺，接續將是新的總統大選，[5]後續發展仍待密切觀察，其紛亂程度，除實體的破壞與生命的喪失外，並不亞於真實的戰爭。

在韓國政情動盪初期，甚至引發臺灣政壇是否也會仿效尹錫悅戒嚴的紛擾。[6]類似藉特定訊息傳送造成的紛擾，幾乎已席捲全球，目的都在令敵對政權動盪甚至顛覆，與戰爭目的無異。

---

[4] Choe Sang-Hun, "How 'Stop the Steal' Became a Protest Slogan in South Korea--Right-wing YouTubers helped President Yoon Suk Yeol get elected. Now that he's been impeached, they're rallying his supporters with conspiracy theories," *New York Time*, 2025/1/4, ＜ https://www.nytimes.com/2025/01/04/world/asia/south-korea-yoon-conspiracy-theories.html＞。

[5] 鄭懿君，〈尹錫悅違法戒嚴遭彈劾下台 圖表看懂判決歷程〉，《中央通訊社》，2025 年 4 月 4 日，＜ https://www.cna.com.tw/news/aopl/202504045002.aspx＞。

[6] 〈觀點投書：效仿南韓戒嚴，賴政府自取滅亡〉，《風傳媒》，2024 年 12 月 6 日，＜ https://www.storm.mg/article/5286423＞。

而在臺灣從事事實查核的非政府組織「台灣資訊環境研究中心（IORG）」，於 2024 年 11 月的全臺民調結果顯示，臺灣 TikTok 使用者具有以下特徵：

- 34.8%臺灣民眾使用 TikTok。
- 使用者平均分布於各年齡層：各年齡層使用率均超過三成，並非年輕人專屬。
- 對中國好感度更高：對中國好感度平均 4.2 分，顯著高於非使用者的 3.4 分。（以 0 到 10 分計，分數越高代表好感度越高）
- 更認同臺灣政府親美會引起戰爭：41.5%使用者認同，顯著高於非使用者。
- 更肯定中國大陸對臺灣的經濟發展有正面影響：50%使用者抱肯定態度，顯著高於非使用者（37.9%）。
- 更具備「臺灣經濟失敗」傾向：51.9%使用者對臺灣經濟前景抱悲觀態度，顯著高於非使用者（43.6%）。

在臺灣，TikTok 多次成為資訊操弄論述傳播的平臺，例如 2024 年臺灣總統大選投票前後 7 天內，「作票」相關的謠言影片於 TikTok 上密集傳播，其影片數與觀看數甚至超過 YouTube。中共也利用 TikTok 擴大其威權影響力，做法包含言論審查禁止不利中共的敏感內容、透過代理人帳號在該平臺進行政治宣傳，以及投放宣揚中國大陸經濟、技術、文化遺產的廣告。

經常使用 TikTok 又身處中共政治宣傳及資訊操弄環境中者，兩相作用，可能進一步加深其對中好感、對臺灣經濟前景的悲觀，

擴大「臺灣失敗論」的氛圍，影響社會對臺灣主體性的信心和支持。[7]而由中共掌控且不斷強調的媒體「正能量」政策，控制了與TikTok系出同源的抖音及各類傳統媒體內涵與傳播方式，[8]也強化一面倒支持中共、不准批評中共的類似情況。TikTok、抖音之亂，至今仍被國際社會關心社交媒體安全的學者專家極度關注。

以上案例都顯示特定社群平臺傳送的特定訊息，對於群眾認知的影響並進而影響其行為的事實，其所引發的混亂，正提醒所有關心國際社會秩序者，對訊息攻擊之驚懼。認知戰訊息攻擊，甚至已被拉高到關心人類發展免受威脅的角度，認知戰可以融入任何衝突環境中，以助紂為虐的態勢，產生高強度的殺傷力。認知戰雖非傳統戰爭的暴力行為（non-conventional and non-kinetic types of warfare/operations），但成功的認知操作可以產生類似武裝衝突般的深遠破壞效應，也可以煽動社會動盪，導致關鍵基礎設施遭到打擊，擾亂基本服務，使民眾失去人性並變得麻木不仁，甚至實施種族滅絕，並侵蝕國家政治獨立和領土完整的殖民運動合法化等，[9]與戰爭之差，除基礎建設的大規模破壞與大量生命的消亡外，實相去不遠。而認知戰攻擊所耗費的成本卻無法與戰爭相提並論；成本如此之低，又可兼具逃避國際制裁特性，致使境外敵對勢力對其趨之若鶩，可以想見。

---

[7] 台灣資訊環境研究中心 IORG，〈美選後民調：台灣 TikTok 使用者對中國更有好感、更認同親美會戰爭、更具台灣經濟失敗傾向〉，《IORG》，2025 年 1 月 22 日，< https://iorg.tw/a/survey-2024-tiktok >。

[8] Thomas Poell, David Nieborg, Brooke Erin Duffy, *Platforms and Cultural Production* (UK: Polity Press, 2022), p. 176.

[9] Racheal Wanyana, "Cognitive Warfare: Does it Constitute Prohibited Force?" *EJIL: Talk*, 2025/1/30, < https://www.ejiltalk.org/cognitive-warfare-does-it-constitute-prohibited-force/ >。

依據本書對認知戰的定義是:「境外敵對勢力,基於政治目的,將特定的訊息傳送予特定的目標群眾或個人,改變其認知,進而改變其言、行,使對境外敵對勢力有利」;境外敵對勢力是否介入他國政局的推測,顯然都無法排除其可能,而這種爾虞我詐、千絲萬縷的國際與國內政治關係,也正是認知戰所必須謹慎面對的局面。換言之,明確與潛藏的境外敵對勢力,都可能善用轉變中的局勢,為自身獲取政治利益,而國際社會沒有永久的敵人,也沒有永遠朋友的特性,使得在認知戰環境與研究中,都無法忽視各方散播特定訊息予特定群眾與個人的企圖與可能的結果。

此種新型態的戰爭,正在衝擊著人類社會,但人類社會迄今卻無國際組織認可這種型態的戰爭為國際法上明定的戰爭,縱使組織龐大如聯合國者,亦難以消弭戰爭的行動予以抵制。其危機令人驚悚。

第二節　臺灣的努力與期待

有學者將個人與整個社會的關係加以描述如下:

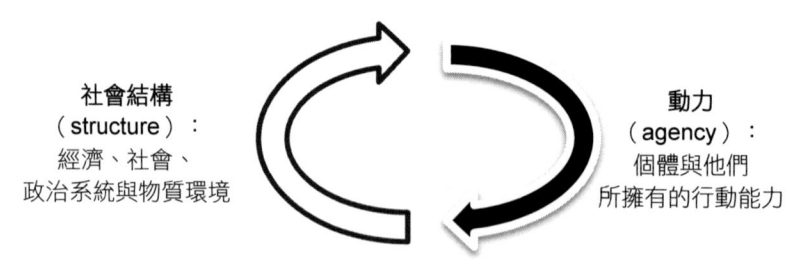

社會結構
(structure):
經濟、社會、
政治系統與物質環境

動力
(agency):
個體與他們
所擁有的行動能力

圖 9-1　個人與社會互為影響圖

資料來源:Zoetanya Sujon, The Social Media Age (London: SAGE, 2021), p. 93.

個人與整個社會的關係密切無庸置疑，若個人的認知改變並糾結眾人以改變，則整個社會結構將因此改變，也必將改變社會氛圍，社會氛圍的改變，又引發個人的行動改變，因此特定的社會氛圍，就鋪墊引發如孤狼攻擊、在情報與反情報工作中為敵人效命，使社會極化與喪失韌性等等結果。當個人的改變亦可能進一步帶動整個社會氛圍的改變，如此周而復始惡性循環，最終為認知戰攻擊發動者帶來重大的政治利益。臺灣在境外敵對勢力以舉國之力運用認知戰攻擊的環境下，更感受其巨大威脅，但臺灣屹立不搖亦有目共睹，各權責機關的努力更是歷歷在目，如：

2024 年 11 月 18 日立法院外交及國防委員會就「AI 技術在資安、深偽（Deepfake）影片及錯假訊息之影響評估及因應」召集相關機關進行專題報告，身為臺灣最高協調指揮防治認知戰訊息攻擊的國家安全局，在書面報告中就指，人工智慧（AI）技術武器化衍生擴增資安威脅風險、產製偽造資訊誤導視聽及快速傳散錯假訊息等三大新興挑戰；[10] 備詢的國安局局長蔡明彥，針對 AI 生成的錯假訊息表示，基本上國安團隊有建立跨單位機制，利用新的技術與系統，在網路上各個不同的社群媒體平臺，找出有問題的帳號所傳散的錯假資訊，每週找到的錯假訊息、資訊大概有四萬多件，經篩濾後，認為對社會秩序或國家安全比較具危害的，通報行政院相關部會進行查處，或儘快對外做必要說明。蔡明彥也主張，這些 AI 散布的錯假訊息，假如有傷害個人名譽或社會形象，因屬於告訴乃論範疇，會強烈建議當事人向司法單位提告（以遏止錯假訊息

---

[10] 呂昭隆、劉宗龍，〈「超高速無差別」攻擊！國安局示警 AI 三大新興挑戰〉，《中時新聞網》，2024 年 11 月 18 日，< https://www.chinatimes.com/realtimenews/20241118001466-260407?chdtv >。

的散播）；假如有涉及公訴罪部分，如涉及《反滲透法》或刑法等，則發交司法警察機關，包括調查局、刑事局及憲指部進行相關查處。同時，各單位也向社群媒體平臺舉發、檢舉，要求下架這些有問題的帳號，如刑事局於 2024 年前三季，第一季向 Meta（臉書母公司）舉發有三萬多件；第二季四萬多件；第三季兩萬多件。[11]

於前述專案會議中，內政部警政署提出書面報告稱，面對 AI 技術在錯假訊息的危害，因應做法包含：

一、情資即時交流及預警

除研析各種犯罪樣態、瞭解犯案手法以進行追查外，同時透過國安體系及跨部會平臺會議即時共享 AI 攻擊威脅情報，及所發現駭侵手法等情資，共同研擬對策，快速應對新型態攻擊，加強防範可能之危害，維護我國網路環境安全。

二、訊息真偽及目的性之即時判斷

面對用於進行犯罪或做為輿論操控，或製造民眾錯誤印象而散布之錯誤訊息，目前除透過深偽偵測軟體初步判別影像真偽外，並可配合以人工方式分析邏輯正確性、散播者特徵、散播途徑及方法等資訊，以綜合評估並識別訊息真偽及是否為有目的的傳播。

三、深偽影音鑑識及循線偵查

2022 年 7 月 5 日，最高檢察署檢察總長召開「有關利用

---

[11] 〈國安局曝錯假訊息「每周找到 4 萬件」 將較具危害性通報到行政院做查處〉，《三立新聞網》，2024 年 11 月 18 日，< https://reurl.cc/86lmd7 >。

Deepfake 技術進行犯罪行為之鑑定相關事項協調會議」，統一律定法務部調查局及警政署刑事警察局為主要檢測機關，刑事警察局除可檢測真偽外，並可依個案偵查其來源 IP 位址溯源偵辦。

四、公民素養之養成

　　政府應持續提升我國公民對 AI 相關威脅的認識，以及民眾對媒體識讀能力，透過教育、宣導及活動辦理等方式，讓民眾思辨及察覺媒體內容的意義及影響，搭配第三方查證平臺快速查證，抑止網路錯誤訊息的傳遞。[12]

　　在同一會議中，國家科學及技術委員會（國科會）所提因應對策，則偏重於以 AI 科技方式對抗 AI 攻擊：除了利用機器學習來增強對抗性訓練、提高對惡意樣本和深偽技術的辨識能力，亦常見運用 AI 進行暗網情報蒐集、惡意軟體變體與殭屍網路分析，以便及早預警惡意軟體活動。此外，AI 可用於提取惡意內容的重要特徵，開發可解釋且強大的即時入侵偵測與防禦系統（Intrusion Detection and Prevention System, IDPS），從而專注於更關鍵的威脅和掃描活動，並自動生成威脅報告提供應對建議。目前國科會致力與資安先進國家交流 AI 資安議題，持續掌握全球 AI 資安趨勢，提升臺灣在國際資安研究地位，此外，也補助研究計畫，推動研究重點包括：

---

[12] 內政部警政署，〈AI 技術在資安、深偽（Deepfake）影片及錯假訊息之影響評估及因應書面報告〉，頁 2-3，《立法院》，2024 年 11 月 18 日，< https://ppg.ly.gov.tw/ppg/SittingAttachment/download/2024111410/01008017221128104002.pdf> 。

一、透過資料關聯和來源分析偵測隱蔽的網路攻擊，建立有效的入侵檢測系統，並研究 AI 模型對對抗性攻擊的穩健性及設計穩健的深偽偵測演算法來檢測多模態的深偽圖像與影片。

二、結合聯邦學習、拆分學習與自監督式學習，提升資料隱私並完成 AI 模型異常檢測訓練。

三、研究透過移植 HP SL 平臺和精密醫學數據，實現更好的安全和隱私性能。

四、研究下毒攻擊偵測與緩解機制，建立可信任隱私保護聯邦式學習之應用。

五、研究運用 AI 技術由核心網路到邊緣運算進行偵測與防護，以確保次世代行動網路的安全。

六、研究保有隱私機器學習及抗旁路攻擊之機制，進行造假資訊偵測、惡意使用者偵測。

七、開發金融科技精準行銷使用的具隱私保護的聯邦推薦系統。

八、研究智慧工控應用提升關鍵基礎設施之資訊安全。[13]

依據立法院提出專案報告要求，顯示當前隨著科技的進步，過去傳統以人造訊息攻防的時代，已逐漸進入攻守雙方以 AI 產製，以 AI 對抗是為趨勢。除此之外，為進一步防範認知戰攻擊，屬性

---

[13] 國家科學及技術委員會，〈「AI 技術在資安、深偽（Deepfake）影片及錯假訊息之影響評估及因應」專題報告〉，頁 2-3，《立法院》，2024 年 11 月 18 日，< https://ppg.ly.gov.tw/ppg/SittingAttachment/download/2024111410/82044105811010219002.pdf> 。

特殊的軍方亦不敢等閒視之，如國防部 2019 度「漢光 35 號」演習，就首次演練對抗假新聞。國防部組成資訊作戰小組，模擬驗證假新聞的攻擊與反制。[14]又如 2022 年國軍漢光 38 號演習，為防範錯假訊息在戰爭時期擾亂民心，配屬國防部心戰大隊的二代心戰作業車，首度在漢光演習反制假訊息，並在心戰車上製作文宣圖卡及影片，提供正確資訊以利阻斷錯誤訊息傳播。[15]顯示國內對於認知戰虛假訊息攻擊的警覺，若外加總統府成立「全社會防衛韌性委員會」，提及「還有臺灣長期遭受的灰色地帶侵擾、以及認知（作）戰等挑戰」必須警惕的最高政策指示，全臺灣努力於防治認知戰虛假訊息的攻擊無庸置疑，但瞬息萬變的認知戰細緻伎倆與通訊科技進步相結合，使得這種努力永遠不夠，亦是不爭的事實。

自 1990 年代開始，國際社會上出現國際新聞逐步取代當地新聞的現象，使得地方新聞媒體被迫關閉，在美國甚至出現「新聞沙漠」(News Desert) 現象，[16]換言之，所見盡是國際新聞卻無當地人關心的新聞，在臺灣雖未見如此嚴重狀態，但卻凸顯國際間不僅新聞流通迅速，連各種訊息的流通亦極為迅速，致使在地人每日接獲的，是遠在千里之外的國際訊息，是真是假無從辨識，若有心人利用當地住民不熟悉的國際新聞為認知戰攻擊元素，這就成為必須面對的問題。不過國際社會新聞充斥而欠缺地方新聞，也面臨地方民眾需求的反撲，地方開始自行以網路傳播地方新聞，以滿足

---

[14] 黃立偉、陳立峰，〈漢光演習電腦兵推　首次演練反制假新聞〉，《公視新聞網》，2019 年 4 月 22 日，< https://news.pts.org.tw/article/429617 >。
[15] 游凱翔，〈心戰作業車漢光演習首度登場　反制假訊息阻斷傳播鏈〉，《中央通訊社》，2022 年 7 月 26 日，< https://today.line.me/tw/v2/article/yzL9YPQ >。
[16] Justin P. McBrayer, *Beyond Fake News* (New York: Routledge, 2020), p. 29.

所需。[17]

　　在國際新聞充斥面，認知戰訊息內容，往往結合國際新聞製作虛假訊息進行攻擊，這跨國界特點亟需要各國合作，共同建立信息共享機制和聯防聯控體系；而地方新聞興起面，也讓各地都能報導與掌握當地新聞情況，在面對跨國的認知戰訊息攻擊時，透過國際合作，則可把國際上任何地方的真實情況，迅速傳達予他國事實查證者，達成事實查核的目的。此模式的殷切需求，正足以證明當前國際合作在防治認知戰訊息攻擊的重要與無可取代地位，尤其面對美國川普政府與重要國際社交媒體 Meta 公司等停止虛假訊息查核，使當前無所不在的認知戰攻擊情勢嚴峻，國際社會合作查證訊息真偽及防治方式改善，正可彌補訊息查核功能流失的不足，也是臺灣與國際社會的共同期待。

第三節　特定環境與新概念的提出

　　在面臨各種訊息攻擊，意圖改變受眾或個人認知與言、行的問題中，幾乎都有對應的各種學科提出解決建議，但卻也面臨不同意見的挑戰，凸顯各單一學科面對無所不在的認知戰攻擊能力的不足，應力求完善。如面對同溫層效應，就造就 1970 年代傑出心理學家 Muzafer Sferif 實驗，之後的一連串實驗顯示，越是隔離不來往的團體，越有發生衝突的可能，將其衍生至政黨間的各自認同與相互鬥爭，亦同。[18]但另一方面，在 2018 年，美國麻省理工學院

---

[17] Navin Kumar, *Media Psychology—Exploration and Application* (New York: Routledge, 2021), pp. 241-242.
[18] Chris Bail, *Breaking the Social Media Prism—How to Make Our Platforms Less*

三名學者的研究卻發現，假新聞報導被轉發的可能性比真實新聞報導高出 70%，而這些虛假資訊的傳播並非過去所以為的，是由機器人所造成，相反的，卻是由人們的轉發所造成，何以致此？該研究認為可能是人類心理學中長存的慾望：「我們喜歡新事物」所造成。[19]這種喜歡新鮮事物的心理情境，若加諸於臺灣媒體生態背景，可能足以引發更多的啟發性思維；國際知名媒體《路透社》對臺灣媒體被信任度的調查呈現如下的情況：

表 9-1　臺灣媒體被信任度一覽表

Brand （媒體）	Trust （信任）	Neither （不確定）	Don't Trust （不信任）
Business Weekly（商業周刊）	55%	36%	10%
China TV（CTV）News（中視新聞）	45%	39%	16%
Chinese Television System（CTS）News（華視全球資訊網）	42%	41%	17%
CommonWealth Magazine（天下雜誌）	54%	37%	9%
EBC News（東森新聞）	46%	40%	14%
Economic Daily（經濟日報）	51%	40%	9%
Ettoday.net（Ettoday 新聞雲）	46%	39%	14%
Formosa TV News（民視新聞網）	38%	35%	27%
Liberty Times（自由時報）	38%	36%	26%
Public Television Service（PTS）（公共電視）	55%	35%	11%

　　Polarization (New Jersey: Princeton University Press, 2021), pp. 41-44.
[19] Peter Dizikes, "Study: On Twitter, false news travels faster than true stories--Research project finds humans, not bots, are primarily responsible for spread of misleading information," *MIT News*, < https://news.mit.edu/2018/study-twitter-false-news-travels-faster-true-stories-0308 >.

Brand（媒體）	Trust（信任）	Neither（不確定）	Don't Trust（不信任）
Sanli News（三立新聞網）	35%	35%	30%
Storm Media（風傳媒）	34%	42%	23%
TTV News（台視新聞網）	45%	41%	14%
TVBS News（TVBS新聞網）	51%	37%	12%
United Daily（聯合報系）	45%	41%	14%

資料來源：YouGov, "Reuters Institute Digital News Report 2023," p. 145, < https://static.poder360.com.br/2023/06/Digital-News-Report-Reuters-2023.pdf>.

　　長久以來臺灣媒體被詬病素質不佳，《路透社》調查中，全體受訪者僅有28%的臺灣人對臺灣媒體是滿意的，但是在調查中的各家媒體卻大部分都有35%至45%的信任度，說明臺灣人觀看媒體會選擇自己喜歡的政治立場，新聞品質僅是次要的選擇。因此，各家媒體難以發揮新聞第四權的功能，只要迎合觀眾群即可。[20]

　　在全球科技衝擊下，人們隨時可以取得免費的資訊，迫使媒體必須以某種創造出來的訊息吸引住訊息消費者，尤其是與報導事實不完全相符的評論性文章才能持續生存，而這些訊息不在乎是真是假，這種趨勢助長了假訊息的肆虐，[21]或更直接說，各媒體搶奪報導同一個事實，已然無法讓媒體生存，必須帶風向似的評論相關事實，才足以吸引消費群眾，其實就無形中創造了同溫層閱聽群眾或分眾；臺灣與全球媒體都面臨如何搶奪有限訊息消費者的窘境，以同溫層效應方式經營固定的媒體消費，是全球媒體當前求取

---

[20] 許晉榮，〈牛津大學調查台灣媒體信任度全球倒數，素質低落的媒體亂象有無解方？〉，《關鍵評論》，2024年1月9日，< https://www.thenewslens.com/article/197194>。

[21] McBrayer, *Beyond Fake News*, pp. 32-33.

生存的重要方法，同溫層效應的經營方式，卻又是社會極化的推手，更是認知戰攻擊的溫床，甚至成為認知戰領域中最容易被攻擊，卻最不容易防治的區塊。

因科技興起及各媒體被迫以激進、偏頗、特定傾向評論吸引消費者，才能力求生存的傳媒環境，更放大了同溫層效應，縱使對各種問題有解決的論點，但是否能落實於現實世界，又是另一回事。其中可能涉及特定環境。或無法排除的干擾因素，綜合影響才產生特定的效果，真實情況仍有待進一步研究。

這些學理上的爭論，當然不限於對同溫層效應的防治，更遍及其他各種現象，顯然需要各種跨領域學術研究的合作解決，但目前認知戰研究發展仍在濫觴階段，各學科對本身能否提出貢獻、在何處提出貢獻、該與哪些學科相互合作，都混沌不明，尚有待於：

一、更強化認知戰整體圖像的釐清，如認知戰的定義、訊息傳播、群眾心理反應等相關基礎學理的確立。
二、依據更清晰的認知戰圖像，發現研究者自身無法釐清的空間，再吸引、邀請相關學術研究提供專業知識見解，讓認知戰研究更臻完備。

如在本書撰寫研究過程中，就發現新的想法、現象或概念：「訊息不滅定律」（law/principle of conservation of information）與「認知內戰」（Cognitive Civil War）的出現，亟待相關領域學者的見解，俾得以進一步證實並落實於防治認知戰領域：

一、「訊息不滅定律」

在當今網路發達的時代,任何訊息一旦上傳網路,或因其他人的截留,或因電腦為防止意外刪除的自動存檔功能,都讓訊息留存於網路空間,幾乎無法清除,[22]致舊有的訊息可以隨時被翻找出來與當時的時空環境結合再做詮釋、變造或其他運用,以轉化成攻擊的武器,這種現象猶如質量守恆定律一般,物質不會消失只是變更形態與儲存位置,訊息也不會消失,只是變更形態與儲存位置而已,若這種現象借用於認知戰的攻擊就成了「訊息不滅定律」:在特定時空背景下,以前的訊息可以被輕易的搜尋出來並進行必要的詮釋、變造或其他,以達成認知戰的目的。這種現象在現實社會中已然發生,如衛生福利部 2023 年 8 月成立性影像處理中心,至 2024 年底,收案量近三千件,申訴成案率僅二成六,色情網站不願協助移除,政府封網後又遭業者翻牆破解。偵辦多起偷拍案件的檢察官也坦承:「只要影像傳到網路,要從這世界消失就很困難」;衛福部保護司亦稱,非法性影像一旦上架,被誰下載、重新上傳至何種網站充滿未知數,也難以追蹤,尤其許多暗網存在,讓性影像流傳更難杜絕。衛福部性影像中心雖稱順利移除的成功率逾八成,但最常做的工作,卻是不斷「再下架」相同的性影像。政府雖祭出封網手段,平臺業者仍有解方,就連網民都爭相轉告如何更換 DNS(管理網址與 IP 關係的系統),僅數分鐘,遭封網的網站與影片又重獲新生。[23]又如某知名文藝小說家離世,其過去幾十年前的相關

---

[22] Brian A. Primack, *You Are What You Click* (California: Chronicle Prism, 2021), pp. 108-109.
[23] 王駿杰、石秀華、張議晨、林琮恩,〈性影像上了網 就難從世界消失〉,2024 年 12 月 22 日,聯合報,版 A5。

訊息，亦可再度被各方找出。[24]如何自網路世界中的各角落，探索出過去曾出現的訊息用於認知戰攻防，將是未來認知戰研究、發展的重要領域。

二、「認知內戰」

「認知內戰」不是認知戰，而是境內的意見相左，只能定位為「認知內戰」。

「認知內戰」，指一國境內認知訊息的相互爭鬥，各參與方都想克服對方與自己相左的認知，希望對手能接受己方的認知，寄望最終使全國境內的認知都與自身相同。如美國總統川普攻擊與其意見相左的媒體為「假新聞」、尹錫悅支持者指反對尹錫悅者為「朝鮮追隨者」、「共產主義極權主義」的擁護者等，此舉，猶如內戰意圖控制全國勢力一般。此種形態的意見衝突，若無外力的介入，其實僅是民主的元素之一，並非認知戰，但若無法進行有效的疏導或化解，則可能進一步引發社會的極化，而被境外敵對勢力利用作為認知戰攻擊，使「認知內戰」轉變成真正的「認知戰」。如，南韓的網紅運用包含 TikTok、抖音或其他任何足以傳達特定認知訊息的網路平臺，影響韓國民眾進行對韓國政治秩序、社會秩序的擾亂，使南韓社會更加分裂與極化，那也僅能是民主元素的一環，僅是各方勢力糾集民眾對尹錫悅表達好惡而已，若涉及北韓這個明顯的南韓境外敵對勢力，或是隱藏的南韓境外敵對勢力，如：中共，利用民主元素中的意見攻防，積極介入分裂韓國，並從中獲取

---

[24] 葉郁寧，〈記瓊瑤「窗外」男主角蔣仁〉，《世界新聞網》，2024 年 12 月 4 日，〈https://www.worldjournal.com/wj/story/121251/7786893〉。

政治利益，那就是嚴重的國安問題，就是由「認知內戰」轉變成「認知戰」。

如此劃分將有助於釐清認知戰更加真實的輪廓，並與民主元素、各方意見相左的「認知內戰」做出明確區隔，才能集中精力防治認知戰，而不陷入定義不明的混亂之中，徒然消耗有限而珍貴的防治能量。

隨著科技的進步，引進人工智慧（AI）亦屢見不鮮，防止認知戰，最終也必然無法避免 AI 的運用。攻擊者利用大量且日益精進的 AI 技術產製訊息，防禦方也必被迫利用 AI 技術防禦。在過去的經驗中，攻擊者的惡意訊息攻擊經常讓防守者無力招架；在此情勢中，防禦者顯然必須掌握一項顛撲不破的原則，就是預防勝於治療；在訊息攻擊的環境中，緩和的（not be draconian）「疫苗」也絕對比絕望中所使用的「解毒劑」要有效果得多，[25]近期對於認知戰訊息的攻擊問題，甚至回頭引用 1970 年代 William J. McGuire 所提出，並風行一時的「免疫理論（Inoculation Theory）」，就是「對腦袋打疫苗防止被洗腦（a Vaccine for Brainwash）」的思維方式以為應對，不過免疫理論在實驗室中具有效力，但在實際社會環境中，則涉及傳統認知、受眾對「訊息疫苗」態度等影響運作的各種討論，[26]但退一步，哪怕在實際社會環境中效果被打折扣，只要多一個人

---

[25] Philip Seib, *Information at War—Journalism, Disinformation, and Modern Warfare* (Cambridge: Polity Press, 2021), p.162.

[26] Sander van der Linden, Jon Roozenbeek, "Psychological Inoculation Against Fake News," in Rainer Greifeneder, Mariela E. Jaffé, Eryn J. Newman and Norbert Schwarz ed(s)., *The Psychology of Fake News—Accepting, Sharing and Correcting Misinformation* (New York: Routledge, 2021), pp. 151-153,162.

因免疫理論的運用而免受認知戰虛假訊息的傷害,對於社會整體的認知趨向與營造正確的認知氛圍,以抵抗境外敵對勢力攻擊,就是一種救贖,將使社會更加免於激化與極化的結果。

因此,如何利用 AI 技術破解境外敵對勢力所散發的虛假訊息,提早預測精準掌握境外敵對勢力可能散發的虛假訊息方向與內容,提早告知可能被攻擊的群眾與個人以為因應,方是最佳的防治認知戰攻擊策略。

第四節　結語

任何訊息產製後都必須透過平臺傳送,才可能造成預期的影響,除美國第二任川普政府的逆流外,依法管制管理平臺已幾乎成為各國管制虛假訊息傳播與對抗認知戰訊息攻擊的重要手段,如聯合國教育、科學及文化組織(UNESCO),重申確保每個人的言論自由、獲取資訊和多樣化文化內容的自由得到充分保障,同時包括會員國在內的各利益相關方都要應對網上虛假信息、錯誤信息和仇恨言論的問題,要求透過全面、一致地實施教科文組織的指導方針,使這些問題得到更好的解決,並符合國際人權法,同時警惕數位平臺的兩面刃功能;[27]又如歐盟積極要求網路平臺負起守門人角色,要求:「打擊網路上非法商品、服務或內容的措施,例如使用者舉報此類內容的機制以及平臺與『可信賴舉報者』合作的機制」、「對線上市場商業用戶的可追溯性做出新規定,以幫助識別非

---

[27] "Guidelines for the Governance of Digital Platforms," *UNESCO*, < https://www.unesco.org/en/internet-trust/guidelines >.

法商品的賣家」、「提供使用者有效的保障,包括可以挑戰平臺的內容審核決定」、「網路平臺的透明措施範圍廣泛,包括用於推薦的演算法」、「涵蓋歐盟 10%以上人口的大型平臺有義務採取基於風險的行動並對其風險管理系統進行獨立審計,防止其系統被濫用」、「研究人員將能夠存取主要平臺的數據,以仔細研究平臺的運作方式」、「行為準則和技術標準將有助於平臺和其他參與者遵守新規則。其他法規將加強措施,確保殘疾人士能夠使用該平臺,或支持進一步的廣告措施」、「所有在單一市場提供服務的線上中介機構,無論其設立在歐盟境內或境外,都必須遵守新規則」、「監督結構與網路空間的複雜性相符:成員國將發揮主要作用,並得到新成立的歐洲數位服務委員會的支持;對於超大型平臺,由委員會進行監督和執法」等。[28]

然而,控制社群平臺加諸過濾不良訊息的責任,改變平臺的管理方式,就可以透過平臺限制訊息創作者為符合平臺要求、廣告收益、自我表達、受眾反應的平衡而自我限制,進而影響公眾的認同,這當然涉及民主政治的意見表達等關鍵層面,全球雖都有限制社群媒體平臺傳播虛假訊息的意念,但收效似乎不明顯,仍須持續不斷努力;以詐騙為例,從全球詐騙廣告獲益最多的臉書,幾乎不承擔下架詐騙廣告任何責任,令各國頭痛又憤怒。但 2024 年 10 月間,日本提起集體訴訟,30 名原告向擁有臉書及 IG 的科技巨頭 Meta 提出約兩百萬美元的賠償,因其未採足夠措施防詐;韓國一

---

[28] "Europe fit for the Digital Age: new online rules for platforms," *European Commission*, < https://commission.europa.eu/strategy-and-policy/priorities-2019-2024/europe-fit-digital-age/digital-services-act/europe-fit-digital-age-new-online-rules-platforms_en >.

百三十多個組織發表聯合聲明，要求平臺主動偵測並封鎖詐欺廣告，更呼籲政府成立專案小組，打擊網路釣魚詐騙。韓國公平會調查一年多，2024 年底告知 Meta，將審查 Meta 是否拿出足夠行動來保護用戶。2024 年澳洲決定採取強硬行動強化社群平臺責任，包括強制下架等，Meta 終究還是有些改善。臺灣面臨眾多詐欺等虛假訊息的危害，[29]與國際潮流一般，控制社群媒體的平臺，[30]加諸社群平臺負起防堵有害訊息的責任，是當前臺灣積極從事的法令設計工作，雖然不斷受阻，[31]但依國際局勢觀察，趨勢應無可逆轉。在當前相關法令仍在爭論調修之際，向民眾推動媒體識讀教育（Media Literacy）以自救，就變成極端重要。雖然近期不斷強化的媒體識讀教育能力，依然備受更先進訊息戰爭的威脅，[32]但若不思精進防治，防治訊息戰爭的一方，永遠都處於被動挨打地位。媒體識讀教育早於 1980 年代就已受關注，在當前媒體環境中更應重新整理傳播，以強化個人至國家社會的安全，甚至是人類追求真實訊息的基本人權保護。

有學者認為媒體識讀教育必須具備下列內涵：

---

[29] 蘇蘅，〈當 Meta 與詐騙共舞　政府在哪〉，2025 年 1 月 26 日，《聯合報》，版 A10。

[30] 〈歐盟數位法 25 日起監管 Google 臉書等 19 家跨國企業　如何落實成焦點〉，《中央通訊社》，2023 年 8 月 24 日，< https://www.cna.com.tw/news/aopl/202308245008.aspx>。《數位服務法》的主旨是要求平臺企業對於有害兒童青少年、不實資訊、仇恨言論、強迫推銷等網路內容負起責任。對於違背該法的企業，歐盟的處罰方式可包括暫停該平臺在歐盟境內運作，以及最高達該企業年度全球營業收入 6%的罰款。

[31] 自 2017 年，行政院會議通過《數位通訊傳播法草案》迄今，經多次修改內容與法律名稱，至今仍未通過。

[32] Philip Seib, *Information at War—Journalism, Disinformation, and Modern Warfare*, p. 151.

表 9-2　媒體識讀教育內涵彙整表

範圍	概念	要求
訊息作者與受眾	作者 目的 受眾 使用 詮釋 文案 系統	1. 訊息創造者創造訊息有不同的目的。 2. 訊息創作者有特定的目標受眾。 3. 人們根據其經驗與這些訊息所產生的環境來解釋訊息。 4. 訊息作者與受眾同為經濟與政治體系的一部分，在訊息傳播中都各自獲取經濟利益或知識的增長。
訊息與意義	構想 感情 科技 意識形態 效果	5. 使用製作技術來建構訊息。 6. 訊息包含著價值觀、意識形態、與特別的觀點。 7. 訊息影響人們的態度與行為。
顯像與真實	顯像（representation） 刻板印象 權威 可信賴性	8. 訊息是真實的選擇性表述。 9. 利用刻板印象文案表達構想與訊息。 10. 人們依據訊息出處權威程度與可信賴度，來判斷文案的真假。

資料來源：Renee Hobbs, *Media Literacy in Action* (London: Rowman & Littlefield, 2021), pp.25-27, 30.

　　縱使隨時空環境不同而有不同媒體形式的出現，只有將表 9-2 的內涵不斷提供予普羅大眾，並從中明確理解訊息流傳的來龍去脈與目的並防止被顯像（Representation）蒙蔽真實，才能達成媒體識讀教育的目的。換言之，受眾越了解媒體傳播某種訊息的手法與真正目的，就越不容易受該訊息的蒙蔽，[33]也才能避免被橫行的各類資訊所傷害。就如同當受眾都明瞭某一訊息來源，其散發訊息的目的在顛覆既有的國家社會秩序與安定，可能造成國家的極度傷害，那麼縱使其所使用的手法高明，所散發出的訊息被多數受眾接受的困難度必然提升。要如何進行卻必須有更詳盡的討論。

---

[33] Primack, *You Are What You Click*, p. 163.

風靡一時的暢銷書《二十一世紀資本論》作者湯瑪斯・皮凱提（Thomas Piketty），在後續著作 *Capital and Ideology* 中明確表示，古今所有的社會都有兩項本質需求，一是意識形態（Meaning），另一個是安全（Security），在古代或開發中社會，意識形態的宣揚依靠「僧侶階級」（Clergy），安全則依靠「貴族武士」（Military）階級，若各自功能都能完善，則其社會結構的穩定與合法性，必然被人民所接受，在社會不公平始終無法克服的人類社會，光憑強力鎮壓，難以造就社會的團結，因此，亟需一些意識形態做為黏著劑，方能維持社會的運作；[34]當前社會這種三元態勢（除前述發散意識形態的「僧侶階級」及保護安全的「貴族武士階級」二元外，另外一元是一般百姓）都依稀存在，[35]換言之，讓社會認定接受掌握意識形態的「僧侶階級」散發的某種訊息為真實（意識形態），將可創造出被認為合法的特定社會或政治形態，依此推論，若外部的意識形態經由目標群眾的特定階級群眾或個人，依靠在地協力者（Local Cooperators）傳播以擴大影響，認知戰訊息就可以引導目標群眾認定特定意識形態為合法，甚至排斥其他意識形態的存在，如中共宣傳其威權體制，是透過中國共產黨的領導，實現「全過程民主」，「使民主制度化、程序化、法治化，人民當家作主才能得到切實保障和具體實現」、「全過程人民民主的價值理念創新，體現在『最廣泛、最真實、最管用』的民主政治文明建設」，[36]大力宣傳

---

[34] Thomas Piketty, Arthur Goldhammer translated, *Capital and Ideology* (Massachusetts: Harvard University Press, 2020), pp. 59-60.
[35] Piketty, Goldhammer translated, *Capital and Ideology*, p. 55.
[36] 劉秀華、顧昭明，〈全過程人民民主：中國式現代化的本質要求〉,《人民網》，2023 年 3 月 21 日，< http://dangjian.people.com.cn/BIG5/n1/ 2023/0321/c117092-32648096.html> 。

「全過程民主」比現有的國際盛行的民主制度更加民主的認知，若此論述廣被接受，短期內可能改變目標國家的政治生態，長期且擴大則可能取代現有以民主、法治、自由為遵循目標的國際秩序。

面對境外敵對勢力為政治目的對我認知戰作為，不僅有釐清其作為以防治的必要，更必須視認知戰作為，在國際社會暫難以戰爭作為防治標的，卻又須承受如戰爭般所帶來傷害的現實環境中，各國實均應將認知戰視為一種各方可公開競爭的競賽規則，任何一方都可以用此方法來打擊境外敵對勢力，因此，在思考被動防治境外敵對勢力的同時，亦應進一步思考，以相同的手法對敵人反制，迫使境外敵對勢力也須分出相對能力應對，以減輕對我方之攻擊力道，甚至以恐怖平衡手段，逼迫境外敵對勢力對我不再進行認知戰攻擊，換言之，將所知的認知攻擊方式，轉化成以敵人之道還治敵人，將是認知戰攻防中，必須謹慎思考並著手執行的一環。

本書所探討的統戰、情報、反情報、認知突變、分眾攻擊、孤狼攻擊、傳播阻礙與詮釋（撿到槍效應）、韌性等，絕對僅是境外敵對勢力對我認知戰攻擊的一部分，且已經悄悄進行多時，至今才被警覺，還有太多的其他議題亟待發掘與探討。例如，前述臺灣因政治立場分歧的極化現象，民眾又普遍不信任媒體，或不在乎媒體報導內容，只在乎媒體內容與自己信念是否相符的特殊環境，若臺灣遭受認知戰攻擊，政府該用哪種媒體澄清，並讓最大多數的民眾相信，以穩定社會秩序？誠為考驗。而這些議題、領域與考驗的探討，不僅是防治境外敵對勢力對我攻擊之必須，更是我方反制境外敵對勢力之必須，亟待各方共同努力，以維護國家社會的安全。

參考書目

中文部分

專書

山口信治、八塚正晃、門間禮良，2022。《中國安全戰略報告 2023—中國力求掌控認知領域和灰色地帶事態》。東京：防衛研究所。
中共中央統戰工作部、中共中央文獻研究室，1991。《鄧小平論統一戰線》。北京：中央文獻出版社。
中共中央統戰部等編著，2013。《中國統一戰線教程》。北京：中國人民大學出版社。
艾進主編，2015。《廣告學》。臺北市：元華文創。
李修安、王思安，2014，《情報學》台北市：一品文化出版社。
汪毓瑋，2016。《恐怖主義威脅及反恐政策與作為（上）》。臺北市：元照出版公司。
汪毓瑋，2018。《情報、反情報與變革（上）》。台北市：元照。
展望與探索雜誌社編印，2023。《中國大陸綜覽 2023 年版》。新北市：法務部調查局展望與探索雜誌社。
莫岳雲等，2005。《李維漢統戰理論與實踐》北京：人民出版社。
鄒濚智、蕭銘慶，2015。《制敵機先—中國古代諜報事件分析》。台北市：獨立作家。
熊樹忠，1980。中共統戰策略之理論與實際。臺北市：黎明文化事業股份有限公司。
劉文斌，2023。《習近平時期對臺認知戰作為與反制》。新北市：法務部調查局。
蕭銘慶，2014。《情報學之間諜研究》。台北市：五南。
戴茂林，1993。《民眾大聯合—毛澤東的統戰觀》。北京：政法大學。
蘇一凡主編，2010。《統戰工作規律與探微》。廣州：暨南大學。

專書論文譯著

Ariely, Dan 著，趙德亮譯，2010。《怪誕行為學 2：非理性的積極力量》，北京市：中信出版社。

期刊論文

石小岑，蔡珊珊，2022/10。〈"雙十一"網絡購物氛圍對"90後"非理性消費行為影響機理研究〉，《合肥工業大學學報（社會科學版）》, Vol.36（5）, pp. 59-69。

吳宗翰，2023年10月。〈中共戰略支援部隊的認知作戰能力析議〉，《遠景基金會季刊》（臺北市），第二十四卷第四期，頁5-46。

沈明室，董遠飛，2008年4月。〈從國土防衛作戰析論全民國防教育〉，《國防雜誌》，23卷2期，頁79-92。

周述傑，朱小寶，2014年6月。〈統一戰線學學科建設研究綜述〉，《湖南省社會主義學院學報》，頁49-53。

邱吉鶴，2015年4月。〈獨狼式恐怖主義興起與因應策略之探討〉，《健行學報》，第三十五卷第二期，頁77-98。

洪銘德、張凱銘，2016年6月。〈臺灣孤狼恐怖主義之研究〉，《國會》，第44卷第9期，頁8-35。

陳明明，楊東光，2024年。〈從階級聯盟到愛國者聯盟：馬克思主義統一戰線理論的中國化與時代化〉，《統一戰線學研究》，頁1-12。

董慧明，2023年1月。〈以公開來源情報分析中共軍事活動的適用性與限制〉，《安全與情報研究》，第六卷第一期，頁59-100。

劉文斌，2024年7月。〈認知戰負面效果與因應研究—傳播阻礙與詮釋〉，《南華社會科學論叢》，第16期（113/07），頁69-94。

劉書彬，2008年。〈從"分歧理論"探討德國統一後的政黨體系發展〉，《問題與研究》，47卷2期，頁25-56。

蔡明丹、李文軍，2022年10月。〈互聯網輿情傳播中的網民非理性行為規制研究〉，《理論導刊》，2022年10期，頁101-107。

鄭毓煌，蘇丹，2022。《理性的非理性：10個行為經濟學關鍵字，工作、戀愛、投資、人生難題最明智的建議》，臺北市：先覺出版股份有限公司。

專書論文

張福昌，2014。〈恐怖主義在中國的發展〉，周繼祥主編，《中國大陸與非傳統安全》。臺北市：翰蘆圖書出版公司。頁73-93。

報紙

王駿杰、石秀華、張議晨、林琮恩，2024年12月22日。〈性影像上了網　就難從世界消失〉，聯合報，版A5。

蘇蘅，2024年12月22日。〈被Podcast顛覆的主流新聞〉，聯合報，版A10。

蘇蘅，2025年1月26日。〈當Meta與詐騙共舞　政府在哪〉，《聯合報》，版A10。

網際網路

〈「民眾對兩岸相關議題之看法」民意調查（民國 2021 年 7 月 9 日～12 日）〉,《大陸委員會》,＜ https://ws.mac.gov.tw/001/Upload/295/relfile/7681/6083/ c26f54b1-a85f-4fa3-9764-986428f21df3.pdf＞。

〈「民眾對兩岸相關議題之看法」民意調查（民國 112 年 5 月 25 日～28 日）〉,《大陸委員會》,＜ https://ws.mac.gov.tw/001/Upload/295/relfile/7681/6293/ 6b6c6a2e-426c-4710-923f-0f85b7077adb.pdf＞。

2019 年 11 月 11 日,〈【中國職業學生（上）】校園「信息員」招募中 學生鬥老師的時代回來了〉,《鏡週刊》,＜ https://reurl.cc/GpdMnA＞。

〈2024 總統大選不實訊息〉,《台灣事實查核中心》,＜ https://tfc-taiwan.org.tw/topic/9640＞。

〈OpView 簡介與教學〉,《Opview》,＜ https://www.opview.com.tw/wp-content/uploads/2019/05/OpView%20Insight%20Introduction.pdf＞。

〈子計畫說明」〉,《台灣韌性社會研究中心》,＜ https://tsrrc.ntu.edu.tw/web/about/about.jsp?lang=tw&cp_id=CP1680771015586＞。

〈川普與馬斯克為何主張「USAID 必須死」？獨裁國家聯盟將漁翁得利？〉,《報導者》,＜ https://www.twreporter.org/a/hello-world-2025-02-11＞。

〈中心簡介〉,《臺灣韌性社會研究中心》,＜ https://tsrrc.ntu.edu.tw/web/about/about.jsp?lang=tw&cp_id=CP1702629799729＞。

2024 年 8 月 30 日,〈中國 AI 辱華好大膽！先詆毀毛澤東、再貶低中國人智商，習近平也拿「AI 幻覺」沒辦法〉,《風傳媒》,＜ https://www.storm.mg/article/5230514?mode=whole＞。

2023 年 12 月 28 日,〈中國施壓五月天　CNN：台灣官員指藝人遭空前打壓〉,《中央通訊社》,＜ https://www.cna.com.tw/news/aipl/202312280377.aspx＞。

〈中華民國臺灣地區民眾對兩岸關係的看法〉,《大陸委員會》,＜ https://ws.mac.gov.tw/001/Upload/295/relfile/7837/74329/6fc113c5-8b65-469f-9382-87e748eb10b1. pdf＞。

2020 年 1 月 15 日,〈反滲透法〉《全國法規資料庫》,＜ https://law.moj.gov.tw/LawClass/LawAll.aspx?pcode=A0030317＞。

2018 年 6 月 7 日,〈北京多個社區招聘"維穩資訊員"〉《VOA》,＜ https://www.voachinese.com/a/multiple-neighborhoods-in-beijing-seeking-informants-for-stability-maintence-20180606/4427688.html＞。

〈民意調查〉,《國家發展委員會》,＜ https://www.ndc.gov.tw/News.aspx?n=1D4A4EBE0DB43BDC&sms=D6934F741B5FC119＞。

2018 年 12 月 13 日,〈防制假訊息危害因應作為〉,《行政院》,＜ https://www.ey.gov.tw/Page/448DE008087A1971/c38a3843-aaf7-45dd-aa4a-91f913c91559＞。

2024 年 3 月 16 日,〈法務部調查局揭露中國人民解放軍《坐著軍艦看花東》演訓影片　藉由剪輯拼接對我認知作戰〉《法務部調查局》,＜ https://www.mjib.

gov.tw/news/Details/1/1042〉。

2024 年 3 月 27 日。〈美國川普與歐洲極右派的崛起和掌權，對台灣來說是福還是禍？〉《關鍵評論》，< https://www.thenewslens.com/article/200695〉。

〈國家情報工作法〉。《全國法規資料庫》，< https://law.moj.gov.tw/LawClass/LawAll.aspx?pcode=A0020041〉。

2014 年 12 月 29 日函頒，2018 年 5 月 18 日訂正。〈國家關鍵基礎設施安全防護指導綱要〉《行政院國土安全政策會報》，< file:///C:/Users/User/Downloads/%E5%9C%8B%E5%AE%B6%E9%97%9C%E9%8D%B5%E5%9F%BA%E7%A4%8E%E8%A8%AD%E6%96%BD%E5%AE%89%E5%85%A8%E9%98%B2%E8%AD%B7%E6%8C%87%E5%B0%8E%E7%B6%B1%E8%A6%81%20(4).pdf〉。

2024 年 11 月 4 日。〈統促黨幹部張孟崇與妻涉收中國 7400 萬元介選　檢依反滲透法起訴〉《中央通訊社》，< https://www.cna.com.tw/news/asoc/202411040122.aspx〉。

2025 年 1 月 13 日。〈臺灣民眾臺灣人/中國人認同趨勢分佈（1992 年 06 月~2024 年 06 月）〉《政治大學選舉研究中心》，< https://esc.nccu.edu.tw/PageDoc/Detail?fid=7804&id=6950〉。

〈撿到槍〉，《國語辭典》，< https://dictionary.chienwen.net/word/53/fa/87f564-%E6%92%BF%E5%88%B0%E6%A7%8D.html〉。

2019 年 2 月 13 日。〈歷史上的童謠預言，為何能夠靈驗，又為何會逐漸消亡的？〉《每日頭條》，< https://kknews.cc/zh-tw/history/mp2zjqz.html〉。

2025 年 3 月 13 日。〈賴總統敞廳談話全文：中國是境外敵對勢力　恢復軍事審判因應滲透〉《中央通訊社》，< https://www.cna.com.tw/news/aipl/202503135005.aspx〉。

〈聯合國憲章〉，《聯合國》，< https://www.un.org/zh/about-us/un-charter/full-text〉。

〈關鍵基礎設施防護〉。《行政院國土安全政策會報》，< https://ohs.ey.gov.tw/Page/E09D4EC20A2D078A〉。

2023 年 10 月 25 日。〈關鍵基礎設施領域分類〉《行政院國土安全政策會報》，< file:///C:/Users/User/Downloads/%E5%9C%8B%E5%AE%B6%E9%97%9C%E9%8D%B5%E5%9F%BA%E7%A4%8E%E8%A8%AD%E6%96%BD%E9%A0%98%E5%9F%9F%E5%88%86%E9%A1%9E_1121025%E4%BF%AE%E6%AD%A3%20(2).pdf〉。

2025 年 2 月 20 日。〈變相承認？曹興誠嗆謝寒冰變造私人照片　稱：是真的又怎樣？〉《EBC 東森新聞》，< https://today.line.me/tw/v2/article/eLYn1KK〉。

《Cofacts 真的假的》，< https://cofacts.tw/article/3g1y0k33sqlkh〉。

《LOWI AI 大數據》，< https://lowibigdata.com/〉。

2013 年 4 月 29 日。〈律師變炸彈客　台恐襲案迷離〉，《亞洲週刊》，<https://wooo.tw/c9ewZ46〉。

2014 年 2 月 16 日。〈砂石車司機張德正衝撞總統府事件總整理〉，《關鍵評論》，

<https://www.thenewslens.com/article/2052>。

2015 年 11 月 9 日。〈鄭捷殺人非恐攻判賠　新光尊重不上訴〉,《yahoo 新聞》,<https://wooo.tw/qnypUYN>。

2016 年 1 月 27 日。〈高鐵炸彈客　胡宗賢判刑 20 年定讞〉,《中央新聞社》,<https://www.cna.com.tw/news/firstnews/201601270271.aspx>。

2017 年 10 月 21 日。〈冉萬祥:民營企業的作用和貢獻可以用"56789"來概括〉,《新華網》,< http://www.xinhuanet.com/politics/19cpcnc/2017-10/21/c_129724207.htm>。

2017 年 8 月 31 日。〈中共改寫歷史歌頌功績　8 年抗戰變 14 年〉,《rfa》,< https://www.rfa.org/cantonese/news/history-08312017075545.html>。

2018 年 12 月 10 日。〈政院:不可傷害言論自由　三重機制防制「惡、假、害」不實訊息〉,《行政院》,< https://www.ey.gov.tw/Page/9277F759E41CCD91/a87eb5ee-9466-438a-a6fe-a8570db6ab1a>。

2019 年 10 月 24 日。〈臺灣主流民意拒絕中共『一國兩制』的比率持續上升,更反對中共對我軍事外交打壓〉,《大陸委員會》,< https://www.mac.gov.tw/News_Content.aspx?n=B383123AEADAEE52&sms=2B7F1AE4AC63A181&s=530F158C22CC9D7C>。

2019 年 1 月 2 日。〈習近平:在《告台灣同胞書》發表 40 周年紀念會上的講話〉,《中國共產黨新聞網》,< http://cpc.people.com.cn/BIG5/n1/2019/0102/c64094-30499664.html>。

2020 年 10 月 29 日。〈【社論】那些為人所詬病的　究竟是「假新聞」還是「假消息」?〉,《大學報》,< https://reurl.cc/5DxDpv>。

2020 年 12 月 18 日。〈查水表是什麼意思?如何衍生出的網路流行語?〉,《yahoo 新聞》,< https://reurl.cc/EgRQ61>。

2021 年 5 月 11 日。〈關鍵基礎設施自我防護作為檢核表(範例)〉,《行政院國土安全辦公室》,< file:///C:/Users/User/Downloads/%E9%97%9C%E9%8D%B5%E5%9F%BA%E7%A4%8E%E8%A8%AD%E6%96%BD%E8%87%AA%E6%88%91%E5%AE%89%E5%85%A8%E9%98%B2%E8%AD%B7%E6%AA%A2E6%A0%B8%E8%A1%A8.pdf>。

2021 年 6 月 28 日。〈中共建黨百年:「虛無主義」陰影下剪不斷、理還亂的中共歷史〉,《BBC 中文》,<https://www.bbc.com/zhongwen/trad/chinese-news-57581184>。

2022 年 3 月 10 日。〈烏克蘭生物武器話題發酵　中方重提德堡基地〉,《DW》,< https://reurl.cc/LlYYWe>。

2022 年 3 月 26 日。〈報告:烏克蘭境內的美國生物實驗室〉,《俄羅斯衛星通訊社》,< https://big5.sputniknews.cn/20220326/1040313186.html>。

2022 年 3 月 8 日。〈2022 年 3 月 8 日外交部發言人趙立堅主持例行記者會〉,《中華人民共和國外交部》< https://archive.ph/p7dhttps://www.fmprc.gov.cn/fyrbt_673021/jzhsl_673025/202203/t20220308_10649759.shtml>。

2023 年 10 月 25 日。〈關鍵基礎設施領域分類〉,《行政院國土安全辦公室》,〈 file:///C:/Users/User/Downloads/%E5%9C%8B%E5%AE%B6%E9%97%9C%E9%8D%B5%E5%9F%BA%E7%A4%8E%E8%A8%AD%E6%96%BD%E9%A0%98%E5%9F%9F%E5%88%86%E9%A1%9E_1121025%E4%BF%AE%E6%AD%A3%20（1）.pdf〉。

2023 年 10 月 27 日。〈李 10 年總理路　與習內鬥頻傳〉,《世界新聞網》,〈 http://www.udnbkk.com/article-352138-1.html〉。

2023 年 12 月 6 日。〈央視報導台灣低薪族「月收不到 4.3 萬」! 反遭中國網友嘲諷：好意思講？〉,《民視新聞網》,〈 https://www.ftvnews.com.tw/news/detail/2023C06W0344?utm_source=Line&utm_medium=Linetoday〉。

2023 年 8 月 24 日。〈歐盟數位法 25 日起監管 Google 臉書等 19 家跨國企業　如何落實成焦點〉,《中央通訊社》,〈 https://www.cna.com.tw/news/aopl/202308245008.aspx〉。

2024 年 10 月 10 日。〈賴總統首次國慶演說：中華人民共和國無權代表台灣【致詞全文】〉,《中央社》,〈 https://www.cna.com.tw/news/aipl/202410105002.aspx〉。

2024 年 11 月 18 日。〈國安局曝錯假訊息「每周找到 4 萬件」　將較具危害性通報到行政院做查處〉,《三立新聞網》,〈 https://reurl.cc/86lmd7〉。

2024 年 12 月 26 日。〈總統主持「全社會防衛韌性委員會第 2 次委員會議」〉,《中華民國總統府》,〈 https://www.president.gov.tw/News/28987〉。

2024 年 12 月 6 日。〈觀點投書：效仿南韓戒嚴，賴政府自取滅亡〉,《風傳媒》,〈 https://www.storm.mg/article/5286423〉。

2024 年 3 月 28 日。〈政府機關首被槍擊！數發部驚傳男子對門開 3 槍、還想上樓進辦公室…兇嫌被捕為何犯案？〉,《今週刊》,〈https://www.businesstoday.com.tw/article/category/183027/post/202403280023/〉。

2024 年 3 月 8 日。〈以為搶到限量優惠，卻成掉入「稀缺性效應」的消費傻瓜？〉,《遠見》,〈 https://www.gvm.com.tw/article/110848〉。

2024 年 6 月 26 日。〈中捷隨機殺人案提起公訴　檢求重刑〉,《PChome 新聞》,〈https://news.pchome.com.tw/public/nownews/20240626/index-71939004083575207016.html〉。

2024 年 7 月 13 日。〈中共中央印發《中國共產黨統一戰線工作條例》〉,《中華人民共和國中央人民政府》,〈 https://www.gov.cn/zhengce/2021-01/05/content_5577289.htm〉。

2024 年 7 月 22 日。〈【紀念馬克思誕辰 200 周年】重溫馬克思恩格斯統一戰線思想〉,《西南交通大學統一戰線》,〈 https://dwtzb.swjtu.edu.cn/info/1074/3466.htm〉。

2024 年 7 月 22 日。〈統一戰線概念的由來〉,《洛陽師範大學黨委統戰部》,〈 https://sites.lynu.edu.cn/tzb/info/1008/1223.htm〉。

2024 年 7 月 23 日。〈馬克思、恩格斯、列寧關於統一戰線的基本觀點〉,《五邑大學》,〈 https://www.wyu.edu.cn/tzb/info/1004/1087.htm〉。

2024 年 7 月 24 日。〈何謂：操作型定義？〉,《教育網》,< http://www.loxa.edu.tw/classweb/webView/index2.php?m_Id=72712&m_Type=1&m_Sort=2&webId=1698&teacher=cy-ysces033&stepId=57788&page=1> 。

2024 年 7 月 24 日。〈習近平：完整、準確、全面貫徹落實關於做好新時代黨的統一戰線工作的重要思想」〉,《中華人民共和國中央人民政府》,< https://www.gov.cn/yaowen/liebiao/202401/content_6926006.htm> 。

2024 年 7 月 30 日。〈李躍新：統戰工作就是交朋友〉,《成都信息工程大學黨委統戰部》,< https://dwtzb.cuit.edu.cn/info/1006/1117.htm> 。

2024 年 7 月 30 日。〈旺報社評〉什麼是統戰？統戰可怕嗎？〉,《新聞網》,< https://www.chinatimes.com/opinion/20160802005990-262102?chdtv> 。

2024 年 7 月 30 日。〈啥是統戰？康仁俊：非軍事的統一行為〉,《三立新聞網》,< https://reurl.cc/WN4Mqk> 。

2024 年 7 月 30 日。〈統戰部：統一戰線成員積極投身抗旱救災工作〉,《中華人民共和國中央人民政府》,< http://big5.www.gov.cn/gate/big5/www.gov.cn/govweb/jrzg/2010-03/30/content_1569184.htm> 。

2024 年 9 月 26 日。〈總統主持「全社會防衛韌性委員會第 1 次委員會議」〉,《中華民國總統府》,< https://www.president.gov.tw/News/28745> 。

2025 年 1 月 3 日。〈2024 年中共爭訊傳散態樣分析〉,《中華民國國家安全局》,< https://reurl.cc/869KVo> 。

2025 年 1 月 9 日。〈Meta 取消事實查核　研究員警告：為惡意假消息開大門〉,《聯合新聞網》,< https://udn.com/news/story/6811/8477840> 。

2025 年 1 月 9 日。〈媒體識讀 1／歐盟回應 Meta 風波：第 3 方事實查核能有效因應系統風險〉,《中央通訊社》,< https://www.cna.com.tw/news/aopl/202501090002.aspx> 。

2025 年 2 月 11 日。〈名嘴：美國際開發署資助記者抹黑中國　幕後黑幕浮現〉,《中華網》,< https://military.china.com/news/13004177/20250211/47958578.html> 。

2025 年 3 月 25 日。〈中配網紅亞亞限制離境　武統言論遭炎上　靠社群賺政治紅利　流量經濟引起政治言論激化　娛樂糖衣包裝統戰訊息　粉絲也成為審查和統戰一環？〉,《yahoo 新聞》,< https://reurl.cc/1K2kMW> 。

allen365,2016 年 3 月 8 日。〈廣告 6C、SMCRE 傳播模式、廣告效果階層、廣告的效果、臺灣廣告現況、各類案例–廣告心理學筆記〉,《第二顆艾倫蘋果》,< https://allen365.wordpress.com/2016/03/08/ad-key-point-2/> 。

Cole, Nicki Lisa。〈文化霸權的界定〉,《Eferrit》,< https://zhtw.eferrit.com/%E6%96%87%E5%8C%96%E9%9C%B8%E6%AC%8A%E7%9A%84%E7%95%8C%E5%AE%9A/> 。

Doublethink Lab, Innovation For Change。〈什麼是惡意不實訊息？〉,《破譯假訊息新手村》,< https://fight-dis.info/tw/> 。

Lien,Larry,2024 年 4 月 18 日。〈Persona 人物誌是什麼？4 步驟鎖定目標消費者🉐【免費模板使用】〉,《learning Hub》,< https://www.hububble.co/ blog/persona> 。

Yuki Cheng，2023 年 7 月 5 日。〈分眾行銷　4 步驟與案例解析！精準行銷鎖定客群提高商機〉，《Crescendo Lab》〈 https://blog.cresclab.com/zh-tw/segmented-marketing〉。

Zee，2020 年 6 月 30 日。〈消費者是怎麼決定購買的？會員管理必學的 EKB 消費行為模式〉，《ORDERLY 行銷知識》，〈 https://ezorderly.com/blog/2020/06/30/audience-EKB/ 〉。

中央選舉委員會，2023 年 12 月 12 日。〈7 類常見選務錯假訊息，請提高警覺！〉，《中央選舉委員會》，〈 https://2024.cec.gov.tw/article/content/?id=NEWS&target=%2Farticle%2FA0172〉。

丹尼爾・康納曼、凱斯・桑思汀、奧利維・席波尼，2021 年 5 月 28 日。〈當人們持續「跟風」，朝主流意見靠攏，會發生什麼事？判斷的雜訊將造成『群體極化』！〉，《天下文化》，〈 https://bookzone.cwgv.com.tw/article/21511〉。

內政部警政署，2024 年 11 月 18 日。〈AI 技術在資安、深偽（Deepfake）影片及錯假訊息之影響評估及因應書面報告〉，《立法院》，〈 https://ppg.ly.gov.tw/ppg/SittingAttachment/download/2024111410/01008017221128104002.pdf〉。

孔德廉、柯皓翔、劉致昕、許家瑜，2019 年 12 月 26 日。〈打不死的內容農場──揭開「密訊」背後操盤手和中國因素〉，《報導者》，〈 https://www.twreporter.org/a/information-warfare-business-content-farm-mission〉。

文灝，2024 年 10 月 22 日。〈直擊大選假訊息：解密中國網路「垃圾偽裝」行動〉，*VOA*，〈 https://www.voacantonese.com/author/%E6%96%87%E7%81%9D/rj_vm〉。

毛遠揚（Frances Mao）、權赫（Jake Kwon），2024 年 12 月 4 日。〈韓國總統尹錫悅為何突然宣布戒嚴又在幾小時後解除？當晚發生了什麼？〉，《BBC》，〈 https://www.bbc.com/zhongwen/articles/cjwld1n61gqo/trad〉。

王山，2022 年 7 月 5 日。〈中國政府招募英文網紅在美國開展大外宣〉，《rfi》，〈 https://reurl.cc/qnbkyD〉。

王德蓉，2024 年 5 月 17 日。〈放 17 顆炸彈！「白米炸彈客」楊儒門獲扁特赦〉，《yahoo 新聞》，〈https://wooo.tw/2mQ2et9〉。

主筆室，2025 年 2 月 14 日。〈風評：USAID 黑幕現形，霸權偽善敗露〉，《yahoo 新聞》，〈 https://reurl.cc/p9Nega〉。

古靜兒，2024 年 12 月 8 日。〈不只網紅陷統戰！YouTuber 揭「台灣破千人被收買」被點名 2 人急切割：你就是賣國賊〉，《風傳媒》，〈 https://www.storm.mg/lifestyle/5288641〉。

台灣資訊社會研究學會。〈2022 台灣網路報告〉，〈 https://report.twnic.tw/2022/assets/download/TWNIC_TaiwanInternetReport_2022_CH.pdf〉。

台灣資訊環境研究中心 IORG，2025 年 1 月 22 日。〈美選後民調：台灣 TikTok 使用者對中國更有好感、更認同親美會戰爭、更具台灣經濟失敗傾向〉，*IORG*，〈 https://iorg.tw/a/survey-2024-tiktok〉。

多維 TW，2020 年 7 月 13 日。〈克強示警「六億人月收入 1000 人民幣」，揭露「厲

害了我的國」的真相〉,《關鍵評論》,< https://www.thenewslens.com/article/137313> 。

江玉敏,2025 年 3 月 26 日.〈從國際案例看亞亞事件:仇恨言論或是叛國罪?言論自由的邊界問題〉,《聯合新聞網》,< https://global.udn.com/global_vision/story/8663/8633745> 。

自由亞洲電台,2020 年 6 月 1 日.〈李克強不小心說漏嘴?「中國有六億人月收入也就一千元」,習近平的脫貧夢尚待努力〉,《風傳媒》,< https://www.storm.mg/article/2712235> 。

呂志明,2023 年 12 月 22 日.〈接受中共指示製作假民調發布 媒體負責人遭收押禁見〉,《yahoo 新聞》,< https://reurl.cc/dLaNZ8> 。

呂佳蓉,2024 年 11 月 30 日.〈陸生團訪故宮 蕭旭岑:呼籲兩岸交流更開放〉,《中央通訊社》,< https://www.cna.com.tw/news/acn/202411300069.aspx> 。

呂昭隆、劉宗龍,2024 年 11 月 18 日.〈「超高速無差別」攻擊!國安局示警 AI 三大新興挑戰〉,《中時新聞網》,< https://www.chinatimes.com/realtimenews/20241118001466-260407?chdtv> 。

李佳穎,2023 年 9 月 24 日.〈過半疑美論來自台灣 中共最愛說美國是「假朋友」〉,《yahoo 新聞》,<https://reurl.cc/NQKv39> 。

李欣芳,2019 年 5 月 25 日.〈反擊假訊息!蘇內閣限各部會 1 小時內澄清 逾 4 小時令改善〉,《自由時報》,< https://news.ltn.com.tw/news/politics/breakingnews/2801861> 。

李彥穎,2025 年 1 月 8 日.〈Meta 宣布終止事實查核計劃 新政策與川普有關?可能造成哪些影響?〉,《公視新聞網》,< https://news.pts.org.tw/article/732695> 。

李映儒,2024 年 3 月 14 日.〈「睡不著」驚擾國台辦 邱國正:未盡責任會對不起國人〉,《CTWANT》,< https://www.ctwant.com/article/323816> 。

李婕,2019 年 9 月 26 日.〈國企,經濟發展的"頂樑柱"〉,《人民網》,< http://finance.people.com.cn/BIG5/n1/2019/0926/c1004-31373421.html> 。

周佑政、蔡晉宇,2024 年 3 月 9 日.〈新聞幕後/防長語言引發恐慌 府急滅火〉,《聯合新聞網》,< https://udn.com/news/story/10930/7818970> 。

林上祚,2018 年 12 月 13 日.〈「假訊息」平均領先 6 小時!「真相」追趕不及 政委要求官員 1 小時內澄清處理〉,《風傳媒》,< https://today.line.me/tw/v2/article/nYQgYo> 。

林柏州,2019 年 5 月 27 日.〈從美國《2019 年中國軍力報告》觀察中國影響力作戰的意涵〉,《國防安全周報》,< https://indsr.org.tw/respublicationcon?uid=12&resid=703&pid=2551> 。

金大鈞,2024 年 2 月 8 日.〈兩岸瀕臨戰爭邊緣?邱國正:軍人不干預政治 再問今天更睡不好了!〉,《Newtalk 新聞》,< https://newtalk.tw/news/view/2024-03-08/911436> 。

俞仲慈,2023 年 10 月 16 日.〈FBI:美國遭恐怖攻擊威脅升高 提防「孤狼攻擊者」〉,《聯合新聞網》,<https://udn.com/news/story/6813/7508353> 。

政治中心，2023年11月28日.〈習近平稱中國未來幾年沒有對台動武計畫　民調：5成6台灣民眾不相信〉,《yahoo新聞》,< https://reurl.cc/aLxOW7> 。

施郁韻，2025年3月26日.〈下一波限3/31前離境！陸配小微武統非真心話？老公現身吐內幕：只為賺錢〉,《三立新聞網》,< https://www.setn.com/News.aspx?NewsID=1629653> 。

洪哲政，2024年3月11日.〈國安局長蔡明彥：未見台海緊張情勢持續升高或違常〉,《聯合新聞網》,< https://udn.com/news/story/10930/7822383> 。

美股艾大叔，2025年2月7日.〈拜登外宣經費大曝光？川普稱史上最大醜聞！紐約時報、美聯社統統被"收買"？〉,《鉅亨》,< https://hao.cnyes.com/post/134047> 。

孫曜樟，2013年4月18日.〈炸彈客狡詐　犯案前就為脫罪留退路〉,《ETtoday新聞雲》,<https://www.ettoday.net/news/20130418/194146.htm>。

徐全，2025年3月26日.〈愛國的亞亞，何以在中國成為過街老鼠〉,《Rti》,< https://insidechina.rti.org.tw/news/view/id/2243273> 。

索菲，2017年1月14日.〈抗戰八年變十四年：中共修史壯威〉,《rfi》,<https://reurl.cc/dn4NO6>。

國家科學及技術委員會，2024年11月18日.〈「AI技術在資安、深偽（Deepfake）影片及錯假訊息之影響評估及因應」專題報告〉,《立法院》,< https://ppg.ly.gov.tw/ppg/SittingAttachment/download/2024111410/82044105811010219002.pdf> 。

張文馨，2025年3月23日.〈谷立言：中文大型語言模型充斥中共宣傳是隱憂〉,《經濟日報》,< https://money.udn.com/money/story/7307/8626271> 。

張全慶，2024年11月27日.〈中國運動選手馬龍、楊倩訪台　沈伯洋質疑統戰　陸委會六個字解釋〉,《yahoo新聞》,< https://reurl.cc/WAKKEx> 。

張彤、林秉州，2024年3月7日.〈憂兩岸擦槍走火！邱國正坦言：每天提心吊膽「睡不好」〉,《台視新聞網》,< https://news.ttv.com.tw/news/11303070031800N> 。

張威翔，2025年2月8日.〈維基解密參戰！美民主黨涉媒體操控？路邊平房經手155億〉,《中時新聞網》,< https://www.chinatimes.com/realtimenews/20250208003483-260408?chdtv> 。

張玲玲，2023年11月3日.〈【全民國防】鞏固心防　洞悉中共認知作戰〉,《青年日報》,< https://www.ydn.com.tw/news/newsInsidePage?chapterID=1626744&type=forum> 。

張淑伶，2024年10月15日.〈中共邊喊促融邊軍演　陸委會：政策矛盾應有節制〉,《中央社》,< https://www.cna.com.tw/news/aipl/202410150135.aspx> 。

張詠詠，2023年5月10日.〈捲入澳洲王立強共諜案被控違反《國安法》　向心夫婦再度不起訴〉,《上報》,< https://today.line.me/tw/v2/article/LXD8Pq2> 。

曹應旺，2024年/7月12日.〈「三大法寶」的中華文化淵源〉,《中國共產黨新聞網》,< http://dangshi.people.com.cn/BIG5/n1/2019/0114/c85037-30525423.html> 。

莊文仁，2024 年 12 月 15 日。〈AI 說實話？詢問「歷史上誰殺了最多中國人」答案出爐全網點頭〉，《自由時報》，< https://news.ltn.com.tw/news/world/breakingnews/4894267> 。

許晉榮，2024 年 1 月 9 日。〈牛津大學調查台灣媒體信任度全球倒數，素質低落的媒體亂象有無解方？〉，《關鍵評論》，< https://www.thenewslens.com/article/197194> 。

許華孚、吳吉裕，2015 年 10 月。〈國際恐怖主義發展現況分析及其防制策略之芻議〉，< https://www.cprc.moj.gov.tw/media/8509/722116574469.pdf?mediaDL=true> 。

陳欣，2024 年 8 月 2 日。〈(影)英警故意隱瞞殺 3 童兇手身分？大批反穆斯林群眾與警爆激烈衝突〉，《Newtalk 新聞》，< https://reurl.cc/36VVWR> 。

陳舜協，2024 年 3 月 12 日。〈新聞眼／國安首長各自表述…該信誰？恐怕輸人民睡不好了〉，《聯合新聞網》，< https://udn.com/news/story/10930/7824405> 。

陳鈺馥，2020 年 11 月 26 日。〈打臉習近平「全面脫貧」 陸委會：6 億中國人月入不到千元」（2020 年）〉，《自由時報》，< https://news.ltn.com.tw/news/politics/breakingnews/3363545> 。

陳穎萱，2021 年 11 月 29 日。〈「2035 去台灣」？中共的病毒行銷〉，《國防安全研究院》，<https://indsr.org.tw/focus?typeid=15&uid=11&pid=221> 。

陳鎧妤、呂佳蓉，2023 年 12 月 6 日。〈中國接連出招救經濟 促民企發展 28 條支持投資 AI〉，《中央通訊社》，< https://www.cna.com.tw/news/acn/202308010119.aspx> 。

陳麗如，2007 年 6 月 22 日。〈儒門特赦／「炸彈爭農權」 楊：任何事都要代價〉，《TVBS》，< https://news.tvbs.com.tw/local/320418> 。

陶本和，2024 年 12 月 26 日。〈總統府桌上推演反制認知戰 國防部：任何稱台灣投降的都是假訊息〉，《ETtoday 新聞雲》，< https://www.ettoday.net/news/20241226/2881350.htm> 。

游凱翔，2022 年 7 月 26 日。〈心戰作業車漢光演習首度登場 反制假訊息阻斷傳播鏈〉，《中央通訊社》，< https://today.line.me/tw/v2/article/yzL9YPQ> 。

程寬仁，2024 年 1 月 2 日。〈辛酸！近 10 億中國人月收低於 2 千 富人擁 9 成中國財富〉，《Rti》，< https://insidechina.rti.org.tw/news/view/id/2191649> 。

程寬厚，2024 年 3 月 3 日。〈中國打壓民企 受害者海外組聯盟打國際訴訟討公道（影音)〉，《Rti》，< https://insidechina.rti.org.tw/news/view/id/2197633> 。

黃永，2021 年 7 月 6 日。〈孤狼式恐襲研究十大課題〉，《信報》，<https://reurl.cc/0Kp3Qb> 。

黃立偉、陳立峰，2019 年 4 月 22 日。〈漢光演習電腦兵推 首次演練反制假新聞〉，《公視新聞網》，< https://news.pts.org.tw/article/429617> 。

黃宇翔，2024 年 8 月 19 日。〈英國內亂反移民風暴左右翼互鬥激烈移英港人受衝擊〉，《亞洲週刊》，< https://reurl.cc/DK55eR> 。

新聞中心，2023 年 1 月 16 日。〈拜習會觸台海議題 美官員：習否認有對台動武計

畫〉,《MoneyDJ 新聞》,< https://www.moneydj.com/kmdj/news/newsviewer.aspx?a=69bbc75e-3e65-4c97-b3ba-d35bae393b78> 。

楚漢卿,2023 年 12 月 29 日。〈【重磅快評】五月天遭施壓挺中？恐怕又是出口轉內銷〉,《民生電子報》,< https://lifenews.com.tw/57457/> 。

葉郁甫,2024 年 10 月 15 日。〈軍演亮「劍」白忙？國防院民調：逾六成民眾不信解放軍五年內進犯〉,《TVBS》,< https://news.tvbs.com.tw/politics/2652283> 。

葉郁寧,2024 年 12 月 4 日。〈記瓊瑤「窗外」男主角蔣仁〉,《世界新聞網》,< https://www.worldjournal.com/wj/story/121251/7786893> 。

董哲、艾倫、莊敬,2024 年 12 月 31 日。〈深度報道｜中共外宣在臺灣之五：對台統戰的操盤手「福建網絡」〉,《自由亞洲電台》,< https://www.rfa.org/mandarin/shishi-hecha/2024/12/31/fact-check-ccp-propaganda-taiwan-serial5/> 。

遊知澔,2023 年 8 月 8 日,2023 年 11 月 8 日更新。〈疑美論和它們的產地〉。《IORG》,<https://iorg.tw/a/us-skepticism-238> 。

廖子杰,2025 年 2 月 7 日。〈川普裁撤 USAID 衝擊美外交軟實力〉,《青年日報》,< https://www.ydn.com.tw/news/newsInsidePage?chapterID=1742436> 。

網編組,2025 年 2 月 17 日。〈曹興誠遭爆出軌「差 40 歲小三」 露骨私密照全曝光〉,《CTWANT》,< https://www.ctwant.com/article/396936?utm_source=share&utm_medium=mobile> 。

王柏文,2025 年 2 月 17 日。〈曹興誠遭爆擁「大陸嫩小三」露骨照曝光！本尊回應〉,《中時新聞網》,< https://www.chinatimes.com/realtimenews/20250217003082-260407?chdtv> 。

劉文,2024 年 4 月 24 日。〈中共監視系統的利器：從"維穩資訊員"到"社區工作者"〉,《VOA》,< https://www.voachinese.com/a/china-professionalizes-community-grid-network/7581839.html> 。

劉秀華、顧昭明,2023 年 3 月 21 日。〈全過程人民民主：中國式現代化的本質要求〉,《人民網》,< http://dangjian.people.com.cn/BIG5/n1/2023/0321/c117092-32648096.html> 。

劉庭宇,2024 年 10 月 15 日。〈民調／中共軍演！近 8 成台人不贊成統一 近 96%對中共無感或反感〉,《yahoo 新聞》,< https://reurl.cc/36YK3O> 。

劉詠樂,2024 年 3 月 10 日。〈因應台灣有事！美出資在菲巴丹群島建港口 距台不到 200 公里〉,《中時新聞網》,< https://www.chinatimes.com/realtimenews/20240310002302-260408?chdtv> 。

德國之聲,2023 年 6 月 6 日。〈中國再度「國進民退」,偏偏民營企業承擔著解決全社會就業的重大任務〉,《關鍵評論》,< https://www.thenewslens.com/article/186549> 。

潘穆燮、林貝珊、林元祥,2016。〈韌性研究之回顧與展望〉,防災科學（桃園市）,第 1 期,頁 53-78。< https://dm.cpu.edu.tw/var/file/40/1040/img/737/123170876.pdf> 。

蔡佳妘,2018 年 11 月 12 日。〈抱病跪票、走路工、319 槍擊案…回顧那些年選前

之夜震撼彈：「這件事」讓所有台灣人都怒了〉，《風傳媒》，< https://www.storm.mg/lifestyle/644019?page=2> 。

蔡娪嫣，2023年9月6日。〈從「親俄」到叛國、間諜到代理人：智庫學者全面解構烏克蘭的通敵者們〉，《風傳媒》，< https://www.storm.mg/article/4864492?mode=whole> 。

鄧聿文，2023年2月6日。〈聿文視界： 中國政府為什麼走不出「塔西佗陷阱」〉，《VOA》，< https://www.voachinese.com/a/deng-yuwen-on-chinese-government-falls-in-tacitus-trap-20230206/6949665.html> 。

鄭舲，2019年7月22日。〈「222原則」防堵假新聞 綠委肯定政院做法〉，《中央廣播電台》，< https://www.rti.org.tw/news/view/id/2028237> 。

鄭榮欣、張逸帆，2015年9月。〈台灣政治的典範轉移：當分配與認同分庭抗禮〉，《台灣大學政治學系系友聯誼電子報》，第12期，< https://politics.ntu.edu.tw/alumni/epaper/no12/no12_11.htm> 。

鄭懿君，2025年4月4日。〈尹錫悅違法戒嚴遭彈劾下台 圖表看懂判決歷程〉，《中央通訊社》，< https://www.cna.com.tw/news/aopl/202504045002.aspx> 。

黎胖，2024年7月30日。〈統戰：一個正在臺灣進行的狀態，還是被汙名化的名詞？〉，Medium，< https://reurl.cc/zDy4b7> 。

盧思綸編譯，2024年1月21日。〈撿到槍！川普錯把海理當裴洛西 遭嗆精神狀況不適合再當總統〉，《聯合新聞網》，< https://udn.com/news/story/6813/7723692> 。

蕭乃沂、郭毓倫。〈循證分析：關注議題、情緒與好感度之外─整合網路輿情分析於公共政策分析的初探〉，《循證尋政》，< https://reurl.cc/qnd6Oq> 。

蕭景源，2022年12月8日。〈【特稿】假消息催生極端者 毒媒如另一劊子手〉，《文匯報》，< https://www.wenweipo.com/epaper/view/newsDetail/1600549806005161984.html> 。

戴皖文，2022年4月11日。〈打造事實查核的回音室〉，《媒體素養教育資源網首頁》，< https://mlearn.moe.gov.tw/TopicArticle/PartData?key=10912> 。

薛宜家、林志堅，2023年8月17日。〈向心夫婦涉王立強共諜案 高檢確定不起訴〉，《公視新聞網》，< https://news.pts.org.tw/article/651931> 。

瞿海源。〈「邁向多元化社會」系列專欄之一多元化社會的意義與問題〉，《瞿海源學術資源網》，< https://www2.ios.sinica.edu.tw/people/hyc/index.php?p=columnID&id=1172> 。

蘇志宗，2024年12月4日。〈陸生團說中國台北 跨校學生串聯抗議拒假交流真統戰〉，《中央通訊社》，< https://www.cna.com.tw/news/aipl/202412040178.aspx> 。

英文部分

專書

1955. *Communist front movement in the U.S.* United States: Federal Bureau of Investigation.
Applebaum, Anne, 2020. *Twilight of Democracy—The Seductive Lure of Authoritarianism.* New York: Anchor Books.
Bail, Chris, 2021. *Breaking the Social Media Prism—How to Make Our Platforms Less Polarization.* New Jersey: Princeton University Press.
Bernays, Edward, 2005. *Propaganda.* New York: Ig Publishing.
Edwards, Gemma, 2014. *Social Movements and Protest.* New York: Cambridge University press.
Fukuyama, Francis, 2018. *Identity—The Demand for Dignity and the Politics of Resentment.* New York: Farra, Straus and Giroux.
Greifeneder, Rainer, Mariela E. Jaffé, Eryn J. Newman, Norbert Schwarz ed(s)., 2021. *The Psychology of Fake News—Accepting, Sharing and Correcting Misinformation.* New York: Routledge.
Hartleb, Florian, 2020. *Lone Wolves.* Switzerland: Springer.
Hartley, Dean S., Kenneth O. Hobson, 2021. *Cognitive Superiority.* Switzerland: Springer.
Hobbs, Renee, 2021. *Media Literacy in Action.* London: Rowman & Littlefield.
Jensen, Carl J., David H. McElreath, Melissa Graves, 2018. *Introduction to Intelligence Studies.* NY: Routeldge.
Johnson, Loch K., 2017. *National Security Intelligence.* Cambridge: Polity Press.
Kott, Alexander, 2007. *Battle of Cognition.* Westport: Praeger.
Kumar, Navin, 2021. *Media Psychology—Exploration and Application.* New York: Routledge.
Lacus, Stefano M., Giuseppe Porro, 2021. *Subjective Well-Being and Social Media.* Boca Raton: CRC Press.
McBrayer, Justin P., 2020. *Beyond Fake News.* New York: Routledge.
Navin Kumar, 2021. *Media Psychology—Exploration and Application.* New York: Routledge.
Nye, Joseph, 1991. *Bound to Lead: The Changing Nature of American Power: The Changing Nature of American Power.* New York: Basic Books.
Nye, Joseph, 2004. *Soft Power: The Means to Success in World Politics.* New York: Public Affairs.
Otis, Cindy L., 2020. *True or False.* New York: Square Fish.
Palmertz, Björn, Mikael Weissmann, Niklas Nilsson, Johan Engvall, 2024. *Building Resilience and Psychological Defence--An analytical framework for countering hybrid threats and foreign influence and interference.* Lund: Lund University.

Pei, Minxin, 2023. *The Sentinel State—Surveillance and the Survival of Dictatorship in China.* London: Harvard University Press.
Philip Seib, 2021. *Information at War—Journalism, Disinformation, and Modern Warfare.* Cambridge: Polity Press.
Piketty, Thomas, Arthur Goldhammer translated, 2020. *Capital and Ideology.* Massachusetts: Harvard University Press.
Poell, Thomas, David Nieborg, Brooke Erin Duffy, 2022. *Platforms and Cultural Production.* UK: Polity Press.
Primack, Brian A. 2021. *You are what you click.* California: Chronicle Prism.
Rainer, Greifeneder, Mariela E. Jaffé, Eryn J. Newman, Norbert Schwarz ed(s)., 2021. *The Psychology of Fake News—Accepting, Sharing and Correcting Misinformation.* New York: Routledge.
Seib, Philip, 2021. *Information at War—Journalism, Disinformation, and Modern Warfare.* Cambridge: Polity Press.
Stallard, Katie, 2000. *Dancing on Bones.* New York: Oxford University Press.
Sujon, Zoetanya, 2021. *The Social Media Age.* London: SAGE.
Timothy, Clack and Robert Johnson ed(s), 2021. *The World Information War.* N.Y.: Routledge.

專書論文

Ackland, Robert, Karl Gwynn, 2021. "Truth and the Dynamics of News Diffusion on Twitter," in Rainer Greifeneder, Mariela E. Jaffé, Eryn J. Newman, Norbert Schwarz ed(s)., *The Psychology of Fake News—Accepting, Sharing and Correcting Misinformation.* New York: Routledge, pp. 27-46.
Allan, Bentley B., 2016. "Recovering Discourses of National Identity," in Ted Hopf and Bentley B. Allan ed(s)., *Building a National Identity Database.* New York: Oxford University Press.
Bjola, Corneliu, Krysianna Papadakis, 2021. "Digital Propaganda, Counterpublics, and the Disruption of the Public Sphere," in Timothy and Robert eds., *The World Information War.* Y.N.: Routledge, pp. 186-213.
Ce, Liang, Rachel Zeng Rui, 2016. "'Development'as a Means to an Unknown End," in Ted Hopf and Bentley B. Allan ed(s)., *Making Identity Count--Building a National Identity Database.* New York: Oxford University Press. pp. 63-82.
Elizabeth J., Mathew L. Stanley, 2021." False Beliefs—Byproducts of an Adaptive Knowledge Base?" in Greifeneder, Jaffé, Newman and Schwarz ed(s)., *The Psychology of Fake News—Accepting, Sharing and Correcting Misinformation. New York: Routledge*, pp. 131-146.
Johnson, Robert, Timothy Ckack, 2021. "Introduction," in Timothy Clack and Robert

Johnson ed(s), *The World Information War.* New York: Routledge, pp. 1-17.

Linden, Sander van der, Jon Roozenbeek, 2021. " Psychological Inoculation Against Fake News," in Rainer Greifeneder, Mariela E. Jaffé, Eryn J. Newman and Norbert Schwarz ed(s)., *The Psychology of Fake News—Accepting, Sharing and Correcting Misinformation.* New York: Routledge, pp. 147-169.

Marks, Gary, David Attewell, Jan Rovny, Liesbet Hooghe, 2021. "Cleavage Theory," in Marianne Riddervold and Jarle Trondal and Akasemi Newsomee eds, *The Palgrave Handbook of EU Crises.* Switzerland: Palgrave Macmillan, pp. 173-194.

Miller, Mark Crispin "introduction," 2005. in Bernays, *Propaganda.* New York: Ig Publishing, pp. 1-33.

Nyemann, Dorthe Bach, 2022. " Hybrid warfare in Baltics," in Mikael Weissmann , Niklas Nilsson, Björn Palmertz, Per Thunholm ed(s)., *Hybrid Warfare: Security and Asymmetric Conflict in International Relations*(London: Bloomsbury, pp, 195-213.

Patrikarakos, David, 2021. "Homo Digitalis Enters the Battle," in Clack and Johnson ed(s), *The World Information War.* N.Y.: Routledge. pp. 34-43.

Phillips, Brian J., 2017. "Deadlier in the U.S.? On Lone Wolves, Terrorist Groups, and Attack Lethality," in Terrorism and Political Violence (Online: Routledge), 29, pp 533-549.

Surette, Ray and Charles Otto, 2006. "The Media's Role in the Definition of Crime," in John Muncie ed., Criminology— Volume (1) The Meaning of Crime (London: SAGE Publications, pp. 299-313.

期刊

Ahmad, Faiza, 2015/5-6. "Unreasonable behaviour,"Property Journal; London. p. 29.

Bengtsson, Mattias Kerstin Jacobsson, 2018. "The institutionalization of a new social cleavage Ideological influences, main reforms and social inequality outcomes of 'the new work strategy', " *Sociologisk Forskning* (Sweden), Vol. 55, No. 2/3, pp. 155-177.

Fan, Jie, Liu Baoyin, Ming Xiaodong, Yong Sun, Lianjie Qin, 2022/12. "The amplification effect of unreasonable human behaviours on natural disasters," Humanities & social sciences communications, Vol.9 (1), pp.1-10.

Liu, Wen-Ping, 2024/3. "The CNN Effect in Cognitive Warfare - Cognitive Mutation," *Defense Security Brief* (Taipei), Vol. 13, No. 1, pp. 9-18.

Park, Chan-ung, S.V. Subramanian, "Voluntary Association Membership and Social Cleavages: A Micro–Macro Link in Generalized Trust," *Social Forces* (Oxford University Press), Vol. 90, No. 4, 2012/6, pp. 1183-1205.

Schmidt, Lony D, Benjamin J Pfeifer, Daniel R. Strunk, 2019/5. "Putting the 'cognitive' back in cognitive therapy: Sustained cognitive change as a mediator of in-session insights and depressive symptom improvement," Journal of Consulting and Clinical Psychology, Vol. 87, No. 5, pp. 446-456.

Sun, Rui, Jiajia Zuo, Xue Chen, Qiuhua Zhu, 2024/6. "Falling into the trap: A study of the cognitive neural mechanisms of immediate rewards impact on consumer attitudes toward forwarding perk advertisements," PLoS One; San Francisco, Vol. 19, No. 6, pp. 1-18.

Tudor, Maya, Adam Ziegfeld, "Social Cleavages, Party Organization, and the End of Single-Party Dominance," *Comparative Politics* (City University of New York), Vol. 52, No. 1, 2019/10, pp. 149-168.

Wang, Zhining, Fengya Chen, Shaohan Cai, Yuhang Chen, 2024."How sense of power influence exploitative leadership? A moderated mediation framework, *Leadership & Organization Development Journal,* (England), Vol. 45, No. 8, pp. 1417-1429.

網際網路

"A Practical Guide to Prebunking Misinformation,"〈 https://prebunking.withgoogle.com/docs/A_Practical_Guide_to_Prebunking_Misinformation.pdf〉.

"Americans' Dismal Views of the Nation's Politics--65% say they always or often feel exhausted when thinking about politics,"2023/9/19. *Pew Research Center*, 〈 https://www.pewresearch.org/politics/2023/09/19/americans-dismal-views-of-the-nations-politics/〉.

"Behavior Change,"*Hone*,〈 https://honehq.com/glossary/behavior-change/〉. Angela L Duckworth, James J Gross, "Behavior Change,"*National Library of Medicine*, 〈 https://pmc.ncbi.nlm.nih.gov/articles/PMC7946166/〉.

"China's Coercive Tactics Abroad," *U.S. Department of State*, 〈 https://2017-2021.state.gov/chinas-coercive-tactics-abroad/〉.

"EU rejects Zuckerberg's claims of censorship as Meta shifts fact-checking policy," 2025/1/8. *Beganewsagency*, 〈 https://www.belganewsagency.eu/eu-rejects-zuckerbergs-claims-of-censorship-as-meta-shifts-fact-checking-policy〉.

"Europe fit for the Digital Age: new online rules for platforms," *European Commission*, 〈 https://commission.europa.eu/strategy-and-policy/priorities-2019-2024/europe-fit-digital-age/digital-services-act/europe-fit-digital-age-new-online-rules-platforms_en〉.

"Guidelines for the Governance of Digital Platforms," *UNESCO*, 〈 https://www.unesco.org/en/internet-trust/guidelines〉.

"Ideology,"*Cambridge Dictionary*, 〈 https://dictionary.cambridge.org/dictionary/english/ideology〉.

"Infodemic," *World Health Organization*, 〈 https://www.who.int/health-topics/infodemic

\#tab=tab_1〉.

"Intelligence Studies: Types of Intelligence Collection,"*The United States Naval War College*, 〈 https://usnwc.libguides.com/c.php?g=494120&p=3381426〉.

"Intelligence Workforce," *FBI*, 〈 https://www.fbi.gov/about/leadership-and-structure/intelligence〉.

"Members of the IC," *The Director of Ntional Intelligence*, 〈 https://www.dni.gov/index.php/what-we-do/members-of-the-ic〉.

"Mission and Vision," *U.S. AGENCY FOR INTERNATIONAL DEVELOPMENT (USAID)*, 〈 https://www.grants.gov/learn-grants/grant-making-agencies/u-s-agency-for-international-development-usaid〉.

"Political Cleavage," *ScienceDirect*,〈 https://www.sciencedirect.com/topics/social-sciences/political-cleavage〉.

"Political Polarization in the American Public-- How Increasing Ideological Uniformity and Partisan Antipathy Affect Politics, Compromise and Everyday Life," 2014/7/12. *Pew Reach Center,* 〈 https://www.pewresearch.org/politics/2014/06/12/political-polarization-in-the-american-public/〉.

"Social Cleavage," *Fiveable Library,* 〈 https://library.fiveable.me/key-terms/ap-comp-gov/social-cleavage〉.

"The intelligence cycle,"*SpyKids,* 〈 https://www.cia.gov/spy-kids/static/59d238b4b5f69e0497325e49f0769acf/Briefing-intelligence-cycle.pdf〉.

"What is an echo chamber? ," *GCF Global,* 〈 https://edu.gcfglobal.org/en/digital-media-literacy/what-is-an-echo-chamber/1/〉.

"What is Intelligence?,"*Office of the Director of the National Intelligence,* 〈 https://www.dni.gov/index.php/what-we-do/what-is-intelligence〉.

2023/4/5. Cognitive Warfare: Strengthening and Defending the Mind,"*NATO,* 〈 https://www.act.nato.int/articles/cognitive-warfare-strengthening-and-defending-mind〉.

2024/1/10. "Global Risks Report 2024," *World Economic Forum,* 〈 https://www.weforum.org/publications/global-risks-report-2024/digest/〉.

2024/1/22. "12.4 Communication Barriers," *LIBRARIES,* 〈 https://open.lib.umn.edu/principlesmanagement/chapter/12-4-communication-barriers/〉.

2024/10/14. "Western Balkans in focus at countering disinformation wargame and conference in Vienna," *Hybrid CoE,* 〈 https://www.hybridcoe.fi/news/western-balkans-in-focus-at-countering-disinformation-wargame-and-conference-in-vienna/〉.

2024/10/16."Resilience," *American psychological Association,* 〈 https://www.apa.org/topics/resilience〉.

2024/11/14, "Tackling Disinformation, Foreign Information Manipulation & Interference," *European Union,* 〈 https://www.eeas.europa.eu/eeas/tackling-disinformation-foreign-information-manipulation-interference_en〉.

2024/7/24."Constructive and Operational Definitions," *Measurement & Measurement*

Scales, 〈 http://media.acc.qcc.cuny.edu/faculty/volchok/Measurement_Volchok/ Measurement_Volchok4.html〉.
2024/7/31. "China's Coercive Tactics Abroad," *U.S. Department of State*, 〈 https:// 2017-2021.state.gov/chinas-coercive-tactics-abroad/〉.
2024/7/31."Countering Disinformation," *United Nations*, 〈 https://www.un.org/en/ countering-disinformation〉.
2024/7/31."Journalism, 'Fake News' and Disinformation: A Handbook for Journalism Education and Training," *UNESCO*, 〈 https://en.unesco.org/fightfakenews〉.
Benabid, Kaouthar, 2021/2/22. "What is the CNN Effect and why is it relevant today?," *Al Jazeera Media Institute*, 〈 https://institute.aljazeera.net/en/ajr/article/1365〉.
Bjørgul, Lea Kristina, 2024/7/31. "Cognitive warfare and the use of force," *STRATAGEM*, 〈 https://www.stratagem.no/cognitive-warfare-and-the-use-of-force/〉.
Buoncristiani, Martin, Patricia Buoncristiani, "A Network Model of Knowledge Acquisition," *ResearchGate*, 〈 file:///C:/Users/m22205/Downloads/A_Network_ Model_of_Knowledge_Acquisition%20(3).pdf〉.
Burda, Robin, 2023/6/6. Cognitive Warfare as Part of Society: Never-Ending Battle for Minds, *HCSS*, 〈 https://hcss.nl/report/cognitive-warfare-as-part-of-society-never-ending-battle-for-minds/〉.
Casad, Bettina J., J.E. Luebering, 2025/2/11. "confirmation bias," *Britannica*, 〈 https:// www.britannica.com/science/confirmation-bias〉.
Celestine, Nicole, 2023/3/11."What Is Behavior Change in Psychology? 5 Models and Theories," *PositivePsycology*, 〈 https://positivepsychology.com/behavior-change/〉.
CFI Team. "Hierarchy of Effects--A theory that discusses the impact of advertising on customers' decision-making on purchasing certain products and brands," *CFI*, 〈 https:// corporatefinanceinstitute.com/resources/management/hierarchy-of-effects/〉.
Cherry, Kendra, 2023/9/21. "Bandwagon Effect as a Cognitive Bias--Examples of How and Why We Follow Trends," *verywell mind*, 〈 https://www.verywellmind.com/ what-is-the-bandwagon-effect-2795895〉.
Choe Sang-Hun, 2025/1/4. "How 'Stop the Steal' Became a Protest Slogan in South Korea--Right-wing YouTubers helped President Yoon Suk Yeol get elected. Now that he's been impeached, they're rallying his supporters with conspiracy theories," *New York Time*, 〈 https://www.nytimes.com/2025/01/04/world/asia/south-korea-yoon-conspiracy-the ories.html〉.
Coll, Steve, 2017/12/3, "Donald Trump's "Fake News" Tactics--In attacking the media, the President has in many ways strengthened it," *The New Yorker*,〈 https://www. newyorker.com/magazine/2017/12/11/donald-trumps-fake-news-tactics〉.
Collinson, Stephen, 2025/2/19. Trump's slam of Zelensky is a remarkable moment in US foreign policy,"*CNN*, 〈 https://edition.cnn.com/2025/02/18/politics/donald-trump-putin-ukraine-analysis/index.html〉.

DiMolfetta, David, 2025/2/12. "CISA sidelines anti-disinformation staffers--The move reflects a GOP effort to steer the Cybersecurity and Infrastructure Security Agency away from fighting disinformation and foreign influence," *Nextgov/FCW*, < https://www.defenseone.com/policy/2025/02/cisa-staff-focused-disinformation-and-influence-operations-put-leave/402964/?oref=d1-featured-river-secondary> .

Dizikes, Peter. "Study: On Twitter, false news travels faster than true stories--Research project finds humans, not bots, are primarily responsible for spread of misleading information," *MIT News*, < https://news.mit.edu/2018/study-twitter-false-news-travels-faster-true-stories-0308> .

Doward, Jamie, 2011/7/23. Anders Behring Breivik: motives of a mass murderer, Guardian, < https://www.theguardian.com/world/2011/jul/23/anders-behring-breivik-oslo-bombing> .

European Union. "Tackling Disinformation, Foreign Information Manipulation & Interference," https://www.eeas.europa.eu/eeas/tackling-disinformation-foreign-information-manipulation-interference_en.

Fang, Wei-li, Lery Hiciano, 2025/1/4, "Disinformation doubled last year: NSB," *Taipei Time*, < https://www.taipeitimes.com/News/front/archives/2025/01/04/2003829623> .

Framework, Sendai. "Principles for Resilient Infrastructure," *UNND*, < https://www.undrr.org/media/78694/download?startDownload=20241016> .

Ganor, Boaz, 2021/8. Understanding the Motivations of 'Lone Wolf' Terrorists: The 'Bathtub' Model," *PERSPECTIVES ON TERRORISM*, Volume 15, pp. 23-32, < https://www.jstor.org/stable/27007294?seq=1> .

Goldin, Melissa, 2025/2/8, "Claims about USAID funding are spreading online. Many are not based on facts," *AP*, < https://apnews.com/article/usaid-funding-trump-musk-misinformation-c544a5fa1fe788da10ec714f462883d1> .

Gungor, Yasin, 2025/2/6, "USAID funded 6,200 journalists, supported 707 media outlets globally: Report Reporters Without Borders warns of risks to independent media after US aid freeze," *AA*, < https://www.aa.com.tr/en/americas/usaid-funded-6-200-journalists-supported-707-media-outlets-globally-report/3474390#> .

Hamm, Mark S., Ramon Spaaij, 2015/2. "Lone Wolf Terrorism in America: Using Knowledge of Radicalization Pathways to Forge Prevention Strategies", p. 7, *OJP*, <https://www.ojp.gov/pdffiles1/nij/grants/248691.pdf>.

Horvath, Bruna, Jason Abbruzzese, Ben Goggin, 2025/1/7. "Meta is ending its fact-checking program in favor of a 'community notes' system similar to X's,"*NBC News*, < https://www.nbcnews.com/tech/social-media/meta-ends-fact-checking-program-community-notes-x-rcna186468> .

Houck, Shannon C., 2024/11/14."Building psychological resilience to defend sovereignty: theoretical insights for Mongolia". *frontiers*, < https://www.frontiersin.org/journals/social-psychology/articles/10.3389/frsps.2024.1409730/full> .

Indeed Editorial Team, 2022/11/17. "What Are Communication Barriers? (And Ways to Overcome Them)," *Indeed*, ＜ https://ca.indeed.com/career-advice/career-development/communication-barriers＞ .

Johns Hopkins University & Imperial College London, 2021/5/20. " Countering cognitive warfare: awareness and resilience," *NATO REVIEW*, ＜ https://www.nato.int/docu/review/articles/2021/05/20/countering-cognitive-warfare-awareness-and-resilience/index.html＞ .

Karatnycky, Adrian, 2023/9/4. "Ukraine's Long and Sordid History of Treason--For money or out of conviction, some Ukrainians are helping Russia kill their compatriots," *FP*, ＜ https://foreignpolicy.com/2023/09/04/ukraine-treason-traitors-collaborators-russia-war-espionage-occupation-security/＞ .

Kenyona1, Jonathan Christopher Baker-Beallb, Jens Binderc, " Lone-Actor Terrorism - A Systematic Literature Review," *Studies in Conflict and Terrorism*, Volume: 46, Issue: 10, pp: 2038-2065, *Bournemouth University*, ＜ https://reurl.cc/yRrq0y＞ .

Kirvan, Paul, "six degrees of separation," *Whatis.com*, ＜ https://www.techtarget.com/whatis/ definition/six-degrees-of-separation＞ .

Kumkale, G. Tarcan, Dolores Albarracín, 2011/5/23. "The Sleeper Effect in Persuasion: A Meta-Analytic Review," *PMC*, ＜ https://www.ncbi.nlm.nih.gov/pmc/articles/PMC3100161/＞ .

Kyle, 2024/8/19."Explain The 8 Process of Communication With Definition, And Diagram," *Omegle*, ＜ https://learntechit.com/the-process-of-communication/＞ .

McLoughlin, Killian L., William J. Brady, Aden Goolsbee, Ben Kaiser, 2024/11/29. "Misinformation exploits outrage to spread online," Science, Vol. 386, No. 6725, pp. 1- 6. ＜ https://www.science.org/doi/10.1126/science.adl2829＞ .

NATO, 2023/8/5. "Cognitive Warfare: Strengthening and Defending the Mind," *NATO*, <https://www.act.nato.int/articles/cognitive-warfare-strengthening-and-defending-mind>.

OECD, 2024. "Facts not Fakes: Tackling Disinformation, Strengthening Information Integrity,"Paris: OECD Publishing, *OECD iLibrary*, ＜ https://www.oecd-ilibrary.org/docserver/79812dd0-en.pdf?expires=1734073959&id=id&accname=guest&checksum=1648DB4625A2A559527D16B41FB3A2FA＞ .

Office of the Inspector General Special Report, 2005/9. "The Federal Bureau of Investigation's Compliance with the Attorney General's Investigative Guidelines (Redacted)," *Department of Justice Office of the Inspector General*,＜ https://oig.justice.gov/sites/default/files/archive/ special/0509/chapter3.htm＞ .

Ottewell, Paul, 2020/12/7. "Defining the Cognitive Domain,"*OTH*, ＜ https://othjournal.com/2020/12/07/defining-the-cognitive-domain/＞ .

Palm, Jenny, Fredrik Backman, 2020 ."Energy efficiency in SMEs: overcoming the communication barrier ," *Energy Efficiency*, 13, pp. 809–821.＜ file:///C:/Users/

m22205/Downloads/A_Network_Model_of_Knowledge_Acquisition%20(3).pdf〉.
Palmer, Barclay, 2022/9/22. "Understanding Information Cascades in Financial Markets," *Investopedia*, 〈 https://www.investopedia.com/articles/investing/052715/guide-under standing-information-cascades.asp〉.
Pilat, Dan, Sekoul Krastev. "Why do we believe misinformation more easily when it's repeated many times?" *The Decision Lab*, 〈 https://thedecisionlab.com/biases/illusory-truth-effect〉.
Ruiz, Carlos Diaz, Tomas Nilsson. "Disinformation and Echo Chambers: How Disinformation Circulates on Social Media Through Identity-Driven Controversies," *Journal of Public Policy & Marketing*, Vol. 42, Issue 1, *Sage Gournals*, 〈 https://journals.sagepub.com/doi/full/ 10.1177/07439156221103852〉.
Savage, Michael, 2019 /6/29. "How Brexit party won Euro elections on social media – simple, negative messages to older voters--Analysis highlights key to success of Farage party and identifies dozens of pro-Brexit bot accounts," *The Guardian*, 〈 https://www.theguardian.com/politics/2019/jun/29/how-brexit-party-won-euro-elections-on-social-media〉.
Seitz, Amanda, Eric Tucker and Mike Catalini, 2022/3/20. "How China's TikTok, Facebook influencers push propaganda," *AP*, 〈 https://apnews.com/article/china-tiktok-facebook-influencers-propaganda-81388bca676c560e02a1b493ea9d6760〉.
Sendai Framework. Principles for Resilient Infrastructure. *UNND*, 〈 https://www.undrr.org/media/78694/download?startDownload=20241016〉.
Sheldon, Robert, John Burke. "signal-to-noise ratio (S/N or SNR),"*TechTarget*, 〈 https:// www. techtarget.com/searchnetworking/definition/signal-to-noise-ratio〉
Singleton, Craig, Mark Montgomery, Benjamin Jensen, 2024/10/4. "Targeting Taiwan--Beijing's Playbook for Economic and Cyber Warfare," *FDD*, 〈 https://www.fdd.org/analysis/2024/10/04/targeting-taiwan/〉.
Stefano Bartolini, "Cleavages, social and political," *EUI*, 〈 https://cadmus.eui.eu/handle/1814/27464〉.
Tarver, Evan, 2024/7/24. "Market Segmentation: Definition, Example, Types, Benefits," *Investopedia*, 〈 https://www.investopedia.com/terms/m/marketsegmentation.asp〉.
Terrorism. *FBI*, < https://www.fbi.gov/investigate/terrorism>.
Thomson-DeVeaux, Amelia, 2024/9/28."In Global Game of Influence, China Turns to a Cheap and Effective Tool: Fake News,"*U.S.News*, 〈 https://www.usnews.com/news/politics/articles/2024-09-28/in-global-game-of-influence-china-turns-to-a-cheap-and-effective-tool-fake-news〉.
Voices, Young, 2022/10/20. "The growing threat of lone-wolf terrorism," *ORF*, 〈 https://www.orfonline.org/expert-speak/the-growing-threat-of-lone-wolf-terrorism〉.
Walden University, "Why Do People Act Differently in Groups Than They Do Alone?," <https://www.waldenu.edu/online-masters-programs/ms-in-psychology/resource/

why-do-people-act-differently-in-groups-than-they-do-alone>.
Wanyana, Racheal, 2025/1/30. "Cognitive Warfare: Does it Constitute Prohibited Force? "*EJIL: Talk*, 〈 https://www.ejiltalk.org/cognitive-warfare-does-it-constitute-prohibited-force/〉.
Werger, Tim, Charlie Rollason, 2018/3/2. "Brexit: Teaching Young Researchers About Segmentation," *Research World*, 〈 https://archive.researchworld.com/brexit-teaching-young-researchers-about-segmentation/〉.
YouGov. "Reuters Institute Digital News Report 2023," 〈 https://static.poder360.com.br/2023/06/Digital-News-Report-Reuters-2023.pdf〉.
Yu, Sun, 2020/6. "China faces outcry after premier admits 40% of population struggles," *Financial Times*, 〈 https://www.ft.com/content/6e248944-8395-45ae-9008-a86e4ee40eee〉.

Do觀點79　PF0370

認知戰新警覺

作　　者／劉文斌
責任編輯／鄭伊庭
圖文排版／楊家齊
封面設計／王嵩賀

出版策劃／獨立作家
法律顧問／毛國樑　律師
製作發行／秀威資訊科技股份有限公司
　　　　　地址：114 台北市內湖區瑞光路76巷65號1樓
　　　　　電話：+886-2-2796-3638　傳真：+886-2-2796-1377
　　　　　服務信箱：service@showwe.com.tw
展售門市／國家書店【松江門市】
　　　　　地址：104 台北市中山區松江路209號1樓
　　　　　電話：+886-2-2518-0207　傳真：+886-2-2518-0778
網路訂購／秀威網路書店：https://store.showwe.tw
　　　　　國家網路書店：https://www.govbooks.com.tw
經　　銷／聯合發行股份有限公司
　　　　　231新北市新店區寶橋路235巷6弄6號4F
　　　　　電話：+886-2-2917-8022　傳真：+886-2-2915-6275

出版日期／2025年9月　BOD一版　定價／450元

|獨立|作家|
Independent Author

寫自己的故事，唱自己的歌

版權所有・翻印必究　Printed in Taiwan　本書如有缺頁、破損或裝訂錯誤，請寄回更換
Copyright © 2025 by Showwe Information Co., Ltd.All Rights Reserved

讀者回函卡

```
認知戰新警覺 / 劉文斌著. -- 一版. -- 臺北市：
獨立作家, 2025.09
    面；  公分
BOD版
ISBN 978-626-7565-17-9(平裝)

1. CST: 國家安全  2. CST: 統戰  3. CST:
情報戰

599.7                              114005490
```

國家圖書館出版品預行編目